北京市教育委员会共建项目专项资助

高等学校计算机科学与技术专业核心课程系列规划教材

数据结构与算法

（C 语言版）

陈 明 编著

中国铁道出版社

CHINA RAILWAY PUBLISHING HOUSE

内容简介

　　本书为高等院校计算机及相关专业"数据结构"课程的教学用书，系统地介绍了各种典型的数据结构，内容包括：数据结构概论、线性表、栈与队列、串、数组、树、图、查找、排序、递归、文件等；为了加强对算法的理解，还介绍了算法分析方面的内容。

　　本书语言与选材精练、概念清晰、注重实用、逻辑性强，对于各章节中所涉及的数据结构与算法都给出了C语言描述，并都附有大量的习题，便于学生理解与掌握。

　　本书适合作为高等院校计算机及相关专业的教材，也可作为计算机应用技术人员的参考书。

图书在版编目（CIP）数据

数据结构与算法：C语言版/陈明编著.—北京：
中国铁道出版社，2012.1
　北京市教育委员会共建项目专项资助　高等学校计算
机科学与技术专业核心课程系列规划教材
　ISBN 978-7-113-13665-9

　Ⅰ.①数… Ⅱ.①陈… Ⅲ.①数据结构－高等学校－
教材②算法分析－高等学校－教材③C语言－程序设计－
高等学校－教材　Ⅳ.①TP311.12②TP301.6③TP312
　中国版本图书馆CIP数据核字（2011）第229208号

书　　名：	数据结构与算法（C语言版）
作　　者：	陈　明　编著

策　　划：	吴宏伟　秦绪好	读者热线：	400-668-0820
责任编辑：	孟　欣		
编辑助理：	王　惠		
封面设计：	付　巍		
封面制作：	白　雪		
责任印制：	李　佳		

出版发行：中国铁道出版社（100054，北京市西城区右安门西街8号）
网　　址：http://www.edusources.net
印　　刷：三河市华业印装厂
版　　次：2012年1月第1版　　　2012年1月第1次印刷
开　　本：787mm×1092mm　1/16　印张：17.5　字数：421千
印　　数：1～3 000册
书　　号：ISBN 978-7-113-13665-9
定　　价：32.00元

　　"数据结构"课程是从 20 世纪 70 年代开始设立的计算机科学与技术专业的一门专业基础课程，现已成为必修的、重要的核心基础课程。数据是用来说明人类活动的事实观念或事物的一些文字、数字或符号。常用的数据类型分为数值数据和非数值数据两大类：数值数据包括整数、定点数、浮点数等；非数值数据主要有逻辑数据、内码和交换码等。数据的级别由低向高依次为位、字节、字、数据项、数据字段、记录、文件、数据库等。

　　信息是指对某一特定的目的而言，具有意义的事实与知识，使源数据经系统处理成为决策或参考的依据。数据只是事实的记录，没有特定的目的，而信息则是针对某一问题来收集数据并进行处理，作为决策和参考的依据。通过数据处理可归纳出有价值的信息。常用的数据处理方式有编辑、排序、归并、分配、建档、更新、计算、查找、查询等。

　　计算机科学是算法和算法变换的科学。数据结构主要是研究数据元素之间的关联方式，通常分为逻辑结构和物理结构两大类，同一逻辑结构可以对应不同的物理结构。程序存储是冯·诺依曼机的重要特征之一，构建计算机系统、利用计算机解决问题都是通过程序来实现。算法是求解问题的计算步骤的描述，是程序的核心和灵魂。算法的设计取决于数据的逻辑结构，而算法的实现依赖于指定的存储结构。在程序设计中，要从数据结构和算法两个方面考虑，才能得到高效而准确的结果。

　　在非数值计算中，处理对象已从简单数值发展到具有结构的数据，这就需要讨论如何有效地组织计算机的存储，并在此基础上有效地实现对象间的运算，数据结构就是研究与解决这些问题的重要基础。"数据结构"课程是人们在程序设计方面的经验总结，学会基本的程序设计，只能解决程序设计中 30% 的问题，而学会数据结构，则能解决程序设计中 80% 的问题。

　　"数据结构"课程是计算机程序设计的重要理论技术基础。通过"数据结构"课程的学习，不仅可以掌握数据结构的基本内容、典型算法和使用方法，还能应用数据结构和算法进行具体应用问题的程序设计，进而提高程序设计能力。

　　本书介绍最常用的典型数据结构、各种数据结构的逻辑关系、在计算机中的存储表示，以及在数据结构中的运算等。数据的逻辑结构主要包括集合、线性表、树、图等 4 种基本结构，利用它们可以构成任何复杂的逻辑结构。数据的存储结构主要分为顺序、链接、索引和散列等基本结构，利用它们可以构成各种复杂的存储结构。对于同样的数据，采用不同的逻辑结构和存储结构，对某一运算采用的方法不同，将得到不同的算法，进而在计算机上得到不同的运行空间和存储空间效率。

全书在结构上呈积木式，适于选择性学习；选材注重实践应用，各种常用数据结构的介绍从实际出发，避免抽象的理论论述和复杂的公式推导，典型算法的介绍深入浅出、简洁明了。每章都设有小结和习题，通过这些习题的练习，不仅能加深学生对基本概念和定义的理解，而且通过上机练习，能够提高学生的编程能力和程序调试能力。

由于编者水平有限，书中不足之处在所难免，敬请广大读者批评指正。

陈明

2011 年 10 月

目 录

第1章

数据结构概论

本章知识结构图

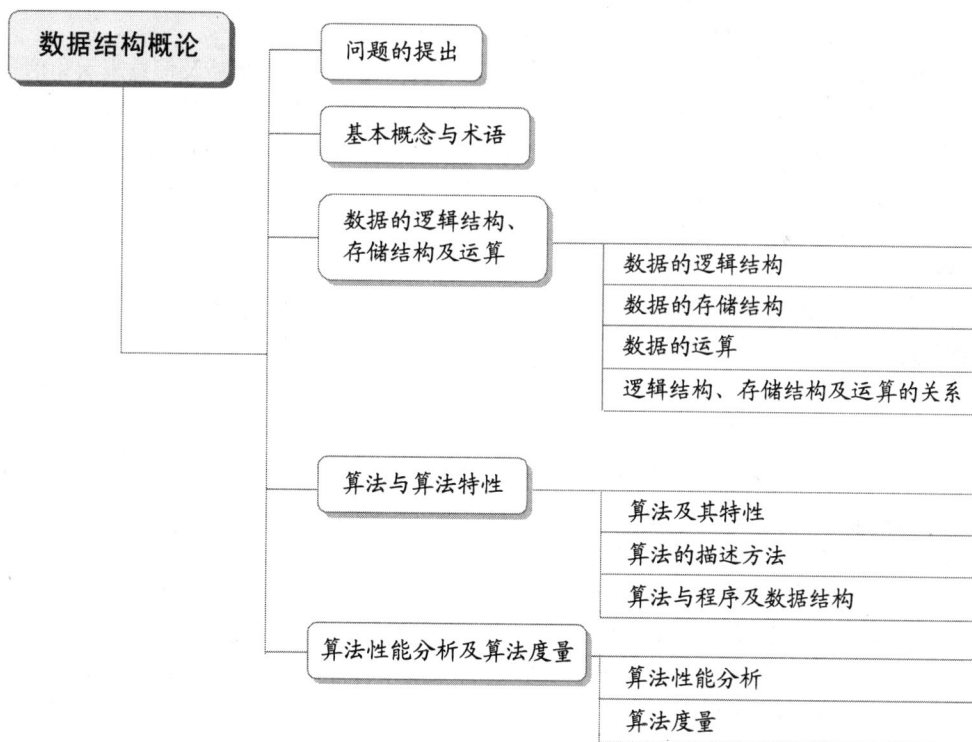

数据结构概论

- 问题的提出
- 基本概念与术语
- 数据的逻辑结构、存储结构及运算
  - 数据的逻辑结构
  - 数据的存储结构
  - 数据的运算
  - 逻辑结构、存储结构及运算的关系
- 算法与算法特性
  - 算法及其特性
  - 算法的描述方法
  - 算法与程序及数据结构
- 算法性能分析及算法度量
  - 算法性能分析
  - 算法度量

学习目标

- 了解数据结构的重要性;
- 了解数据结构的基本概念;
- 理解数据的逻辑结构与存储结构;
- 理解数据的运算。

计算机是数据处理机，研究数据在计算机中的组织和处理是计算机科学中的重要课题。数据结构课程就是研究计算机所处理的数据元素间的结构关系及其操作实现的算法。

在深入学习数据结构之前，首先了解一下学习数据结构的意义、什么是数据结构及数据结构的一些相关基本概念等。这对于深刻理解后面章节的内容将会有很大的帮助。

1.1　问题的提出

在计算机发展的初期，计算机主要用于数值计算，由于计算机的存储容量及计算速度的限制，程序设计人员把主要把精力集中在程序设计技巧的研究上。随着计算机应用领域的扩大和软、硬件技术的发展，计算机对信息的处理已从单一的数值计算扩展到解决非数值运算问题，能够处理的信息也由简单的数值扩展到字符、图像、声音等具有复杂结构的数据。而数据结构就是随着计算机的产生和发展而出现的一门较新的计算机课程。

非数值数据之间的相互关系一般无法完全用数学方程式加以描述，并且数据的表示方法和组织形式直接关系到程序对数据的处理效率。目前，系统程序和许多应用程序对数据的运算处理规模很大，而且数据的结构也非常复杂。因此，处理这些问题的关键已不再只是考虑数学分析和计算方法，而是需要设计出合理的数据结构，这样才能有效地解决问题。

计算机科学是一门研究如何用计算机进行信息表示和处理的科学，涉及信息表示和信息处理两个问题。而信息的表示和组成又直接关系到处理信息的程序的效率及效果。随着计算机相关技术应用的扩展，信息量逐渐增加，信息范围也逐渐拓宽，使许多系统程序和应用程序的规模变大，结构变得相当复杂。这就要求计算机程序对待处理的数据对象进行系统的研究，即研究数据的特性以及数据之间的关系，而数据结构正是描述数据的特性以及数据之间关系的一门课程。

【例 1-1】电话号码查询问题。

编写一个查询某个城市或单位的私人电话号码的程序。要求对任意给出的一个姓名，若该人有电话号码，则迅速找到其电话号码；否则，指出该人没有电话号码。

解：要解此问题，首先构造一张电话号码登记表。表中每个结点存放两个数据项：姓名和电话号码。

要想迅速地查找到某个人的电话号码，必须根据表中信息的结构和特点，确定存储方式并写出好的查找算法。最简单的方式是将表中的结点按顺序存储在计算机中，查找时从头开始依次查对姓名，直到找出正确的姓名或找遍整个表均没有找到为止。这种查找算法对于一个工作人员较少的单位或许是可行的，但对一个有成千上万私人电话的城市，顺序查找就不实用了。对此，可以选择更有效的索引表来存储电话号码登记表。首先将这张表按姓氏排列，然后另外建立一张姓氏索引表，采用图 1-1 所示的存储结构。查找过程是先在索引表中查对姓氏，然后根据索引表中的地址在电话号码登记表中查对姓名，这样查找登记表时就无须查找其他姓氏的名字了。因此，在这种新的结构上产生的查找算法更为有效。

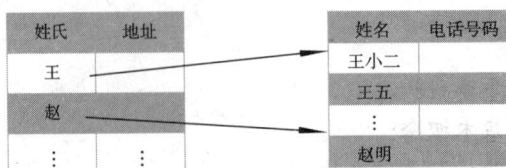

图 1-1　具有索引表的存储结构

数据结构这门课程是前人在程序设计方面积累的程序设计经验，通常来说，学会程序设计基础，可以解决程序设计中 30% 的问题，但学会数据结构，却能解决程序设计中 80% 的问题。数据结构作为计算机专业的核心课程之一，其内容在众多的计算机系统软件和应用软件中都要用到。可以这样说，数据结构不仅是一般程序设计的基础，而且是实现编译程序、操作系统、数据库系统及其他系统程序和大型应用程序的基础。因此，仅掌握几种计算机语言是难以应付众多复杂的研究课题的，要想更有效地使用计算机来处理实际问题，就必须打好数据结构的基础。

瑞士计算机科学家 N.Wirth 教授曾提出这样一个等式：算法+数据结构=程序，这个等式描述了算法、数据结构和程序之间的关系。数据结构指的是数据的逻辑结构和存储结构，而算法是对数据运算的描述。由此可见，程序设计的实质就是对实际问题选取一种合理的数据结构，加之设计一些应用在其上的高效的算法，而且算法的好坏很大程度上取决于描述实际问题的数据结构。

1.2　基本概念与术语

为了更好地理解数据结构的概念，先对数据结构中的一些常用名词和术语给出解释。

1．数据

数据是信息的载体，是对客观事物的描述，这种描述形式可以是数、字符以及所有能输入到计算机中被计算机程序识别、处理的信息的集合。数据不只是数学领域中的整数和实数。在计算机领域中，数据是对客观事物的进一步抽象，数据所能表述的范畴是计算机可以处理的字符串、图像、声音等多种信息。如表 1-1 所示，张风的英语成绩为 92 分，92 就是该学生的成绩数据。

表 1-1　学生成绩表

学　号	姓　名	语　文	数　学	英　语
S01012	张风	85	69	92
S01022	李强	87	73	74
S02013	王海	92	64	84

2．数据项

数据项是具有独立意义的不可分的最小数据单位，它是对数据结构中的数据元素属性的抽象描述。数据项也被称为字段、域，如图 1-2 所示。

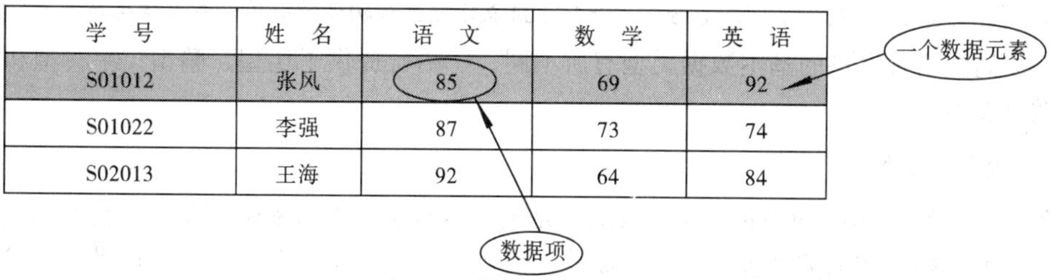

图 1-2　数据元素和数据项

3．数据元素

数据元素是数据的基本单位，是对一个客观实体数据形式的抽象描述。一个数据元素可以由一个或若干个数据项组成。数据元素也被称为结点或记录。

利用表 1-1 来说明一下数据项和数据元素。整个表描述的是学生的成绩数据，一个学生的某一门成绩就是其中的一个数据项。一个学生的成绩是一个数据元素，那么这个数据元素由学号、姓名、语文成绩、数学成绩、英语成绩 5 个数据项组成。

4．数据对象

具有相同性质的数据元素的集合就是一个数据对象，它是数据的一个子集。如上例所示，一个班级的成绩表可以看做一个数据对象。那么，集合{1,2,3,4,5,…}是自然数的数据对象，而集合{'a', 'b', 'c', 'd',…,'z'}是英文字母表的数据对象。可以看出，数据对象可以是无限的，也可以是有限的。

5．数据类型

数据类型是将客观事物集抽象描述成具有相同性质的数据元素的集合，以及对这个数据集合中数据元素的一组操作的整体表述。例如，C 语言中的整数类型是集合 $C=\{0, \pm 1, \pm 2, \pm 3, \pm 4, \cdots\}$ 及定义在该集合上的加、减、乘、整除和取余等一组操作。数据类型封装了数据存储与操作的具体细节。

每个数据项属于某个确定的基本数据类型，数据类型分为原子类型和结构类型。

（1）原子类型

如果一个数据元素由一个数据项组成，这个数据元素的类型就是这个结点的数据类型，在逻辑上不可分解。

（2）结构类型

如果由多个不同类型的数据项组成，则这个数据元素的类型就是由各数据项类型构造而成的构造类型，值由若干成分按某种结构组成。上面提到的学生成绩表中，数据项姓名的数据类型为字符型，而成绩的数据类型是数值型的，所以这个数据元素是一个构造类型。上述成绩表数据用 C 语言的结构体数组 StuofClass1[50]来存储，其形式如下：

```
struct Stu
{/*数据项*/
    int stuID;
    char name[20];
    int maths_score;
    int chinese_score;
    int english_score;
};
Stu StuofClass1[50];//StuofClass1[50]表示数据结构体的引用，最大学生数是 50 个
```

不同的高级语言提供的基本数据类型有所不同，C 语言提供了实型、整型、字符型和指针型等基本数据类型。

6．抽象数据类型

抽象数据类型（Abstract Data Type，ADT）是抽象的数学模型，是用户在数据类型基础上定义的新数据类型。抽象数据类型包含数据组成结构的定义以及对建立在其上的处理操作的描述。抽象数据类型是数据和数据使用者的一个接口。调用者通过 ADT 中定义的接口来创建、销毁及控制 ADT 中的数据对象以期满足调用者的需要。

抽象数据类型主要表述建立在抽象层次相对较高的数据相关的逻辑特性，而不关心其在不同的计算机程序语言环境中的表示和实现，只要维持数据的抽象数学特性，数据的使用方式也将保持不变。基于抽象数据类型设计软件系统可以提高软件构件的复用率。抽象数据类型的定义包括

数据对象定义、数据关系定义和基本操作定义 3 部分，其格式为：

ADT:抽象数据类型名

① 数据对象：对元数据对象结构的定义。

② 数据关系：对数据对象之间关系的定义。

③ 基本操作：建立在数据对象及数据关系上的相关基本操作的定义。

基本操作主要包括操作名、参数表、初始条件和操作结果 4 部分。其格式为：

操作名 (参数表)

操作结果:操作结果描述

在基本操作中，有赋值参数和引用参数。其中，赋值参数只为操作提供输入值，引用参数不仅可以提供输入值，还可以返回操作结果，以&开头，如&T、&G 等。

抽象数据类型可以看做描述问题的模型，它独立于具体实现。它的优点是将数据和操作封装在一起，使得用户程序只能通过 ADT 里定义的某些操作来访问或操作其中的数据，从而实现了信息隐藏。ADT 和类的概念实际上反映了程序或软件设计的两层抽象：ADT 相当于在概念层（或称为抽象层）上描述问题。

由于 C 语言仅有限地支持抽象数据类型概念，为了能从基于抽象数据类型的角度进行介绍，这里对 C 语言进行了适当的补充。补充的主要内容如下：

利用#define 关键字来定义常量和类型；利用 typedef 关键字来描述存储结构；数据元素类型用 ElementType 表示，由用户自行定义。基本操作的描述格式如下：

函数类型 函数名 (函数参数表)

{

    语句序列

}函数名

1.3 数据结构的概念

数据结构是指数据之间的相互关系（即数据的组织形式）及建立在这些数据上的运算方法的集合。为了进一步理解数据结构，举一个简单的例子来说明。

表 1-2 所示的学生基本情况表记录了某校全体学生的姓名和相应的基本信息，现在要求设计一个算法，当给定任何一个学生的姓名时，计算机能够查出该学生的基本信息，如果不存在这个学生，则计算机输出"无此学生记录！"信息。

表 1-2 学生基本情况表

编　号	姓　名	年　级	年　龄	性　别
01	张凤	1 年级	7	男
02	李强	1 年级	8	男
03	林海	2 年级	9	男
04	李南	2 年级	8	男
05	韩凤	3 年级	10	女
06	赵加	1 年级	7	女
⋮	⋮	⋮	⋮	⋮

这个例子实现的是查找功能。查找算法的设计完全依赖于基本情况表中学生姓名和相应信息

在计算机内的存储方式。

如果学生基本情况表中的学生姓名是随意排列的，排列次序没有任何规律（见表1-2）。那么，在给定一个学生姓名时，则只能从头到尾对学生基本情况表的各条记录与给定的姓名进行比较，顺序查找直至找到所给定的姓名为止，很有可能表中根本不存在这个人。虽然这种方法很简单，是线性查询，但是浪费时间，效率低下。

如果按首字母顺序排列学生姓名和相应的情况（见表1-3），并且构造一个字母索引表（见表1-4），这个表用来登记以某个字母开头的第一个学生姓名在基本情况表中的起始位置。当查找某学生的情况时，先从索引表中查到以该字母开头的第一个学生姓名在基本情况表中的起始位置，然后从此起始处开始查找，而不必去查看以其他字母开头的学生记录。通过建立这样一种数据组织形式，查找效率就会有很大的提高。另外，还可以按年级进行排序，然后建立一个年级的索引表，当查询某个年级的学生时，可以先找到这个年级所在的开始位置，然后再查询，就可大大提高查找速度。

表1-3 按首字母排序的基本情况表

编　号	姓　　名	年　级	年　龄	性　　别
⋮	⋮	⋮	⋮	⋮
11	韩凤	3年级	10	女
⋮	⋮	⋮	⋮	⋮
24	李强	1年级	8	男
25	李南	2年级	8	男
26	林海	2年级	9	男
⋮	⋮	⋮	⋮	⋮
87	张凤	1年级	7	男
88	赵加	1年级	7	女
⋮	⋮	⋮	⋮	⋮

选用不同的数据存储结构，建立在其上的算法、操作也不尽相同。算法和数据结构是密切相关的，算法依赖于具体的数据结构，数据结构直接关系到算法的选择和效率。

此外，当新生入学时，学生基本情况表就需要添加新生的姓名和相关的信息；在学生毕业或转学时，应从基本信息表中删除他的记录。这就要求在已安排好的结构上进行插入和删除操作。除此之外，还可能对学生基本情况表进行修改等运算，因此需要设计相应的算法。也就是说，每种数据结构都需要给出各自结构对应的算法。

表1-4 字母索引表

开头字母	编　号
⋮	⋮
H	11
⋮	⋮
L	24
⋮	⋮
Z	87
⋮	⋮

通过上述讨论，可以认为：数据结构是研究数据元素之间的相互关系和这种关系在计算机中的存储表示，并对这种结构定义相应的运算，设计出相应的算法，而且确保经过这些运算后数据之间仍然保持原有的相互关系。数据结构讨论的问题主要有：如何以最节省存储空间的方式来表示数据；各种不同的数据结构表示方法及其相关算法；如何有效地改进算法效率使程序的执行速度更快；数据处理的各种技巧，例如排序、查找等算法等。

1.4　数据的逻辑结构、存储结构及运算

1.4.1　数据的逻辑结构

数据结构在形式上可定义为一个二元组：

`Data_Structure=(D,R)`

其中，D 是数据元素的有限集合，R 是 D 上关系的有限集合。

由此可以看出，数据结构由两部分构成：

① 数据元素的集合 D；

② 数据元素之间关系的集合 R。

假设要设计一个事务管理的程序，用来管理 IT 公司程序研发部门的各项事务。现在需要设计一个数据结构，如果要求每个部门由 1 位部门经理、1～4 名项目经理和 1～8 名软件工程师组成，在小组中，1 位部门经理管理 1～4 名项目经理，每位项目经理带领 1 或 2 名由软件工程师组成的团队，得到一个数据结构：

`Group=(P,R)`

其中，P 表示数据元素，包括部门经理、项目经理、软件工程师，即 $P=\{DM,PM_1,\cdots,PM_n,SE_{11},SE_{12},\cdots,SE_{nm}\}$，$1 \leq n \leq 4$，$1 \leq m \leq 2$。

R 表示小组成员的关系，其关系有两种，部门经理和项目经理：$R_1=\{<DM,PM_i> \mid 1 \leq i \leq n, 1 \leq n \leq 4\}$；项目经理和软件工程师：$R_2=\{<PM_i,SE_{ij}> \mid 1 \leq i \leq n, 1 \leq j \leq m, 1 \leq n \leq 4, 1 \leq m \leq 2\}$。

再举一个例子，一周 7 天的数据结构可表示为：

`Group=(D,S)`

$D=\{$星期一，星期二，星期三，星期四，星期五，星期六，星期天$\}$

$S=\{<$星期天，星期一$>,<$星期一，星期二$>,<$星期二，星期三$>,<$星期三，星期四$>,<$星期四，星期五$>,<$星期五，星期六$>,<$星期六，星期天$>\}$

以上数据结构可用图 1-3 表示。

| 星期天 | → | 星期一 | → | 星期二 | → | 星期三 | → | 星期四 | → | 星期五 | → | 星期六 |

图 1-3　一周 7 天数据结构图示

总而言之，数据结构是相互之间存在一种或多种特定关系的数据元素的集合，这个关系特指数据元素之间的逻辑关系，也称为数据的逻辑结构，它与在计算机上的具体数据存储无关。因此，数据的逻辑结构可以看做从具体的问题中抽象出来的数学模型。

数据的逻辑结构分为 3 种典型结构：集合、线性结构、非线性结构。

① 集合中元素间为松散的关系，只是同属于一个集合而已，如各种颜色属于色彩集合。

② 线性结构的逻辑特征是有且仅有一个起始结点和一个终端结点，并且所有结点只有一个直接前驱结点和一个直接后继结点，如线性表、队列等，结点之间是一对一的关系，如前面的学生基本情况表中每个数据元素之间的关系。

③ 非线性结构的特征是一个结点可能有多个直接前驱结点或多个直接后继结点，如树、图等，树的结点之间是一对多的关系，图的结点之间是多对多的关系。这些将在后面的章节中介绍。

1.4.2 数据的存储结构

数据的存储结构是数据的逻辑结构在计算机内部的表示或实现，又称为数据的物理结构，它包括数据元素的表示和关系的表示。它不同于逻辑结构，且与计算机程序语言相关。

在计算机内，数据元素用一组连续的位串来表示，称这个位串为结点。结点之间的关系，即数据元素之间的关系，有4种基本的存储表示方法。

1. 顺序存储方法

该方法是将逻辑上相邻的结点存储在物理位置上也相邻的存储单元中，结点之间的逻辑关系由存储单元的邻接关系来表示（也就是说，只存储结点的值，不存储结点之间的关系），这种存储表示称为顺序存储结构。它主要应用于线性的数据结构，非线性的数据结构也可以通过某种线性化的过程后，进行顺序存储。顺序存储结构的主要特点如下：

① 结点中只有自身信息域，没有连接信息域，因此存储密度大，存储空间利用率高。

② 可以通过计算直接确定数据结构中的第 i 个结点的存储地址 L_i，计算公式为：

$$L_i = L_0 + (i-1) \times m$$

其中，L_0 为第一个结点的存储位置，m 为每个结点所占用的存储单元个数。

③ 插入和删除都会引起大量的结点移动。

【例1-2】有如下的数据结构，画出其顺序存储结构图。

$A=(D,R)$

$D=\{a,b,c,d,e\}$

$R=\{<a,b>,<b,c>,<c,d>,<d,e>\}$

设第一个结点的存储单元位置为1000，每一个结点所占的存储单元个数为1，则其存储结构如图1-4所示。

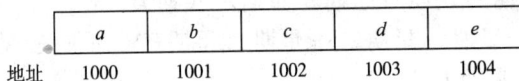

a	b	c	d	e
地址 1000	1001	1002	1003	1004

图1-4　顺序存储结构

2. 链式存储方法

链式存储方法对于相邻结点所存储的物理位置没有要求，可以不相邻，结点间的逻辑关系由附加的指针（指向结点的存储地址）来表示，指针指向结点的邻接结点，这样将所有结点串联在一起，称为链式存储结构。也就是说，链式存储方法不仅存储结点的值，还存储结点之间的关系。

链式存储方法中的结点由两部分组成，一是存储结点本身的值，称为数据域；另一个是存储该结点的各后继结点的存储单元地址，称为指针域（可包含一个或多个指针域）。链式存储结构的主要特点为：

① 结点中除自身信息外，还有表示连接信息的指针域，因此比顺序存储结构的存储密度小，存储空间利用率低。

② 逻辑上相邻的结点，物理上不必邻接，可用于线性表、树、图等多种逻辑结构的存储表示。

③ 删除和插入操作灵活方便，不必移动结点，只要改变结点中的指针域的地址值即可。

这里举一个简单例子来说明。

【**例 1-3**】假设存在一个线性结构的结点集合 D={45,63,67,14,97}，以结点值的降序为关系 S={<97,67>,<67,63>,<63,45>,<45,14>}，画出其存储结构图。链式存储结构如图 1-5 所示。

地址	数据	指针
1000	45	1003
1001	63	1000
1002	67	1001
1003	14	∧
1004	97	1002

（a）存储结构　　　　　　（b）逻辑结构

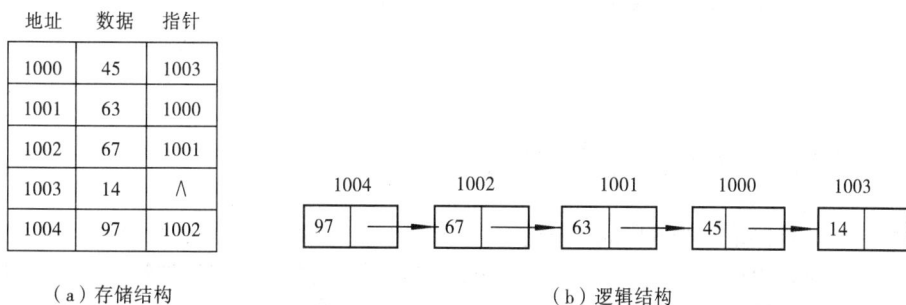

图 1-5　线性结构的链式存储

3．索引存储方法

索引存储是在存储结点信息的同时，再建立一个附加的索引表，然后利用索引表中索引项的值来确定结点的实际存储单元地址。索引表中的每一项称为索引项，索引项的一般形式为（关键字,地址），关键字能唯一标识一个结点。

4．散列存储方法

散列存储方法的基本思想是根据结点的关键字直接计算出结点的存储地址。把结点的关键字作为自变量，通过一个称为散列函数 H(key)的计算规则，确定出该结点的存储单元地址。

上面 4 种方法既可以单独使用，也可以组合起来对数据结构进行存储。同一种逻辑结构采用不同的存储方法，可以得到不同的存储结构。选取哪种存储结构来表示相应的逻辑结构，根据具体的情况而定，主要考虑数据的运算是否方便及相应算法的时空复杂度要求。

1.4.3　数据的运算

为了有效地处理数据，提高数据运算的执行效率，应按一定的逻辑结构把数据组织起来，并选择适当的存储方法将数据存储到计算机内，然后对其进行运算。

数据的运算是定义在数据的逻辑结构之上的，每一种逻辑结构都有一个运算的集合，如插入、删除、修改等。这些运算实际上是在数据元素上施加的一系列抽象的操作，抽象的操作是指只知道这些操作要求做什么，而无须考虑如何做，只有在确定了存储结构之后，才考虑如何具体实现这些运算。下面简单介绍几种数据的运算。

① 查找：查找就是在特定数据结构的实例中查找满足一定条件的结点，一般是给定一个某字段的预定值，找到该字段具有预定值的结点。

② 插入：向特定数据结构的实例中增加新的数据结点。

③ 删除：把指定的数据结点从特定数据结构的实例中去掉。

④ 修改：改变指定数据结点的一个或多个字段的值。

⑤ 排序：排序是指保持序列中的数据结点的值域和个数不变，把结点按某种指定的顺序重新排列，例如，可以按某一字段由小到大对结点进行排序。

上述 5 种运算中，查找运算是一个很重要的运算过程，插入、删除、修改、排序中都包含着查找运算，排序本身就是元素之间通过查找相互比较的过程，插入、删除、修改要通过查找确定插入、删除、修改的位置。另外，数据的运算是建立在数据的逻辑结构之上的，对于某一种具体的数据结构，有其特有的建立在具体数据结构上的运算，如线性表可以进行求长度运算、求平均值运算等，对于用栈表示的数据结构，有对应的求出栈和入栈的运算等。

运算是数据结构的一个重要方面，数据运算的实现是通过算法来描述的，所以讨论算法是数据结构这门课程的主要内容。

1.4.4　逻辑结构、存储结构及运算的关系

逻辑结构、存储结构及数据的运算这 3 方面共同构成了数据结构这个有机整体。存储结构是数据结构在计算机中存在的方式，存储结构直接关系到建立在其上的各种数据运算的执行效率，通常情况是，同一逻辑结构的不同存储结构可冠以不同的数据结构名称来标识。例如：线性表是一种逻辑结构，若采用顺序方法的存储表示，可称其为顺序表；若采用链式存储方法，则可称其为链表；若采用散列存储方法，则可称为散列表。

同样，在给定数据的逻辑结构和存储结构之后，数据运算的集合及其运算的性质不同，也可能导致完全不同的数据结构。例如：若将线性表上的插入、删除运算限制在表的一端进行，则该线性表称为栈；若将插入限制在表的一端进行，而将删除限制在表的另一端进行，则该线性表称为队列。若对线性表的存储结构进行区分，采用顺序表或链表作为存储结构，则对插入和删除运算做了上述限制之后，可分别得到顺序栈或链栈、顺序队列或链队列。

1.5　算法与算法特性

大型程序设计不但要选择合适的数据结构，而且要进行算法设计，这样才能更好地完成程序设计。在数据结构中，数据的运算是通过算法描述的，而数据结构又是程序设计的基础，因此算法是程序的核心。研究数据结构的目的就是如何更有效地进行程序设计。算法设计主要描述运算求解的步骤，不要把精力花费在关于语言的具体约定的细节上。

1.5.1　算法及其特性

算法是对特定问题求解步骤的一种描述，实际上是指令的有限序列，其中每一条指令表示一个或多个操作。算法应具有以下 5 个重要特性：

① 输入：一个算法具有零个或多个输入的外界量，是算法执行运算前所给出的初始量。

② 输出：一个算法至少产生一个输出，它们是同输入有一定关系的量。

③ 有穷性：算法中的每一条指令的执行次数必须是有限的，也就是说，一个算法必须（对任何合法的输入值）在执行有穷步骤之后结束，且每一步都在有穷时间内完成。

④ 确定性：算法中每一条指令的含义都必须明确定义，即在任何条件下，相同的输入只能得到相同的输出。

⑤ 可行性：一个算法的执行时间是有限的。

算法的定义是在有限的时间内，解决某一个问题的一系列逻辑步骤。所以，当问题被确定后，可以把问题分成若干个部分，针对每个部分写出其算法描述。每部分可以视为子程序，子程序间的调用可以由主程序或其他子程序实现。

1.5.2　算法的描述方法

算法独立于具体的计算机，与使用的程序设计语言无关。在设计一个算法时，涉及如何表达算法。在编写一个算法时，可以采用自然语言、流程图、计算机语言或是专门为描述算法而设计的描述语言。本书中采用类 C 语言描述算法。

1．自然语言

自然语言就是指人类所使用的语言，如汉语、英语和法语等。用自然语言描述算法的方法简单易行，其缺点是不直观，可阅读性差，难以表达较复杂的算法，并容易出现歧义性。

2．流程图

流程图是一种半形式化的算法描述方式。利用流程图描述算法的优势是流程图比自然语言直观，不足是对于复杂算法的描述仍然很困难，而且移植性差。

3．程序设计语言

利用程序设计语言实现的算法称为程序，程序可以由计算机执行，所以可以用程序设计语言来描述算法。这种方法的缺点是过分依赖于具体的程序设计语言，受到具体程序设计语言语法细节的限制，如变量说明、语句书写规则等，使得被描述的算法既不能一目了然，也不便于在不同的程序设计语言之间移植。

4．描述算法的形式化语言

可以采用专门描述算法的形式化语言来描述算法，这种语言脱离具体的程序设计语言，又具有各种程序设计语言的共同特点。利用这种语言能够方便地表达算法的思想，省略了一般程序设计语言对各种类型数据的说明和定义，引用大多数程序设计语言所具有的可以执行的语句来确定所需要的语句。

5．伪代码

为了解决理解和执行之间的矛盾，常常使用伪代码来描述算法。伪代码介于高级程序设计语言和自然语言之间，它忽略高级程序设计语言中一些严格的语法规则和描述细节，因此它比程序设计语言更容易描述和被人理解，而比自然语言更接近程序设计语言。它虽然不能直接执行，但很容易被转成高级程序设计语言。

1.5.3　算法与程序及数据结构

1．算法与程序

算法与程序是两个不同的概念，主要区别如下：

① 算法具有有穷性，但程序却不一定要求满足有穷性。

操作系统是程序，但若没有意外情况，则永不停止，永远处于动态等待中，所以操作系统不是算法，因为不满足有穷性。

② 程序中的指令必须由机器执行，而算法中的指令却不必由机器执行。

③ 算法表示了问题的求解过程，而程序是算法在特定计算机上的特定实现。

2．算法与数据结构

在问题的求解中，算法和数据结构的选择相辅相成，对于解决某一特定类型问题的算法，选择不同的数据结构，会导致算法的效率不同。

在问题的求解中，选择数据结构后，各种算法执行的效果也不同。

1.6 算法性能分析及算法度量

1.6.1 算法性能分析

对于一个问题的求解，可以提供多个不同的算法。通过算法分析确定高效算法。常用的确定算法效率的方法如下：

1. 统计方法

统计方法是在算法运行之后，通过统计与算法有关的参数来确定算法的效率。这种方法的缺点是获得的参数值与计算机硬件相关，并不能准确地获得参数值，不利于反映多个算法之间的区别。

2. 分析估算法

在算法运行之前，通过分析与算法时间复杂度相关的因素，来进行算法之间的比较，进而确定算法的优劣。通常情况下，算法运行的时间复杂度与下述因素有关：算法的策略、计算机的速度、书写程序的语言的效率、编译程序对目标代码优化的能力和问题的规模等。

1.6.2 算法度量

常用时间复杂度和空间复杂度来表示算法的效率。对于同一个问题可以构造不同的算法，算法选择涉及如何评价一个算法好坏的问题。

评价一个算法，前提是这个算法是正确的，并具有算法的 5 个特性。此外，还需要考虑以下几点：

① 执行算法所耗费的时间，即效率问题。

② 执行算法所耗费的存储空间，主要考虑辅助的存储空间。

③ 算法应易于理解，具有可读性，易于编码，易于调试等。

④ 健壮性，主要表现在算法对非法输入及其他异常情况的处理和反应上。

显然，算法的目标是运行时间短、占用空间小、功用性强。然而，这样完美的算法实际上很难找到，因为若想节约算法的执行时间，往往要以牺牲存储空间为代价，而为了节省存储空间，就要以耗费更多的计算时间来补偿。因此，应该根据具体的情况来选取合适的算法。一般来说，对于经常使用的程序，应选取运行时间短的算法；而机器的存储空间较小时，对于涉及数据量极大的程序，则应该选用节约存储空间的算法。在讨论一个算法的效率时，通常是指算法的时间特性和空间特性。

目前，更多的是讨论算法的执行时间效率问题，这是因为随着计算机硬件的迅速发展，存储空间的费用越来越低，探讨节约算法的执行时间意义重大。可以用时间复杂度来表示算法的时间特性。通常将每个程序所需要的执行次数称为该程序的时间复杂度。一个算法的耗费时间是该算法所有语句的执行时间之和，而每条语句的执行时间是该语句的执行次数和执行一次所需时间的乘积。算法分析是学习数据结构的重要基本功，下面将详细讨论如何分析一个算法的时间复杂度。

1．算法的时间复杂度

从算法中选取一种对于所研究问题的基本操作的原操作，以原操作重复次数作为算法的时间度量。这就导致一个特定算法的运行工作量与问题的规模密切相关，也就是说，它是问题规模 n 的函数，计为 $T(n)$，称为算法的时间复杂度。

确定一个算法的精确时间复杂度非常困难，也无必要，在多数情况下，仅考虑时间复杂度的数量级。在分析算法时，主要考虑 3 种情况，即算法在最好情况下的时间代价、最坏情况下的时间代价和平均情况下的时间代价，对于最坏情况下的时间复杂度，采用 O 表示法来描述。如果存在两个正常数 c 和 n_0，对于所有的 $n \geq n_0$，有 $|T(n)| \leq c|f(n)|$，则记为 $T(n)=O(f(n))$，即算法的时间复杂度为 $T(n)=O(f(n))$。

例如，一个程序的实际执行时间为 $T(n)=6n^3+4n+8$，则算法的时间复杂度 $T(n)=O(n^3)$。

计算算法的时间复杂度需要考虑原操作的执行次数，而原操作的执行次数与包含它的语句的频度相同，在这里，语句频度是指语句重复的次数。

例如语句：

```
++y;
x=12;
```

由于语句频度为 1，所以时间复杂度为 $O(1)$。

又如循环语句：

```
for(i=1;i<=n;++i)
{++y;s+=y;}
```

语句频度为 n，时间复杂度为 $O(n)$。

再如双重循环：

```
for(j=1;j<=n;++k)
{++y;s+=y;}
```

语句频度为 $n \times n$，时间复杂度为 $O(n^2)$。

2．复杂度函数的增长率

由于原操作次数的精确计算困难，所以可以用函数的增长率来描述算法复杂度。设 $f(n)$ 的增长率可以由另一个简单函数 $g(n)$ 指定，其中 $f(n)$ 随着整型变量 n 增长，$g(n)$ 也随着整型变量 n 增长，如 n^2、e^2、n^k、$\log_2 n$ 等。

任何算法所花费的运行时间总是取决于它所处理的数据输入量。例如，排序 10 000 个元素比排序 10 个元素花费更多的时间。一个算法的运行时间是数据输入量的一个函数。确切的函数值依赖于许多因素。例如，主机的运行速度、编译程序的质量，有些情况是程序本身的质量。对于一个给定计算机上的给定程序，可以用图形描绘出运行时间的函数。图 1-6 给出了 4 个程序的运行时间图，这些曲线代表了在算法分析中相遇的 4 个函数：线性函数、$O(N\log_2 N)$、平方函数、立方函数，输入规模 N 从 1～100，运行时间为 0～10 ms。对比图 1-6 和图 1-7 可知，线性函数、$O(N\log_2 N)$、平方函数、立方函数曲线所代表的函数呈有规律的递增趋向。

例如，从网络上下载一个文件，假如有一个 2 s 的最初延时（用于建立连接），此后以 1.6 KB/s 的速度下载，如果文件有几千字节，下载时间可用公式 $T(N)=N/1.6+2$ 表示，这是一个线性函数，下载一个 80 KB 的文件大约需 52 s，下载一个 160 KB 的文件大约需 102 s，或大约是前者的 2 倍。在这里运行时间与数据输入量基本上是成比例的，这是线性算法的特征。线性算法是一种效率最高的算法。在这两幅图中，与之对应的一些非线性算法耗费大量运行时间，图中线性算法就比立方算法效率高得多。

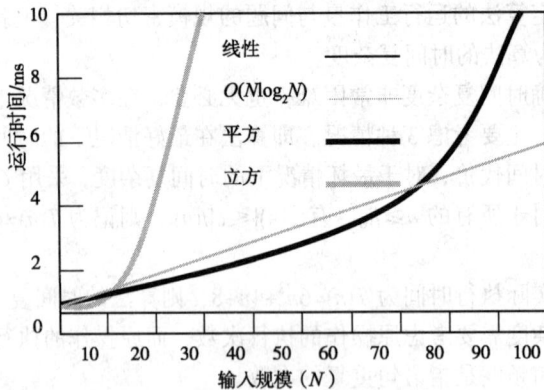

图 1-6 小规模输入时的运行时间

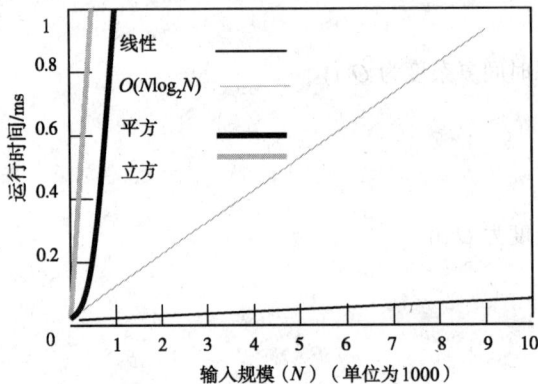

图 1-7 中等规模输入时的运行时间

一个立方函数就是它的关键项为某一个常数乘以 N^3 的函数，例如 $f(N)=10N^3+N^2+40N+80$ 即为一个立方函数。同样，一个平方函数的关键项是某个常数乘以 N^2 的函数，一个线性函数则有某个常数乘以 N 的关键项。表达式 $O(N\log_2 N)$ 代表一个函数，其关键项为 N 乘以 N 的对数，该算法为一个增长缓慢的函数，例如，1 000 000 的对数（以 2 为底）仅为 20，这个算法增长远远慢于平方或立方根。

在任何给定点，两个函数中的一个总比另一小，如 $F(N)<G(N)$，没有多大意义。若以测试函数的增长率来替代，则可以从几个方面证实。首先，如上述立方函数，函数值基本由立方项决定，当 N=1 000 时，函数值为 10 001 040 800，其中 $10N^3$ 项的值为 10 000 000 000，如果仅用立方项来估算整个函数，误差大约为 0.01%，对于足够大的 N 来说，函数值主要由其关键项决定（足够大的 N 所表示的值因函数的不同而不同）。

测试函数增长率的第二个原因是函数关键项前的常数对于不同的机器而言没有多大意义（虽然常量的相关值对相同增长函数或许有意义）。例如，编译程序的质量对常数有很大影响。第三个原因是 N 值较小时这些不太重要。在图 1-6 中，当 N=20 时，所有算法在 5 ms 内终止，好算法与差算法间的不同变得不那么突出。

图 1-7 清晰地显示出当输入规模大时各曲线间的不同。一个线性函数解决一个输入规模为 10 000

的问题时只花费百分之几秒的时间，$O(N\log_2 N)$算法基本为其 10 倍，所包含的常量或多或少对运行时间有些影响，依靠这些常量，一个 $O(N\log_2 N)$在输入规模大时或许比一个线性算法运行快。对于同样复杂的算法，线性算法优于 $O(N\log_2 N)$算法。

　　然而，对于平方算法和立方算法而言，这些关系并不一定正确。当数据输入规模大于几千字节时，平方算法是不可取的，数据输入量小于几百字节时，立方算法就行不通了。例如，具有 1 000 000 项的数据输入时使用一个简单排序算法就不太实际，因为大多数简单排序算法都是平方算法（如冒泡排序、选择排序）。

　　这些曲线最显著的特征就是当数据输入规模较大时，平方算法和立方算法无法与其他算法竞争。高效的机器语言对于编写平方算法可以体现很好的效果，对编写线性算法却影响不大，即使采用最高超的编程技巧也不能快速编写一个低效率的算法。表 1-5 所示为以增长率的增长次序来排列算法运行时间的函数。

表 1-5　以增长率为序的函数

函　　数	名　　称
c	常数
$\log_2 N$	对数
$\log_2 N$	平方对数
N	线性
$N\log_2 N$	$N\log_2 N$
N^2	平方
N^3	立方
2^N	指数

小　　结

　　本章简要地介绍了数据结构的基本概念，描述了数据结构的二元组表示及对应的图形表示；说明了集合结构、线性结构、树结构和图结构的特点；给出了抽象数据类型的定义和表示方法；介绍了数据结构的逻辑结构和物理结构；最后还介绍了算法的定义与描述、算法性能分析与度量等。通过本章内容的学习，可以为后面章节的学习建立坚实的基础。

习　　题

1. 填空题：
（1）数据的逻辑结构可用一个二元组 $B=(K,R)$ 来表示，其中 K 是_____，R 是_____。
（2）存储结构可根据数据元素在机器中的位置是否连续分为_____、_____。
（3）算法的基本要求有_____、_____、_____、_____。
（4）度量算法效率可通过_____、_____两方面进行。
2. 简述下列术语：
　　数据　数据元素　数据对象　数据结构　存储结构　数据类型
3. 常用的存储表示方法有哪几种？
4. 举例说明数据结构和算法的关系。

5. 设有数据逻辑结构为

$B=(K,R)$

$K=\{k_1,k_2,\cdots,k_9\}$

$r=\{<k_1,k_3>,<k_3,k_8>,<k_2,k_3>,<k_2,k_4>,<k_2,k_5>,<k_3,k_9>,<k_5,k_6>,<k_8,k_9>,<k_9,k_7>,<k_4,k_7>,<k_4,k_6>\}$

试画出这个逻辑结构的图示，并确定相对于 r 哪些结点是开始结点，哪些结点是终端结点。

6. 试举一个数据结构的例子，并叙述其逻辑结构、存储结构、运算 3 方面的内容。

7. 写出下面程序段的时间复杂度。

（1）
```
j=1;k=0;
    while(i<n)
    {
        k=k+10*i;i++;
    }
```

（2）
```
i=0;j=0;
    while(i+j<=n)
    {
        if(i>j)  i++;
        else i++;
    }
```

（3）
```
x=99;y=100;
    while(y>0)
        if(x>100)  {x=x-10;y--;}
        else  x++;
```

8. 说明算法设计的目的和算法必须满足的条件。

拓展实验：电话号码的查询

实验目的：通过本实验可以理解数据结构在程序设计中的作用。

实验内容：分别编写带索引表和不带索引表的电话号码查询程序，并比较其执行效果。

实验要求：

1. 设计算法与数据结构；

2. 用 C 语言程序实现；

3. 讨论程序的执行结果。

第2章 线性表

第 2 章

本章知识结构图

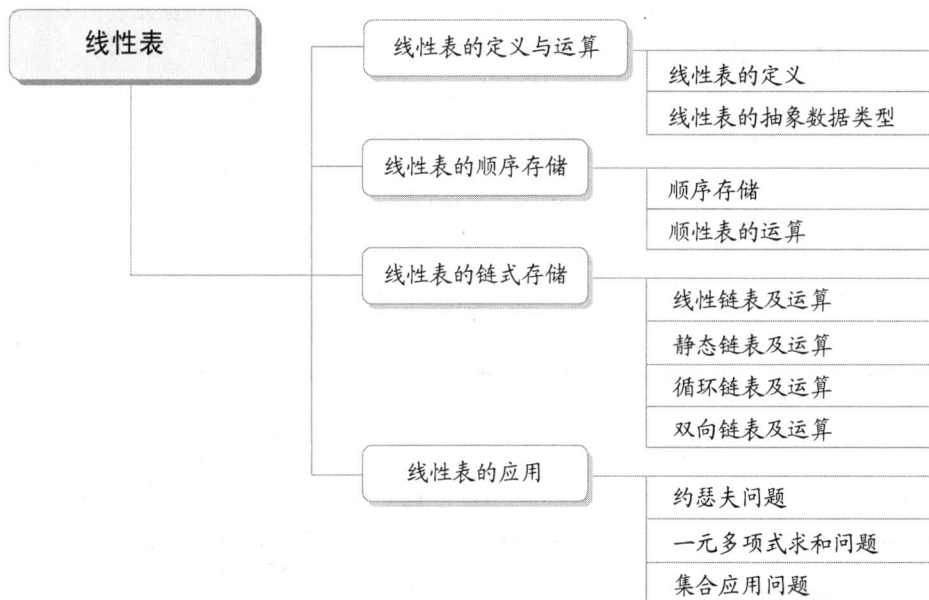

线性表
- 线性表的定义与运算
  - 线性表的定义
  - 线性表的抽象数据类型
- 线性表的顺序存储
  - 顺序存储
  - 顺性表的运算
- 线性表的链式存储
  - 线性链表及运算
  - 静态链表及运算
  - 循环链表及运算
  - 双向链表及运算
- 线性表的应用
  - 约瑟夫问题
  - 一元多项式求和问题
  - 集合应用问题

学习目标

- 了解线性表的定义与运算;
- 掌握线性表的顺序存储;
- 掌握线性表的链式存储;
- 理解链式存储结构的应用。

线性结构的基本特点是结构中的元素之间满足线性关系。在线性结构中, 所有的元素排成一个线性序列, 除了第一个元素以外, 每个元素只有一个前驱, 除了最后一个元素以外, 每个元素只有一个后继。线性表是一种常用的线性结构。线性表有两种主要的存储结构：顺序存储结构和链式存储结构。本章主要介绍线性表的定义、存储结构及其基本运算。

2.1 线性表的定义与运算

线性表是最简单、最常用的数据结构之一，利用线性表可以构造更复杂而通用的数据结构。数据结构的操作定义在逻辑结构层次上，而操作的具体实现建立在存储结构上。

2.1.1 线性表的定义

一个线性表是由 n（$n \geq 0$）个相同类型的数据元素组成的有限序列。线性表的长度即为线性表中元素的个数 n，将 $n=0$ 时的线性表称为空表。

在一个非空表$(a_1,a_2,\cdots,a_i,\cdots,a_{n-1},a_n)$中，每个数据元素都有一个确定的位置，如 a_1 是第一个数据元素，a_n 是最后一个数据元素，a_i 是第 i 个数据元素，称 i 为数据元素 a_i 在线性表中的位序。a_{i-1} 称为 a_i 的前驱，a_{i+1} 称为 a_i 的后继。即对于 a_i，当 $i=2,3,\cdots,n$ 时，有且仅有一个前驱 a_{i-1}；当 $i=1,2,\cdots,n-1$ 时，有且仅有一个后继 a_{i+1}。a_1 是第一个数据元素，无前驱，a_n 是最后一个数据元素，无后继。

线性表中的元素可为任何类型，但必须是相同类型。可以是一个数或一个符号，也可以是其他更复杂的信息。例如，英文大写字母表(A,B,C,$\cdots$,X,Y,Z)就是一个长度为 26 的线性表，A 为 B 的前驱元素，Y 为 X 的后继元素，A 无前驱元素，Z 无后继元素。

在较复杂的线性表中，一个数据元素可以由若干个数据项组成。在这种情况下，通常把数据元素称为记录，含有大量记录的线性表称为文件。例如，某一个学校的学生基本情况登记表为一个文件，如表 2-1 所示，表中每一个学生的情况为一条记录，一条记录是由姓名、学号、性别、年龄、班级和籍贯等 6 个数据项组成。

表 2-1 学生基本情况登记表

姓　　名	学　　号	性　　别	年　　龄	班　　级	籍　贯
刘丽丽	S01001	女	22	计算机系 10	北京
江珊	S01002	男	21	计算机系 11	河北
⋮	⋮	⋮	⋮	⋮	⋮

2.1.2 线性表的抽象数据类型

线性表的抽象数据类型由数据和操作两部分组成，数据部分为一个线性表，操作部分为对线性表的各种操作。例如向线性表插入一个元素，从线性表中删除一个元素，求线性表的长度等。在下面所定义的线性表抽象数据类型中，只给出了线性表的一些基本操作，由于线性表应用广泛，所以这里不可能给出所有的操作。

```
ADT List{
    L=(a₁,…,aᵢ₋₁,aᵢ,aᵢ₊₁,…,aₙ)   /*含 n 个元素的线性表,当 n=0 时 L 表示空表*/
    D={aᵢ|aᵢ∈D,i=1,2,…,n,i>=1}
    R={<aᵢ₋₁,aᵢ>|aᵢ₋₁,aᵢ∈D,i=2,…,n}
    /*操作:*/
    InitList(&L);                /*创建一个空的线性表 L, &L 是一个引用形参, 调用时不需要为
```

L 分配存储空间，对 L 的操作就是对被传送的实参的操作*/
```
DestroyList(&L);          /*销毁已存在的线性表 L*/
ListLength(L);            /*表示计算线性表 L 的长度*/
GetElem(L,i,&e);          /*用 e 返回 L 中第 i 个数据元素的值*/
ListAdd(&L);             /*在线性表的末端增加一个新的数据元素*/
ListDelete(&L,i);         /*表示删去 L 第 i 个数据元素，L 长度减 1*/
ListDelete(&L,i,&e);      /*表示删去第 i 个数据元素，并用 e 返回其值，L 长度减 1*/
ListInsert(&L,i,e);       /*在 L 中的第 i 个位置插入新的数据元素 e，L 的长度加 1*/
}ADT List
```

上述抽象数据类型中定义的操作不是它的全部操作，而是一些常用的基本操作。可以用这些基本操作构成更为复杂的操作。在抽象数据类型中定义的线性表是抽象在逻辑层次的线性表，而算法的实现是建立在存储结构确立之后。

例如，对表 2-1 进行下述操作：

设 3 个新的学生元素为

X={张强,S01003,男,23,计 03,山东}；

Y={俱谦,S01004,男,19,计 03,北京}；

Z={刘迅,S01005,男,20,计 03,黑龙江}。

① 将 X 和 Y 顺序地插入到线性表 S 的尾部，即将 X 和 Y 顺序地排在"江珊"元素之后：

```
ListInsert(S,ListLength(S)+1,X);
ListInsert(S,ListLength(S)+1,Y);
```

② 将 Z 插入到线性表 S 中的元素"江珊"前面，即表中第 2 个元素的位置，"刘丽丽"元素之后：

```
ListInsert(S,2,Z);
```

其结果如表 2-2 所示。

表 2-2　修改后的学生基本情况登记表

姓　名	学　号	性　别	年　龄	班　级	籍　贯
刘丽丽	S01001	女	22	计算机系 10	北京
刘迅	S01005	男	20	计算机系 11	黑龙江
江珊	S01002	男	21	计算机系 11	河北
张强	S01003	男	23	计算机系 11	山东
俱谦	S01004	男	19	计算机系 10	北京
⋮	⋮	⋮	⋮	⋮	⋮

2.2　线性表的顺序存储

一个线性表可以采用顺序存储方法和链式存储方法存储到计算机中，其中最简单的方法是顺序存储方法。

2.2.1　顺序存储

1. 顺序表的概念

线性表的顺序存储是把线性表的各个数据元素依次存储在一组地址连续的存储单元中。线性表的这种计算机内的表示称为线性表的顺序存储结构，用这种方法存储的线性表简称顺序表。

假设每个元素需占用 m 个存储单元，并以所占的第 1 个单元的存储地址作为线性表第 1 个数据元素的存储位置，则线性表中第 $i+1$ 个数据元素的存储位置 $LOC(Elem_{i+1})$ 和第 i 个数据元素的存储位置 $LOC(Elem_i)$ 之间满足下列关系：

$$LOC(Elem_{i+1}) = LOC(Elem_i) + m$$

一般来说，线性表的第 i 个数据元素的存储位置为

$$LOC(Elem_i) = LOC(Elem_1) + (i-1) \times m$$

通常将第 1 个元素所占用的存储位置 $LOC(Elem_1)$ 称做线性表的起始位置或基地址。

2．顺序表的特点

（1）顺序存储结构的优点

在顺序表中，相邻的元素 $Elem_i$ 和 $Elem_{i+1}$ 的存储位置也相邻。也就是说，根据元素在计算机内的相邻物理位置来表示线性表中数据元素之间的逻辑关系。每个数据元素的存储位置都与线性表的起始位置相差一个常数，这个常数同数据元素在线性表中的位序成正比，如图 2-1 所示。由此，只要确定存储线性表的起始位置 $LOC(Elem_1)$，线性表中任意数据元素的位置都可通过计算来确定，也就是说可以达到随机存取，所以顺序表是一种查询效率较高的随机存取的存储结构。

从图 2-1 可看出，顺序表的长度随元素个数 n 变化，因此表所需的最大存储空间也不确定。为了表现这种特性，在高级程序设计语言中常用一维数组来表示线性表，如在 C 语言中就是用数组表示顺序表。

建立一个一维数组 $V[0,1,\cdots,n]$，使数据元素 a_i 的下标与数组 V 的下标 i 相关联，把 $a_1, a_2, a_3, \cdots, a_i, a_{i+1}, \cdots, a_n$ 依次相继的存入存储单元 $V[0], V[1], V[2], \cdots, V[i-1], V[i], \cdots, V[n-1]$ 中。换言之，数组 V 中的第 i 个分量 $V[i-1]$ 就是线性表中第 i 个数据元素在内存中的映像。只要给出一个下标值 $i-1$，就可以存取元素 a_i，如图 2-2 所示。

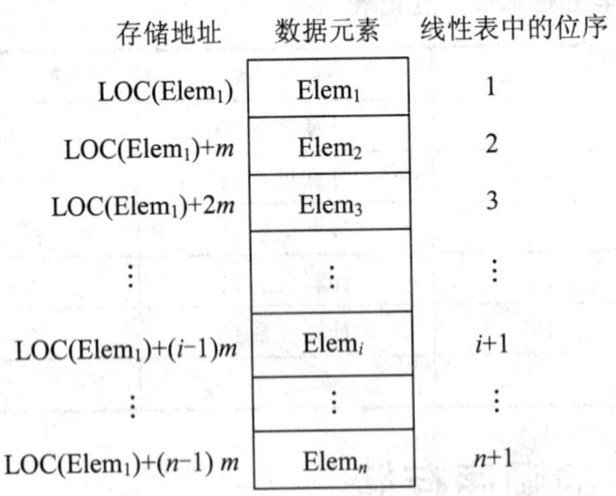

存储地址	数据元素	线性表中的位序
$LOC(Elem_1)$	$Elem_1$	1
$LOC(Elem_1)+m$	$Elem_2$	2
$LOC(Elem_1)+2m$	$Elem_3$	3
$\vdots$	$\vdots$	$\vdots$
$LOC(Elem_1)+(i-1)m$	$Elem_i$	$i+1$
$\vdots$	$\vdots$	$\vdots$
$LOC(Elem_1)+(n-1)m$	$Elem_n$	$n+1$

数组 V 下标	结点内容	线性表中的位序
0	a_1	1
1	a_2	2
2	a_3	3
$\vdots$	$\vdots$	$\vdots$
$i-1$	a_i	i
$\vdots$	$\vdots$	$\vdots$
$n-1$	a_n	$n+1$

图 2-1　顺序表结构示意图 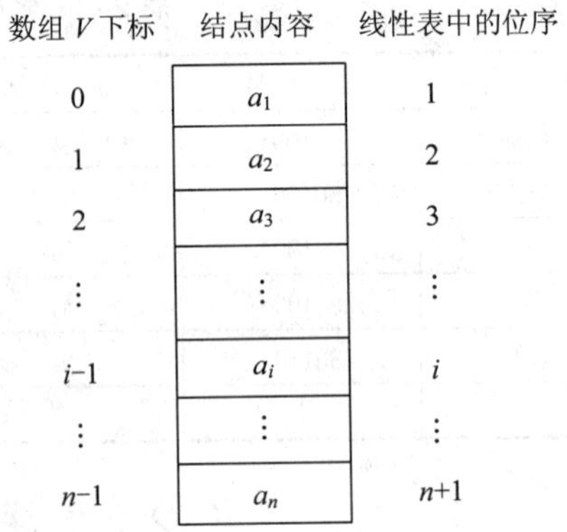　　　　　图 2-2　顺序表的数组表示

顺序表能随机存取第 i 个元素及插入、删除等基本操作。

顺序存储结构是线性表中最简单、最常用的存储方式。顺序表中任意数据元素的存储地址可由公式直接计算出，因此顺序表是随机存取的存储结构，主要优点有：

① 无须为表示结点间的逻辑关系而增加额外的存储空间。

② 可以方便地随机存取表中的任意结点。

（2）顺序存储结构的缺点

① 顺序存储结构要求占用连续的存储空间,这就使得高级程序设计语言编译系统需要预先分配相应的存储空间,存储空间的大小需要依据数据的类型及数据元素的最大个数预先设定,即需要静态分配。当进行静态分配时,如果表长变化较大,设定最大表长就比较困难;如果按可能达到的最大长度预先分配表空间,有可能造成部分内存空间的浪费;但若预先分配的空间不够大,如果进行插入操作,就可能造成溢出。

② 为了保持顺序表中数据元素的顺序,在插入操作和删除操作时需要移动大量数据。对一个有 n 个数据元素的顺序表,插入操作和删除操作需移动数据元素的平均次数约为 $n/2$。这对于需要频繁进行插入和删除操作的问题,以及每个数据元素所占空间较大的问题来说,将导致系统的运行速度难以提高。

2.2.2 顺序表的运算

顺序表(SqList *L)主要涉及如下运算:

1. 表的初始化

顺序表的初始化就是建立一个表长为 0 的空表。

```
void InitList(SqList *L)
{/*顺序表的初始化即将表的长度置为0*/
    L.Length=0;
}
```

2. 求表长

```
int ListLength(SqList *L)
{/*求表长只需返回L.Length*/
    return L.Length;
}
```

3. 取表中第 i 个结点内容

```
datatype GetNode(L,i)
{/*取表中第i个结点内容回送L.data[i-1]*/
    if(i<1||i>L.Length-1)
        Error("position error");
    return L.data[i-1];
}
```

4. 顺序表的结点查询操作

查找操作是指在具有 n 个结点的线性表中查找元素 x 在表中结点的位置,但不改变表的长度,算法如下:

```
int search(int x,sqlist *L,int n )
/*在表长为n的顺序表中查找结点x在表中的位置*/
{
    int i;
    for(i=0;i<n;i++)
        if(x==L.s[i]) break;          /*查询到跳出循环*/
        return(i+1);                  /*返回查询结果*/
    if(i==n) return(0);
}
```

查询操作的算法思想：从存储空间的第 1 个结点，即数组的第 0 个元素，开始向后依次查找，如果第 i 个结点的元素值等于 x，则函数返回结点 x 在表中的位置 $i+1$；如果表中不存在结点 x，则返回值为 0。显然，该操作的时间复杂度是 $O(n)$。

5. 顺序表的结点插入操作

线性表的插入操作是指在线性表的第 $i-1$ 个数据元素和第 i 个数据元素之间插入一个新的数据元素 b，使长度为 n 的线性表

$$(a_1,\cdots,a_{i-1},a_i,\cdots,a_n)$$

变成长度为 $n+1$ 的线性表

$$(a_1,\cdots,a_{i-1},b,a_i,\cdots,a_n)$$

可以看出，因为元素 b 的出现，数据元素 a_{i-1} 和 a_i 逻辑关系发生了变化，由于顺序表在逻辑上和物理位置上具有相同的映射关系，因此，除非 $i=n+1$，否则必须移动 a_i 至 a_n 这 $n-i$ 个元素的物理位置才能使得新线性表反映出这个逻辑关系的变化。

如果在 i（$1\leqslant i\leqslant n$）个元素之前插入，就必须把第 n 个到第 i 个之间的所有结点依次向后移动一个位置，再将新结点 x 插入到第 i 个位置；若在 i（$1\leqslant i\leqslant n$）个元素之后插入，就必须把第 n 个到第 $i+1$ 个之间的所有结点依次向后移动一个位置，再将新结点 x 插入第 $i+1$ 个位置，这样线性表长度就变为 $n+1$。

图 2-3 表示出一个线性表在进行插入操作的前后，其数据元素在存储空间中的位置变化。为了在线性表的第 4 个和第 5 个元素之间插入一个值为 b 的数据元素，需将第 5～8 个数据元素依次向后移动一个位置。

序号	数据元素
1	a_1
2	a_2
3	a_3
4	a_4
5	a_5
6	a_6
7	a_7
8	a_8

序号	数据元素
1	a_1
2	a_2
3	a_3
4	a_4
5	b
6	a_5
7	a_6
8	a_7
9	a_8

（a）插入前 $n=8$ （b）插入后 $n=9$

图 2-3　顺序表插入前后的状况

以在某个元素之前插入新元素为例来进行说明，当在第 i（$1\leqslant i\leqslant n$）个元素之前插入一个元素时，需将第 n 个至第 i（共计 $n-i+1$）个元素向后移动一个位置，算法描述如下：

```
Insert_Sq(SqList &L,int i,int e)
/*在顺序线性表L中第 i 个位置之前插入新的元素 e*/
{/*i 的合法值为 1<=i<=L.Length*/
    if(i<1||i>L.Length)
        return ERROR;          /*i值越界*/
    if(L.length>list_maxsize-1)
```

```
      return ERROR;                        /*当前存储空间已满, 溢出*/
      q=&(L.data[i-1]);                     /*q 为插入位置*/
      for(p=&(L.data[L.length-1];p>=q;--p)
      *(p+1)=*p;                            /*插入位置及之后的元素右移*/
      *q=e;                                 /*插入 e*/
      ++L.1ength;                           /*表长增 1*/
      return OK;
}/*Insert_Sq*/
```

算法分析: 当线性表长度为 n 时, 插入位置为第 i 个结点之前。当在顺序存储结构的线性表中某个位置上插入一个数据元素时, 其时间主要耗费在移动元素上, 即执行 for 循环语句, 该语句的执行次数是 $n-i+1$。当 $i=n+1$ 时, 移动结点次数为 0, 即算法的最好时间复杂度是 $O(1)$; 当 $i=1$ 时, 移动结点次数为 n, 即算法在最坏情况下时间复杂度是 $O(n)$。

循环次数为 $n-i$, 每执行一次循环, 就移动一个数据元素, 所以移动元素的个数取决于插入的位置。当 $i=1$ 时, 从第 1 个结点到第 n 个结点之间的所有结点依次向后移动一位; 当 $i=n+1$ 时, 则不需要移动结点。

如果在每个元素之前插入结点的概率是相同的, 即 $1/(n+1)$, 插入一个结点需移动元素的个数为: $[n+(n-1)+(n-2)+\cdots+2+1]/(n+1)=n/2$。

算法的时间复杂度为 $O(n)$。

6. 顺序表的结点删除操作

线性表的删除操作是使长度为 n 的线性表

$$(a_1,\cdots,a_{i-1},a_i,a_{i+1},\cdots,a_n)$$

变成长度为 $n-1$ 的线性表

$$(a_1,\cdots,a_{i-1},a_{i+1},\cdots,a_n)$$

数据元素 a_{i-1}、a_i、a_{i+1} 之间的逻辑关系发生变化, 为了在存储结构上反映这个变化, 与插入操作相仿, 需要移动表中的元素, 把表中的第 $i+1$ 个到第 n 个结点的所有元素依次向前移动一个位置。如图 2-4 所示, 为了删除第 4 个数据元素, 必须将从第 5~8 个元素都依次向前移动一个位置。

序号	数据元素
1	a_1
2	a_2
3	a_3
4	a_4
5	a_5
6	a_6
7	a_7
8	a_8

序号	数据元素
1	a_1
2	a_2
3	a_3
4	a_5
5	a_6
6	a_7
7	a_8

（a）删除前 $n=8$　　　　（b）删除后 $n=7$

图 2-4　线性表删除前后的状况

一般情况下, 删除第 i（$1 \leqslant i \leqslant n$）个元素时, 需将从第 $i+1$ 至第 n 个元素依次向前移动一个位置, 算法描述如下:

```
Delete_Sq(SqList &L,int i,int &e)
{/*在顺序表 L 中删除第 i 个元素，并用 e 返回其值*/
    /*i 的合法值为 1<=i<=L.Length*/
    if((i<1)||i>L.length))
        return  ERROR;                    /*i 值不合法*/
    p = &(L.data[i-1]);                   /*p 为被删除元素的位置*/
    e = *p;                               /*被删除元素的值赋给 e*/
    q=L.length-1;                         /*表尾元素的位置*/
    for(++p;p<=q;++p)
        *(p-1)=*p;                        /*被删除元素之后的元素左移*/
    --L.length;                           /*表长减 1*/
    return e;
}/*Delete_Sq*/
```

算法分析：类似于插入结点时间复杂度的分析，可以得到删除一个结点需要移动的次数为 $[(n-1)+(n-2)+(n-3)+\cdots+2+1]/n=(n-1)/2$。结点的移动次数由表长 n 和位置 i 决定：$i=n$ 时，结点的移动次数为 0，即为 $O(1)$。$i=1$ 时，结点的移动次数为 $n-1$，算法时间复杂度是 $O(n)$，移动结点的平均次数 $E(n)$。其中，删除表中第 i 个位置结点的移动次数为 $n-i$。p_i 表示删除表中第 i 个位置上结点的概率。为了不失一般性，假设在表中任何合法位置（$1 \leqslant i \leqslant n$）上删除结点的几率是均等的，则 $p_1=p_2=\cdots=p_n=1/n$。因此，在等概率插入的情况下，在顺序表上做删除运算，平均要移动表中约一半的结点，算法的时间复杂度也为 $O(n)$。

从上述内容可以看出，当在顺序存储结构的线性表中某个位置上插入或删除一个数据元素时，其时间主要用在移动元素上，而移动元素的个数取决于插入或删除元素的位置。在顺序存储结构的线性表中插入或删除一个数据元素，平均要移动表中的一半结点，当线性表中的结点很多时，算法效率将较低，时间复杂度为 $O(n)$。

2.3　线性表的链式存储

线性表的顺序存储结构的特点是逻辑关系上相邻的两个元素在物理位置上也相邻，因此可以随机地、快速地存取表中的任意一个元素。然而，这种顺序存储结构在进行插入或删除操作时，要引起大量的数据移动，而且表的最大容量扩充也较烦琐。为了解决顺序表所遇到的这些困难，本节将介绍线性表的另一种表示方法，即链式存储结构。由于它不要求逻辑上相邻的元素在物理位置上也相邻，因此它没有顺序存储结构所存在的上述缺点。

2.3.1　线性链表及运算

线性表的链式存储结构的特点是用一组位置无关的存储单元来存储线性表的数据元素，这组存储单元可以是连续的，也可以是不连续的。具有链式存储结构的线性表简称线性链表。

在链式存储结构中，对于每个数据元素 a_i 来说，除了存储其本身的信息之外，还需存储一个指明其直接后继的信息，用来表示每个数据元素 a_i 与其直接后继数据元素 a_{i+1} 之间的逻辑关系。这两部分信息组成了数据 a_i 的结点。结点有两个域：一个是用来存放数据元素信息的域，称为数据域；另一个是存放直接后继结点或前驱结点地址的域，称为指针域。

指针域中存储的信息称为指针或链。一般情况下，链表中的每个结点可以包含若干个数据域和若干个指针域。如图 2-5 所示，$data_i$（$1 \leq i \leq m$）为数据域，$link_j$（$1 \leq j \leq n$）为指针域。

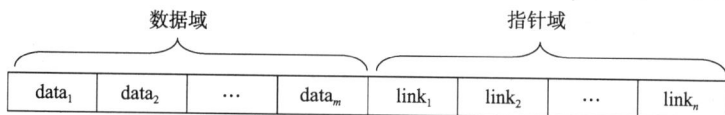

数据域				指针域			
$data_1$	$data_2$	...	$data_m$	$link_1$	$link_2$	...	$link_n$

图 2-5　多链表结点结构

将每个结点中只包含一个指针域的线性链表称其为单链表。单链表结点结构如图 2-6 所示。

访问链表中的任何结点必须从链表的头指针开始进行，头指针指示链表中第 1 个结点的存储位置，图 2-7 中的元素 a_1 所在的结点为单链表的第 1 个结点。由于最后一个数据元素没有直接后继，则线性链表中最后一个结点的指针为"空"，用"∧"或"null"表示。链表由表头唯一确定，因此单链表可以用头指针的名字来命名。例如，若头指针名是 L，则把链表称为表 L。

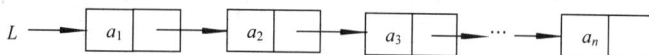

图 2-6　单链表结点结构　　　图 2-7　单链表示意图

链表是在插入一个结点时，需要向系统申请一个结点的存储空间，空间大小由结点的数据类型决定；当删除一个结点时，就将这个结点的存储空间释放，所以可以说链表是一个动态存储结构。也就是说，动态存储结构是在执行阶段才向系统要求分配所需的内存空间，这比顺序存储结构中采用的静态内存分配更能灵活运用有限的内存空间。

用线性链表表示线性表时，数据元素之间的逻辑关系是由结点中的指针指示的。换句话说，指针为数据元素之间的逻辑关系的映像，则逻辑上相邻的两个数据元素其存储的物理位置不要求紧邻。通常把链表画成用箭头相链接的结点的序列，结点之间的箭头表示链域中的指针。例如，图 2-8 所示的线性链表可画成图 2-9 所示的形式，这是因为在使用链表时，关心的只是它所表示的线性表中数据元素之间的逻辑顺序，而不是每个数据元素在存储器中的实际位置。

求存储地址	数据域	指针域
1	外语系	36
6	物理系	11
11	化学系	1
16	机械系	null
21	政治系	16
26	数学系	6
31	经管系	21
36	法律系	31

头指针 H → 26

图 2-8　单链表存储结构示例

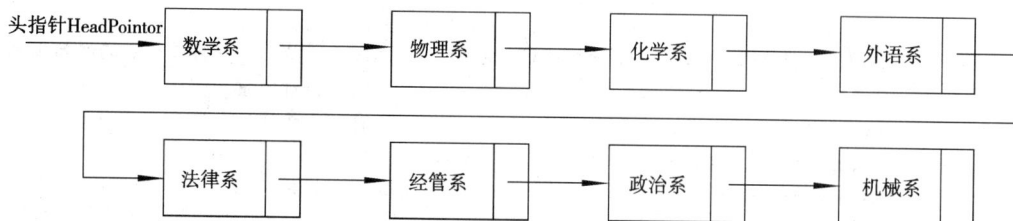

图 2-9　线性链表的逻辑结构

给单链表设置一个头指针 HeadPointor，可用结构指针来描述。

```
typedef struct Lnode
{/*线性表的单链表存储结构*/
    datatype data;
    struct Lnode *next;
}LinkList;
```

可以用一个 LinkList 型的变量 L 指向链表中的第 1 个结点，则 L 为单链表的头指针。若 L 为"空"，则线性表为空表，其长度 n 为零。

为了更清晰地表示单链表，可以在单链表的第 1 个结点之前增设一个单独的头结点，该结点的数据域可以存储线性表的长度等附加信息，也可以不存储任何信息。头结点的指针域存储指向第 1 个结点的指针，即第 1 个元素结点的存储位置，如图 2-10（a）所示，此时单链表的头指针指向头结点。若线性表为空表，则头结点的指针域为空，如图 2-10（b）所示。

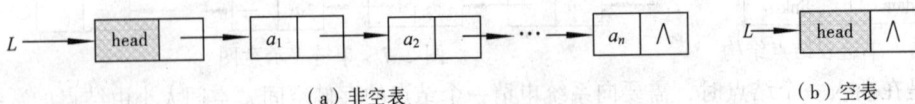

（a）非空表　　　　　　　　　　（b）空表

图 2-10　带头结点的单链表示意图

1. 建立单链表的方法

建立一个单链表的过程如下：

（1）生成一个空链表

先生成一个带头结点的单空链表。

```
Initlist(LinkList *L)
/*生成一个带头结点的空单链表*/
{
    L=(LinkList)malloc(sizeof(LNode));    /*由系统生成一个 Lnode 结点，并将该结
                                          点的起始位置赋予指针变量 L，malloc 是 C 语言中的标准函数*/
    L->next=null;                         /*建立一个带头结点的单链表*/
}
```

（2）建立单链表

生成一个空表之后，开辟新的存储单元，读入结点值，将新结点添加到链表中。重复操作，在表中逐一增加新结点。

```
Create_L(LinkList *L,int n)
/*从表尾到表头输入 n 个元素的值，建立带表头结点的单链线性表 L*/
{
    initlist(LinkList *L)                             /*建立一个带头结点的单链表*/
    for(i=n;i>0;--i)
    {
        p=(LinkList)malloc(sizeof(LNode));   /*生成新结点，并将该结点的起始位置
                                             赋予指针变量 p*/
        scanf(&p->data);                     /*输入元素值*/
        p->next=L->next;
        L->next=p;                           /*插入到表头*/
    }
}/*Create_L*/
```

在上面的算法中，如果不设立头结点，第 1 个生成的结点是开始结点，将开始结点插入到空表中，是在当前链表的第 1 个位置上插入，在该位置上的插入操作和链表中其他位置上的插入操作处理不一样，原因是开始结点的位置存放在头指针（指针变量）中，而其余结点的位置存放在其前驱结点的指针域中。算法要对第 1 个位置上的插入操作做特殊处理。对于空表和非空表两种不同的情况，要分别进行处理。若读入的第 1 个字符就是结束标志符，则链表 L 是空表，尾指针 rear 为空，结点*rear 不存在；若不是结束标识符，则链表 L 非空，最后一个尾结点*rear 是终端结点，应将其指针域置空。

如果在链表的开始结点之前附加头结点，以上问题就得到了解决。

① 因为开始结点的位置存放在头结点的指针域中，所以在链表的第 1 个位置上的操作和在其他位置上的操作一致，不需要进行特殊处理。

② 无论链表是否为空，其头指针都是指向头结点的非空指针，空表中头结点的指针域为空，因此空表和非空表的处理也就一致。

在线性表的顺序存储结构中，因为逻辑上相邻的两个元素在物理位置上紧邻，所以可通过元素所在线性表的起始位置进行计算得到该元素的实际存储位置；而在线性链表中，任何两个元素的存储位置之间没有固定的联系，每个元素的存储位置都包含在其直接前驱结点的信息中。假设 p 是指向线性表中第 i 个数据元素（结点 a_i）的指针，则 p->next 是指向第 $i+1$ 个数据元素（结点 a_{i+1}）的指针。换句话说，若 p->data=a_i，则 p->next->data=a_{i+1}。

2．单链表的查找操作

查找链表中是否存在结点 i，可以采用下面所述的单链表的查找操作算法。

```
VisitElem_L(LinkList *L,int i,datatype &e)
{/*L 为带表头结点的单链表的头指针*/
    /*当第 i 个元素存在时，其值赋给 e 并返回 OK，否则返回 ERROR*/
    p=L->next;j=1;                    /*初始化，p 指向第一个结点，j 为计数器*/
    while(p!=null&&j<i)
    {/*顺指针向后查找，直到 p 指向第 i 个元素或 p 为空*/
        p=p->next;
        ++j;
    }
    if(p=null||j>i) return ERROR;     /*第 i 个元素不存在*/
    e=p->data;                        /*否则，取第 i 个元素*/
    return OK;
}/*VisitElem_L*/
```

算法的基本操作是比较 i 和 j，并向后移动指针。在单链表中，取得第 i 个数据元素必须从头指针出发寻找，若 p 不为空，并且查询位置未超过结点 i 的位置，若 p 为空或者查询的位置已经超过结点 i 的位置，则查找失败。因此，单链表是非随机存取的存储结构。

若要按值查找链表，则应从开始结点出发，顺着链逐个将结点的值和给定值 key 作比较，若有结点的值与 key 相等，则返回该结点的存储位置，否则返回 null。按值查找链表的算法如下：

```
ListNode* LocateNode(LinkList head,datatype key)
{/*在带头结点的单链表 head 中查找其值为 key 的结点*/
    ListNode *p=head->next;   /*从开始结点比较。表非空，p 初始值指向开始结点*/
```

```
        while(p&&p->data!=key)      /*直到 p 为 null 或 p->data 为 key 为止*/
          p=p->next;                /*扫描下一结点*/
        return p;                   /*若 p=null，则查找失败，否则 p 指向值为 key 的结点*/
}
```

该算法的执行时间与输入实例中 key 的取值相关，其平均时间复杂度分析类似于按序号查找，为 $O(n)$。

3．单链表的插入操作

在单链表中插入一个结点有 3 种情况：

① 将结点插入在链表的第 1 个结点位置。

② 将结点插入在两个结点之间。

③ 将结点插入在链表的最后一个结点。

由于在单链表头添加了一个头结点，则前两种情况的处理一致，否则，需要对第一种情况进行特殊处理。将结点插入链表的最后一个结点，只要将最后一个结点的指针指向插入结点即可，如图 2-11 所示。

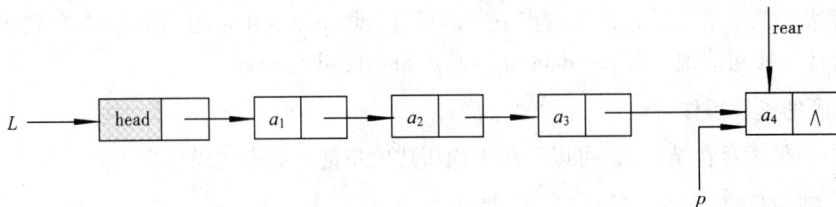

图 2-11　在单链表的末尾插入一个新的结点

假设要在线性表的两个数据元素 a 和 b 之间插入一个数据元素 x，已知 p 为其单链表存储结构中指向结点 a 的指针，如图 2-12（a）所示。为插入数据元素 x，首先要生成一个数据域为 x 的结点，然后插入在单链表中。根据插入操作的定义，还需要修改结点 a 中的指针域，令其指向结点 x，而结点 x 中的指针域应指向结点 b，从而实现 3 个元素 a、b 和 x 之间逻辑关系的变化。插入后的单链表如图 2-12（b）所示。假设 s 为指向结点 x 的指针，则上述指针修改用语句描述即为：

```
s->next=p->next;p->next=s;
```

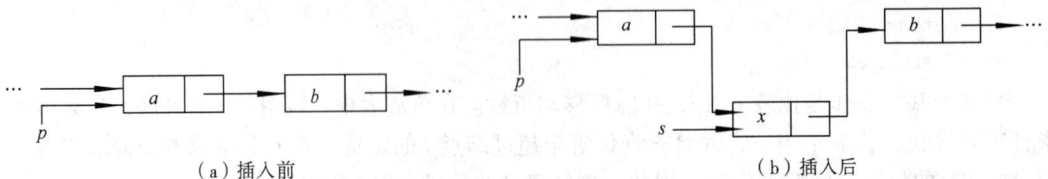

（a）插入前　　　　　　　　　　　　　　　（b）插入后

图 2-12　在单链表中插入结点时指针的变化

（1）单链表的结点前插算法

```
Insert_Link(LinkList *L,int i,Datatype e)
/*在带头结点的单链表 L 中第 i 个位置之前插入元素 e*/
{
        s=(LinkList)malloc(sizeof(LNode));  /*生成新结点*/
```

```
    s->data=e;
    s->next=null;
    p=L;
    j=0;
    while(p&&j<i-1)
    {
        p=p->next;
        ++j;
    }/*寻找第 i-1 个结点*/
    if(!p||j>i-1) return ERROR;        /*i 小于 1 或者大于表长*/
    s->next=p->next;                   /*插入 L 中*/
    p->next=s;
    return OK;
}/*Insert_Link*/
```

前插操作必须修改*p 的前驱结点的指针域，需要确定其前驱结点的位置，执行时间比较长。前插操作的平均时间复杂度为 $O(n)$。

（2）单链表的结点后插算法

```
Insert_Link(LinkList *L,int i,datatype e)
/*在带头结点的单链表 L 中第 i 个位置之后插入元素 e*/
{
    p=L;j=0;
    s=(LinkList)malloc(sizeof(LNode));  /*生成新结点*/
    s->data=e;
    s->next=null;
    while(p&&j<i-1)
    {
        p=p->next;
        ++j;
    }                                   /*寻找第 i-1 个结点*/
    if(!p||j>i-1) return ERROR;         /*i 小于 1 或者大于表长*/
    s->next=p->next;                    /*插入 L 中*/
    p->next=s;
    return OK;
}/*Insert_Linnk*/
```

需注意的是：由于开始结点存放在头指针（指针域）中，而其余结点在其前驱结点的指针域中，插入开始结点时要将头指针指向开始结点。如果读入的第 1 个字符就是结束标志符，则链表 head 是空表，尾指针 r 亦为空，结点*r 不存在；否则链表 head 非空，最后一个尾结点*r 是终端结点，应将其指针域置空。

前插对于在链表的第 1 个位置进行插入操作比较简单，其他位置的插入都不如后插操作简单方便。后插法的时间复杂度为 $O(1)$。

4. 单链表的删除操作

如图 2-13 所示，在线性表中删除元素 x 时，是在单链表中实现元素 a、x 和 b 之间逻辑关系的变化，仅需修改结点 a 中的指针域即可。假设 p 为指向结点 a 的指针，则修改指针的语句为：

```
p->next=p->next->next;
```

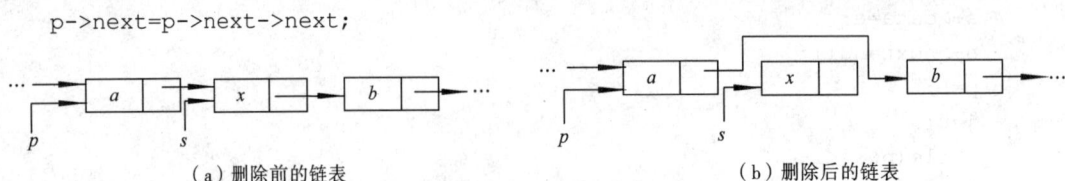

（a）删除前的链表 　　　　　　　　　　　　（b）删除后的链表

图 2-13　在单链表中删除结点时指针的变化状况

可以看出，在已知链表中元素插入或删除的确切位置的情况下，在单链表中插入或删除一个结点时，仅需修改指针而不需要移动元素。若删除链表的最后一个结点，只要将链表的倒数第 2 个结点的 next 指针指向 null 即可。

单链表删除算法如下：

```
Delete_Link(LinkList *L,int i,datatype &e)
/*在带头结点的单链线性表 L 中，删除第 i 个元素，并由 e 返回其值*/
{
    p=L;
    j=0;
    while(p->next&&j<i-1)
    {/*寻找第 i 个结点，并令 p 指向其前驱*/
        p=p->next;
        ++j;
    }
    if(!(p->next)||j>i-1)
        return ERROR;                /*删除位置不合理*/
    q=p->next;
    p->next=q->next;                 /*删除结点*/
    e=q->data;
    free(q);                         /*释放结点*/
    return OK;
}/*Delete_Link*/
```

可以看出，向表中插入一个结点或从表中删除一个结点，无须移动任何结点；如果要访问链表中的某个结点，则必须从链表的首结点开始搜索，逐个结点顺次查找，找到目标结点。在第 i 个结点之前插入一个新结点或删除第 i 个结点，都必须首先找到第 $i-1$ 个结点，即需要修改指针的结点。

在算法介绍中，分别引用了 C 语言中的两个标准函数 malloc()和 free()进行动态内存分配，下面对这两个函数进行说明。

（1）malloc()函数

在每一次调用函数 malloc()时，就是要申请一块内存空间。声明格式为：

```
void * malloc(unsigned int size);
```

其中 size 表示所需的内存空间大小，单位是字节。若成功分配了内存空间，函数将返回第 1 个字节的指针。这时须另外加上类型转换，使函数返回的指针符合所要分配的类型。其用法如下：

```
sp=(数据类型 *)malloc(size of(数据类型));
```

（2）free()函数

调用 malloc()函数可向系统申请内存空间，使用完毕后如果未将内存空间释放给系统，那么内存空间会很快被占满。使用 free()函数可将使用的内存空间归还给系统，只有这样系统才可以重复使用内存空间，而不至于使内存空间不足。声明格式如下：

```
free(void * sp)
```

假设 p 和 q 是 LinkList 型的变量，则执行 p=(LinkList)malloc(sizeof(Lnode))的作用是由系统生成一个 Lnode 型的结点，同时将该结点的起始位置赋给指针变量 p；反之，执行 free(q)的作用是由系统回收一个 LNode 型的结点，回收后的空间用来准备再次生成结点时用。

单链表和顺序存储结构不同。单链表是一种动态结构，整个可用存储空间可以被多个链表共同享用，每个链表占用的空间无须预先分配划定，而是可以由系统根据需求即时生成。因此，建立线性表的链式存储结构的过程就是一个动态生成链表的过程。即从"空表"的初始状态起，依次建立各元素结点，并逐个插入到链表中。

5. 链式存储结构的特点

（1）链式存储结构的优点

① 结点空间的动态申请和动态释放克服了顺序存储结构需要预判数据元素最大个数，并进行预先分配存储空间的缺点。动态分配只要内存空间有空闲，就不会产生溢出。因此，当线性表的长度变化较大，难以估计其存储规模时，采用动态链表作为存储结构。

② 另一个链式存储结构中数据元素之间的次序使用指针来控制，这就不像顺序存储结构在插入、删除时需要移动大量的数据。在链表中的任何位置上进行插入和删除，都只需要修改指针。对于频繁进行插入和删除的线性表，可以采用链表做存储结构。若插入和删除主要发生在表的首尾两端，则应采用尾指针表示的单循环链表。

（2）链式存储结构的缺点

① 每个结点的指针域需要另外加存储空间，当每个结点数据域所占的空间不是很大时，指针域所占空间就会很大。所以一个线性表实际采用顺序存储结构还是链式存储结构，需具体问题具体分析。

② 链式存储是一种非随机存储结构，对于任意结点的操作都要首先从开始指针顺链查找该结点，这就增加了一些操作的算法时间复杂度。

2.3.2 静态链表及运算

1. 静态链表

另一种实现链表的方法是使用静态链表，这种链表是用一维数组来实现的，这种方式可以适用于没有指针数据类型的高级程序设计语言。该一维数组的一个元素代表一个结点，next 变量里存储着下一个结点在数组中的相对位置，数组的第 1 个元素（下标为零）看成是链表的头结点，它的 next 分量指向链表的第 1 个元素。

表 2-3 中所示为一个存储姓名的静态链表。

表 2-3 静态链表示例

数组下标	数 据	指 针	数组下标	数 据	指 针
0	头结点	3	3	秦柏	5
1	陈小方	0	4		
2			5	李艳波	1

静态链表的结构为：

```
#define StaticTableSize 100
typedef Struct SLink{
    datatype data;
    int next;
}SlinkTable[StaticTableSize];
```

2．静态链表运算

静态链表是一种用数组描述的链表形式，设 ST 为 Slink 类型的变量，ST[0]为头结点，ST[0].next 指向链表的第 1 个元素，若 k 指向静态链表中的第 i 个元素，则 ST[k].next 指向链表的第 $i+1$ 个元素，在静态链表中实现线性标的操作与动态链表完全类似。

（1）静态链表删除操作

首先查找到第 n 个元素的位置，里设置了一个变量 Pre 用于存储指向当前元素的那个结点，找到后将第 n 个元素的上一个结点的 next 域指向第 n 个元素的下一个元素。

静态链表的删除操作算法如下：

```
DeleteSlinkElement(Slink S,int n)
/*在静态链表中删除第 n 个元素*/
{   i=S[0].next;           /*取得静态链表的第 1 个元素的地址*/
    for(Count=0;Count<=n;Count++)
    {   Pre=i;
        i=S[i].next;}      /*在表中查找第 n 个元素的位置*/
    S[Pre].next=S[i].next;  /*删除该元素*/
}
```

算法的时间复杂度为 $O(n)$。

（2）静态链表的查找操作

静态链表的查找操作算法如下：

```
int SearchSL(Slink S,datatype Value)
/* 查找静态链表 S 中值为 data 的元素*/
{  i=S[0].next;
   while(i&&S[i].data!=Value) i=S[i].next;
   return i;               /*找到则返回元素的位置，否则返回 0*/
}
```

2.3.3　循环链表及运算

1．循环链表

循环链表是一种特殊形式的链式存储结构，它是线性链表的一种变形。在线性链表中，每个结点的指针都指向它的下一个结点；最后一个结点的指针域为空，不指向任何地方，只标示链表的结束。若把这种结构改变一下，使其最后一个结点的指针指向链表的第 1 个结点，则链表呈环状，这种形式的线性表称为循环链表，如图 2-14 所示。

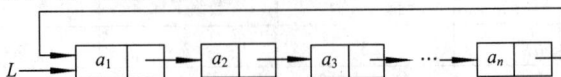

图 2-14　单循环链表

循环链表的优点是，从表中的任何一个结点出发均可访问到表中的其他结点。然而，对于循环链表，若访问一个表中根本不存在的结点或一个空表，如果不采取措施，将会导致死循环。

为了使空表和非空表处理一致，通常在循环链表的第一个结点前面附加一个特殊的结点来作标记，这个结点称为循环链表的头结点。头结点的数据域为空或按需要设定。当从一个结点出发，依次对每个结点执行某种操作，一旦回到该结点，就表示该操作已经完成，如图 2-15 所示的循环链表。

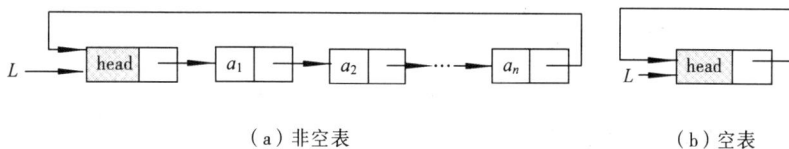

（a）非空表 　　　　　　　　　　　　　（b）空表

图 2-15　带头结点的单循环链表

循环链表结点结构的描述如下：

```
struct Cnode
/*线性表的循环链表结构*/
{
    int data;
    struct Cnode *next;
}Clinklist;
```

2. 循环链表的运算

循环链表的运算和单链表的运算比较相似，区别在于当需要从头到尾扫描整个链表时判断是否到表尾的条件不同。在单链表中以指针域是否为"空"作为判断表尾结点的条件，而在循环链表中则以结点的指针域是否等于头指针作为判断表尾结点的条件。

（1）循环链表中查找元素为 e 的结点

程序代码如下：

```
VisitElem_L(CLinklist *L,datatype e)
{
    /*L 为带表头结点的循环链表的头指针*/
    p=L->next;                              /*初始化;P 指向第一个结点*/
    while(p->next!=L&&p->data!=e) p=p->next;
    if(p->next=L&&p->data!=e) return  ERROR;   /*元素 e 不存在 */
    return(p);
}/*VisitGetElem_L*/
```

循环链表结点的插入、删除操作与单链表的基本相同，在此不再详细介绍。

（2）循环链表的合并操作

在某些情况下，在循环链表中设立尾指针而不设头指针，如图 2-16 所示，可使操作简化。

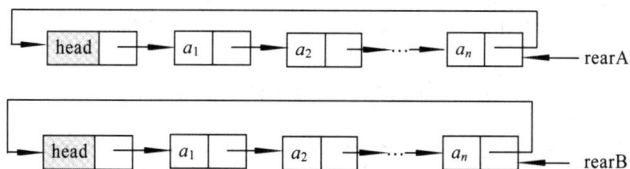

图 2-16　仅设尾指针的两个循环链表

例如，将两个线性链表合并成一个表时，只需将一个表的表尾与另一个表的表头相接。当线性表以图 2-16 的循环链表作存储结构时，这个操作只需改变两个指针值。合并后的表如图 2-17 所示。

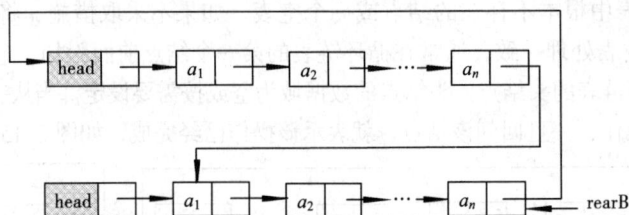

图 2-17　链接后的循环链表

两个循环链表的连接算法如下：

```
CLinkList *Connect(CLinklist *rearA,CLinklist *rearB)
{
    CLinklist *p;
    p=rearA->next;
    rearA->next=rearB->next->next;   /*rearB 表的第 1 个结点接在 reaA 的表尾*/
    free(rearB->next);
    rearB->next=p;   /*将链表 rearB 的第 1 个结点链接到 rearA 的最后一个结点之后*/
    return rearB;   /*返回连接后的循环链表尾指针*/
}/*Connect*/
```

需要注意的是：循环链表中没有 null 指针。涉及遍历操作时，其终止条件就不再是像非循环链表那样判别 p 或 p->next 是否为空，而是判别它们是否等于某一指定指针，如头指针或尾指针等。

在单链表中，从已知结点出发，只能访问到该结点及其后继结点，无法找到该结点之前的其他结点。而在单循环链表中，从任一结点出发都可访问到表中所有结点，这一优点使某些运算在单循环链表上易于实现。

2.3.4　双向链表及运算

上述单链表的结点只有一个指针域，用来存放直接后继结点的指针，而没有关于直接前驱结点的信息。因此，从某个结点出发只能顺指针往后寻查其他结点。若要寻查结点的前驱，单链表的处理显得不够方便，它需要从表头结点开始，顺链探寻。同样，当从单链表中删除一个结点时，也遇到了类似的问题。

1. 双向链表

双向链表中每一个结点含有两个指针域，一个指针指向其直接前驱结点，另一个指针指向直接后继结点。双向链表的结点结构如图 2-18 所示，带头结点的非空双向链表如图 2-19 所示。

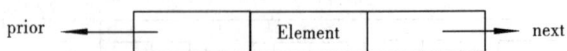

图 2-18　结点结构

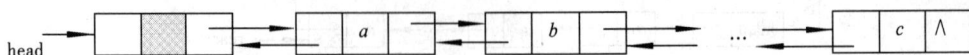

图 2-19　带头结点的非空双向链表

因此，对于那些经常需要在已知结点处进行前后双向查询及操作的问题，采用双向链表的结构比较合适。双向链表的结点结构在 C 语言中可描述如下：

```
typedef struct DuLNode
{/*线性表的双向链表存储结构*/
    datatype data;
    struct DuLNode *prior;       /*指向前一结点的指针*/
    struct DuLNode *next;        /*指向后一结点的指针*/
}DuLinkList;
```

与单链表类似，双向链表一般也是由头指针唯一确定的，将头结点和尾结点连接起来也可以构成循环链表，如图 2-20（a）所示，链表中存在两个环。图 2-20（b）所示的是只有一个表头结点的空表。双向链表和单链表相比，每一个结点增加了一个指针域，双向链表虽然多占用了空间，但却给数据运算带来了方便。

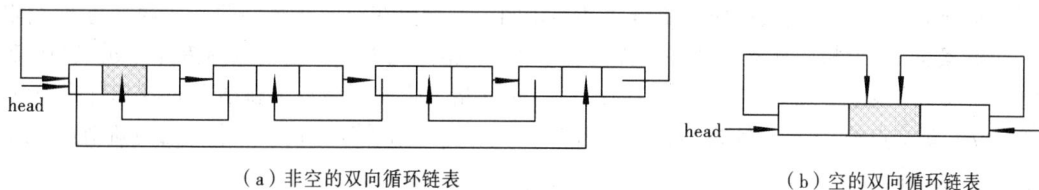

（a）非空的双向循环链表　　　　　　　　　　（b）空的双向循环链表

图 2-20　带头结点的双向循环链表

在双向链表中，若 p 为指向表中某一结点的指针（即 p 为 DuLinkLisi 型变量），则显然有：

$$p\text{->}next\text{->}prior=p\text{->}prior\text{->}next=p$$

这个表示式恰当地反映了这种结构的特性。

2．双向链表运算

在双向链表中，访问、求长度、定位等操作仅涉及一个方向的指针，则它们的算法描述和线性链表的操作相同，但在进行插入、删除操作时有很大的不同，在双向链表中需同时修改两个方向上的指针。下面介绍的都是带头结点的双循环链表，因为这样处理起来比较简单。

图 2-21 和图 2-22 所示分别为删除和插入结点时指针修改的情况。

（1）双向链表的结点删除操作

对于带头结点的双向链表，如果要删除双向链表中的 r 结点，需将 r 结点的 priou 指针指向的前驱结点的 next 指针指向 r 结点的 next 指针指向的后继结点，将 r 结点的 next 指针指向的后继结点的 prior 指针指向 r 结点的 prior 指针指向的前驱结点，即

(p->prior)->next=p->next;
(p->next)->prior=p->prior;

指针变化情况如图 2-21 所示。

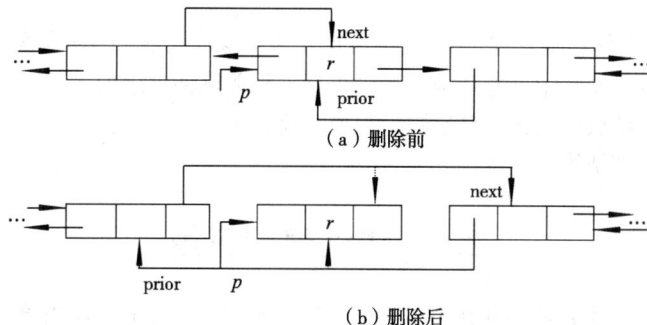

（a）删除前

（b）删除后

图 2-21　在双向链表中删除结点时指针的变化状况

双向链表中的删除操作算法如下：

```
Delete_DuL(DuLinkList *L,int i,datatype &e)
/*删除带头结点的双链循环线性表L的第i个元素，i的合法值为1≤i≤表长*/
{
    e=p->data;
    p->prior->next=p->next;
    p->next->prior=p->prior;       /*删除结点*/
    free(p);                       /*释放空间*/
    return e;
}/*Delete_DuL*/
```

（2）双向链表的结点插入操作

双向链表内结点的插入操作和单链表基本相同。假设要在双向链表的两个元素 a 与 b 之间插入一个元素 x，假设指向元素 a 所在结点的指针为 p，指向元素 b 所在结点的指针为 q。要在结点 p 之后插入一个结点，就将结点 p 所指向结点的 next 指针指向新结点。新结点 next 指针指向 b 结点指针 q。新结点的 prior 指针指向指针 p 指向的结点 a；将 b 结点的 prior 指针指向新结点。插入过程中结点指针的变化如图 2-22 所示。

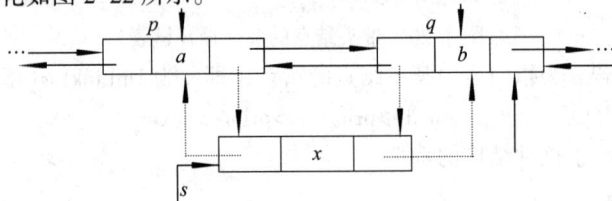

图 2-22　在带头结点的双向链表中插入一个结点时指针的变化情况

双向链表中的插入操作算法如下：

```
Insert_DuL(DuLinkList *L,int i,datatype e)
/*在带头结点的双链循环线性表L中第i个位置之后插入元素e*/
{
    if(!(s=(DuLlinkList)malloc(sizeof(DuLNode))))
        return ERROR;
    s->data=e;
    s->next=p->next;
    p->next->prior=s;
    s->prior=p;
    p->next=s;
    return OK;
}/*Insert_DuL*/
```

可以看出，链表空间利用合理，插入、删除时不需要移动结点，然而在实现某些基本操作（如求线性表的长度）时不如顺序存储结构，顺序表是一种随机存储结构，对表中任意结点都可以直接存取，而链表中的结点需从头指针起顺链扫描才能得到。因此，在不同的情况下，根据不同的需要，采用不同的存储结构。

2.4　线性表的应用

在程序设计中，线性表是一种常用的数据结构，尤其是线性链表应用更为广泛，下面介绍线性表在 3 个典型问题中的应用。

2.4.1　约瑟夫问题

约瑟夫问题是：设有 n 个人坐在圆桌周围，从第 s 个人开始报数，报到 m 的人出列，然后从下一个人开始报数，数到 m 的人又出列，……，如此重复，直到所有的人都出列为止。要求按出列的先后顺序输出每个人的信息。

分析：可以设圆桌周围的 n 个人的信息构成一个带表头结点的单链表。先找到第 s 个人对应的结点，由此结点开始，顺序扫描 m 个结点，将扫描到的 m 结点删除，然后重复上述动作，直至输出 n 个结点。

约瑟夫环算法如下：

```
typedef struct Lnode
{
    datatype data;
    struct Lnode *next;
}LinkList;
void Joseph(int n,int s,int m)
{/*约瑟夫问题*/
    int i,j;
    LinkList *creatlinklist(int);
    LinkList *h,*p,*q,*m,*r;
    if(n<s) return error;
    h=creatlinklist(int);            /*建立一个带头结点的单链表*/
    q=h;
    for(i=1;i<s;i++) q=q->next;       /*找出 s 结点*/
    p=q->next;
    for(i=1;i<n;i++)
    {
        for(j=1;j<m;j++)              /*报数，找出数 m 的结点*/
        if(q->next!=null)&&(p->next!=null)
        {
            q=q->next;
            p=p->next;
        }
        else
            if(p->next==null)
            {
                q=q->next;
                p=h->next;
            }
            else
            {
                q=h->next;
                p=p->next;
            }
        printf("%c\n",p->data);      /*一个元素出列*/
        /*以下为删除操作*/
```

```
        r=p;
        if(p->next==null)
        {
            p=h->next;
            q->next=null;
        }
        else
        {
            p=p->next;
            if(q->next!=null) q->next=p;
            else  h->next=p;
        }
        free(r);
    }
    printf("%c\n",(h->next)->data);
}
```

2.4.2　一元多项式求和问题

本节主要介绍用链表结构表示一个一元多项式的经典例子，主要讨论用链表结构表示一元多项式，并实现两个一元多项式相加的运算。通过这一节的学习，将对链表结构的实际应用有较深的理解。

一般情况下，一个一元多项式 $p_n(x)$ 可写成：

$$p_n(x) = p_0 + p_1 x^{e_1} + p_2 x^{e_2} + \dots + p_n x^{e_n}$$

其中，p_i（$i=1,2,3,\cdots,n$）是系数；e_i 是相应的指数，且有 $e_n > e_{n-1} > \cdots > e_1 \geq 0$。

在计算机系统内，如果使用一块结点数为 n 的连续存储区，即顺序存储结构，其中每个结点均有两个域：系数域和指数域，便能唯一地表示一个多项式。但是，如果多项式为零，这种存储方式就会引起许多存储单元的浪费。因此，考虑使用链表结构来表示一个多项式。首先，设定每个结点包含 3 个域：系数域 coef、指数域 exp 和链域 next。其形式如图 2-23 所示。

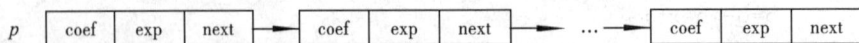

图 2-23　表示多项式 p 的线性链表

例如，多项式 $p=13x^{40}+6x^{30}+2x^{15}+4x^3+15$ 的线性链表如图 2-24（a）所示，多项式 $q=10x^{35}-6x^{30}-4x^8$ 的线性链表如图 2-24（b）所示。

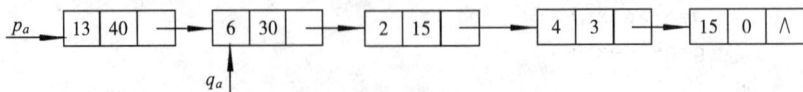

（a）多项式 p

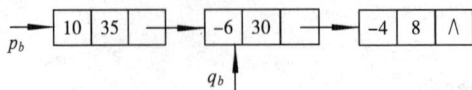

（b）多项式 q

图 2-24　多项式的线性链表表示

两个多项式相加的运算很简单，操作步骤如下：

① 若两项的指数相等，则系数相加；

② 若两项的指数不等，则将两项加在结果中。

因此，只要从两个多项式对应的链表 p 和 q 中的第 1 个结点开始检测，并反复运用上面的运算规则，便可得到结果多项式 m。

根据一元多项式相加的运算规则：对于两个一元多项式中指数相同的项，对应指数相加，若之和不为零，则构成"和多项式"中的一项；对于两个一元多项式中指数不相同的项，则分别添加到"和多项式"中。"和多项式"链表中的结点无须另生成，而应该从两个多项式的链表中直接摘取。

其运算规则如下：假设指针 q_a 和 q_b 分别指向多项式 a 和多项式 b 中当前进行比较的某个结点，l_a 和 l_b 分别指向 q_a 和 q_b 的前一个结点。

比较 q_a 和 q_b 指向的两个结点中的指数项，有下列 3 种情况：

① 指针 q_a 所指结点的指数值>指针 q_b 所指结点的指数值，则应摘取 q_a 指针所指结点插入到"和多项式"链表中，即 q_a 的指针后移。

② 指针 q_a 所指结点的指数值<指针 q_b 所指结点的指数值，则应摘取指针 q_b 所指结点插入到"和多项式"链表中，即 q_b 所指结点插入到 q_a 所指结点之前，q_b 指针后移。

③ 指针 q_a 所指结点的指数值=指针 q_b 所指结点的指数值，则将两个结点中的系数相加，若和数不为零，则修改 q_a 所指结点的系数值，同时释放 q_b 所指结点；反之，从多项式 a 的链表中删除相应结点，并释放指针 q_a 和 q_b 所指结点。

例如，由图 2-24 中的两个链表表示的多项式相加得到的"和多项式"链表如图 2-25 所示，图中的空白长方框表示已经被释放掉的结点。

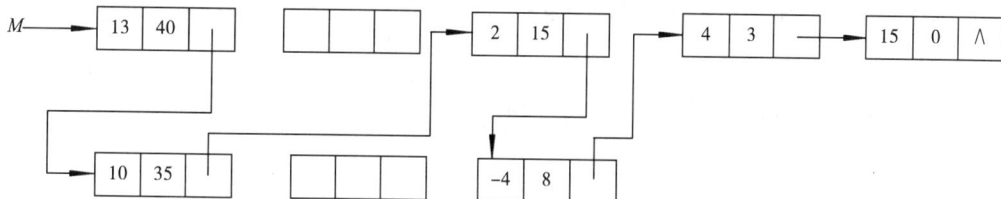

图 2-25　两个多项式相加示意图

上述多项式的相加过程需要说明的是，在 2.3 节中定义的线性链表类型适用于一般的线性表，而表示一元多项式的应该是有序链表。

一元多项式的结构说明如下：

```
typedef struct poly
/*项的表示，多项式的项作为 LinkList 的数据元素*/
{
    float coef;                 /*系数*/
    int expn;                   /*指数*/
    struct poly *next;          /*指针*/
}polynode;
```

下面是多项式相加操作的算法描述。

1. 建立表示一元多项式的有序链表

```
polynode  CreatPoly(polynode *p,int m)
/*输入 m 项的系数和指数，建立表示一元多项式的有序链表 p*/
{   polynode *r;
```

```
        InitList(p);                    /*初始化线性链表 P*/
        h=GetHead(p);                   /*得到头结点*/
        h.coef=0.0;                     /*设置头结点的数据元素*/
        h.expn=-1;
        r=p;
        for(i=1;i<=m;++i)
        {   /*依次输入 m 个非零项*/
            scanf(e.coef,e.expn);
            if(LocateElem(p,e)=null)
            {/*当前链表中不存在该指数项*/
                p->coef=e.coef;
                p->expn=e.expn;
                r->next=p;              /*生成结点并插入链表*/
            }
            r->next=p;
            return(p);
        }
}/*CreatPolyn*/
```

2. 多项式加法的算法

```
ploynode AddPoly(polynode *Pa,polynode *Pb)
/*多项式加法: Pa=Pa+Pb，利用两个多项式的结点构成"和多项式"*/
{
    /*ha 和 hb 分别指向 Pa 和 Pb 的头结点*/
    ha=GetHead(Pa);
    la=ha;
    hb=GetHead(Pb);
    lb=lb;
    /*qa 和 qb 分别指向 Pa 和 Pb 中的当前结点*/
    qa=la->Next;
    qb=lb->Next;
    while(Pa!=null&&Pb!=null)
    {/*Pa 和 Pb 均非空，指数比较*/
        if(qa->expn>qb->expn)       /*多项式 Pa 中当前结点的指数值小*/
        {
            la=qa;
            qa=qa->Next;
        }
        if(qa->expn=qb->expn)       /*两者的指数值相等*/
        {
            sum=qa->coef+qb->coef;
            if(sum!=0.0))
            { /*修改多项式 Pa 中当前结点的系数值*/
                qa->coef=sum;
                la=qa;
            }
            else  /*系数为 0*/
```

```
            {/*删除多项式 Pa 中当前结点*/
                la->next=qa->next;
                free(qa);              /*释放空间*/
                qa=qa->next;
                lb->next=qb->next;
                free(qb);              /*释放空间*/
                qb=qb->Next;
            }
        }
        if(qa->expn<qb->expn)
        {/*多项式 Pb 中当前结点的指数值小*/
            lb->next=qb->next;
            la->Next=qb;
            qb->next=qa;
            la=qb;
            qb=lb->next;
        }
    }/*while*/
    if(Pb!=null)la->next=qb;           /*链接 Pb 中剩余结点*/
    free(lb) ;                         /*释放 Pb 的头结点*/
    return(Pa);
}/*addpoly*/
```

在多项式相加时，至少有两个或两个以上的多项式同时存在，并且在实际运算过程中所产生的中间多项式和结果多项式的项数和次数都是难以预测的。有时，多项式的次数可能很高并且变化很大，若采用顺序结构可能造成内存空间的浪费。所以采用链表来表示多项式，这是链表的一个典型应用实例。

2.4.3　集合应用问题

本节通过一个例子来说明线性表在集合操作方面的应用。

从终端输入两组数据，分别表示两个集合的元素 A 和 B，要求算出$(A-B)\cup(B-A)$。将终端输入的数据按输入顺序连接成两个静态链表以表示两个集合 A 和 B，然后逐个取出 B 中的结点，判断它是不是集合 A 中的元素，如果是，则同时从 A 表及 B 表中删除它。此时，A、B 表中存放该元素的结点均被释放。最后，将 B 中的结点插入到 A 的链尾，从而得到最终的结果。

可以先写出输入顺序建立静态链表的函数，调用得到链表 A 和 B。遍历 A，记下初始 A 的链尾指针 tail1，因为对 B 中的每个元素都要在 A 的初始链表的范围内找有没有重复的元素，即只需从 A 的链头开始，找到 tail1 为止。若和 A 的原来链表中的元素不重复，则应链到 A 的当前链尾，并作为新尾，这个当前链尾用 tail2 表示，它开始即为 tail1，以后不断变化。这样，只要对链表 B 进行循环，每次取出一个结点做上述处理，直至 B 为空。这时的链表 A 即为所求。

1. 建静态链表算法

```
int createlink(Slink t)
{   int head,p,q,item;
    scanf("%d",&item);                 //输入元素值
```

```
    p=malloc(s);                        //用 head 保留新建链表的链头指针
    head=p;
    s[p].data=item;q=p;
    while(true)
    {   scanf("%d",&item);              //输入结点值
        if(!item) break;                //输零结束
        p=malloc(s);
        s[p].data=item;
        s[q].next=p;
            q=p;
    }
    s[q].next=0;
    reture head;
}
```

2. 计算(A–B)∪(B–A)

```
int differ(Slink s)
{
    int a,b,p,q,r,tail1,tail2;
    init(s);                            //初始化存储栈
    a=creatlink(s);                     //静态链表 A 建立
    b=creatlink(s);                     //静态链表 B 建立
    p=a;
    while(s[p].next!=0) p=s[p].next;    //遍历 A，找 tail1
    tail1=tail2=p;
    while(b)
    {
        r=b;b=s[b].next;                //b 为链表 b 中的后继结点地址
        p=a;
        while(p!=s[tail1].next && s[p].data!=s[r].data)
                                        //查 A 的初始链表中有无重复结点
        {q=p;p=s[p].next;}
        if(p==s[tail1].next) {s[tail2].next=r;tail2=r;}
                                        //不重复结点到当前表尾
        else
        {   if(p==a) {q=a;a=s[a].next;free(s,q);}    //释放重复结点所占的空间
            else {s[q].next=s[p].next;free(s,p);}
            free(s,r);
        }
    }
    s(tail2).next=0;                    //表尾后继指针置 0
    return a;
}
```

若链表 A、B 的长度分别是 m、n，则算法的时间复杂度是 $O(m \times n)$。因为 B 中的每一个结点都要处理，而处理一个结点就要到 A 表中查找，最多要比较 n 次，平均比较 $n/2$ 次，m 个结点，平均共比较 $m \times n/2$ 次，所以，其时间复杂度为 $O(m \times n)$。

小　结

本章介绍了线性表的定义、线性表的基本运算和各种存储结构的描述方法，主要讨论了线性表的顺序存储和链式存储以及在这两种存储结构上实现的运算。

顺序表由数组实现，链表用指针实现。因为用指针来实现的链表的结点空间是动态分配，所以称为动态链表。静态链表是在顺序表的基础上实现的链表，静态单链表中的一个结点是数组中的一个元素，每个元素包含一个数据域和一个指针。

动态链表按连接方式的不同分为单链表、双向链表和循环链表。在实际应用中，要根据具体情况决定线性表采用何种存储结构，主要从算法的时间复杂度和空间复杂度考虑。

习　题

1. 填空题：

（1）线性表 $(a_1, a_2, \cdots, a_n)$ 有两种存储结构：顺序存储结构和链式存储结构，就这两种存储结构完成下列填充：

_____存储密度较大；_____存储利用率较高；_____可以随机存取；_____不可以随机存取；_____插入和删除操作比较方便。

（2）在单链表中，删除指针 p 所指结点的后继结点的语句是_____。

（3）带头结点的单循环链表 head 的判空条件是_____；不带头结点的单循环链表的判空条件是_____。

（4）删除带头结点的单循环链表 head 的第一个结点的操作是_____；删除不带头结点的单循环链表的第一个结点的操作是_____。

（5）如果线性表中最常用的操作是存取第 i 个元素及其前驱的值，则采用_____存储方式节省时间。

　　A. 单链表　　　B. 双链表　　　　C. 单循环链表　　　　D. 顺序表

2. 写出一个计算线性链表 p 中结点个数的算法，其中指针 p 指向该表中第一个结点，尾结点的指针域为空。

3. 在顺序表中插入和删除一个结点需平均移动多少个结点？具体的移动次数取决于哪两个因素？

4. 在单链表、双链表和单循环链表中，若仅知道指针 p 指向某结点，不知道头指针，能否将结点*p 从相应的链表中删去？若可以，其时间复杂度各为多少？

5. 假设 L_1、L_2 为两个递增有序的线性链表，试写出将这两个线性链表归并成一个线性链表 L_3 的操作算法。

6. 将学生成绩按成绩高低排列建立了一个有序单链表，每个结点包括：学号、姓名和课程成绩。

（1）输入一个学号，如果与链表中的结点的学号相同，则将此结点删除。

（2）在链表中插入一个学生的记录，使得插入后链表仍然按成绩有序排列。

7. 某仓库中有一批零件，按其价格从低到高的顺序构成一个单链表存于计算机内，链表的每一个结点说明同样价格的若干个零件。现在又新有 m 个价格为 s 的零件需要进入仓库，试写出仓库零件链表增加零件的算法。链表结点结构如下：

数量	价格	指针

8. 设指针 p 指向单链表的首结点，指针 x 指向单链表中的任意一个结点，写出在 x 前插入一个结点 i 的算法。

9. 设多项式 A 和 B 采用线性链表的存储方式存放，试写出两个多项式相加的算法，要求把相加结果存放在 A 中。

10. 设指针 a 和 b 分别为两个带头结点的单链表的头指针，编写实现从单连表 L_a 中删除自第 i 个数据元素起，共 length 个数据元素，并把它们插入到单链表 L_b 中第 j 个元素之前的算法。

11. 设 L_a 和 L_b 是两个有序的循环链表，P_a 和 P_b 分别指向两个表的表头结点，是写一个算法将这两个表归并为一个有序的循环链表。

12. 已知有一个单向循环链表，其每个结点中含有 3 个域：pre、data 和 next，其中 data 为数据域，next 为指向后继结点的指针域，pre 也为一个指针域，但是它的值为空（null），试编写一个算法将此单链表改为双向循环链表，即使 pre 成为指向前驱结点的指针域。

13. 画出执行下列各行语句后各指针及链表的示意图。

```
L=(linklist)malloc(sizeof(lnode));P=l;
for(i=1;i<4;i++)
{
    p->next=(linklist)malloc(sizeof(lnode));
    p=p->next;
    p->data=i*2-1;
}
p->next=null;
for(i=4;i>=1;i--;) insert_linklist(l;i+1;i*2);
for(i=1;i<3;i++) del_linklist(l,i);
```

14. 设顺序表 L 是一个递增有序表，试写一个算法，将 x 插入 L 中，并使 L 仍是一个有序表。

拓展实验：线性表的合并

实验目的：通过本实验可以掌握线性表的定义和操作的基本方法。

实验内容：线性表 L_1 和 L_2 中的数据元素按字母非递减有序排列，现要求将 L_1 和 L_2 合并为一个新的线性表 $L_3 \leftarrow L_1 \cup L_2$，且 L_3 中的数据元素仍按非递减有序排列。设

$$L_1 = ('a','d','g','h')$$
$$L_2 = ('a','c','e','j','m','n','r','z')$$

则

$$L_3 = ('a','c','d','e','g','h','j','m','n','r','z')$$

实验要求：

1. 设计算法；

2. 用 C 语言程序实现；

3．讨论本算法的时间复杂度。

提示：从问题要求可知，首先设 L_3 为空表，然后将 L_1 或 L_2 中的元素逐个插入到 L_3 中即可。为使 L_3 中元素按值非递减有序排列，可设两个指针 i 和 j 分别指向 L_1 和 L_2 中某个元素，若设 i 当前所指的元素为 P_1，j 当前所指的元素为 P_2，则当前应插入到 L_3 中的元素 Elem 为

$$\text{Elem} = \begin{cases} P_2 & P_1 > P_2 \\ P_1 & P_1 = P_2 \\ P_1 & P_2 > P_1 \end{cases}$$

显然，设指针 i 和 j 的初始值均为 1，在所指元素插入 L_3 之后，指针在表 L_1 或 L_2 中将顺序后移。

第 **3** 章 栈与队列

本章知识结构图

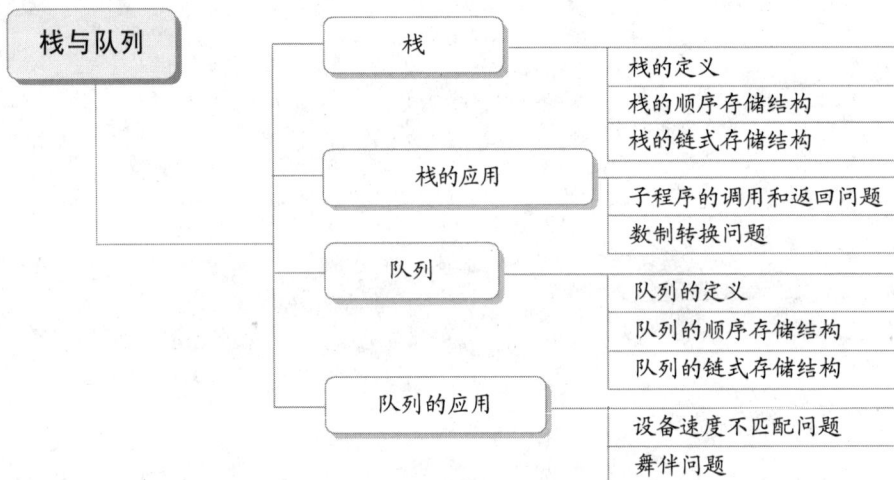

```
栈与队列 ──┬── 栈 ──────────── 栈的定义
          │                    栈的顺序存储结构
          │                    栈的链式存储结构
          ├── 栈的应用 ──────── 子程序的调用和返回问题
          │                    数制转换问题
          ├── 队列 ─────────── 队列的定义
          │                    队列的顺序存储结构
          │                    队列的链式存储结构
          └── 队列的应用 ────── 设备速度不匹配问题
                               舞伴问题
```

学习目标

- 掌握栈和队列的定义;
- 理解栈的存储结构;
- 理解队列的存储结构;
- 掌握栈和队列的应用方法。

在线性表中,可以在表中任意位置插入和删除元素结点。而对于本章所介绍的栈和队列,只能在指定的位置插入和删除元素结点。对栈来说,插入和删除等操作仅在栈顶进行。而对队列来说,插入操作仅在队列的尾部进行,而删除操作仅在队列的头部进行。基于栈和队列的上述特点,常称它们是限定性的数据结构。

3.1　栈

栈是一种非常重要的操作受限的线性表，在计算机系统和程序系统中应用广泛。

3.1.1　栈的定义

栈是仅限定在线性表的一端进行插入和删除操作的线性表。允许进行插入和删除的一端，称为栈顶，不允许插入和删除的另一端则称为栈底。对于栈只有进栈和出栈两种操作。

设给定栈 $S=(a_1,a_2,\cdots,a_n)$，则称 a_1 为栈底元素，a_n 为栈顶元素。栈底元素 a_1 是最先插入（进栈）的元素，又是最后一个被删除（退栈）的元素；栈顶元素 a_n 是最后插入（进栈）的元素，又是最先被删除（退栈）的元素。也就是说，退栈时，最后进栈的元素最先出栈，最先进栈的元素最后出栈。由此可见，栈的操作是按"后进先出"的原则进行的，如图 3-1 所示。因此栈又被称为后进先出（Last In First Out，LIFO）的线性表。

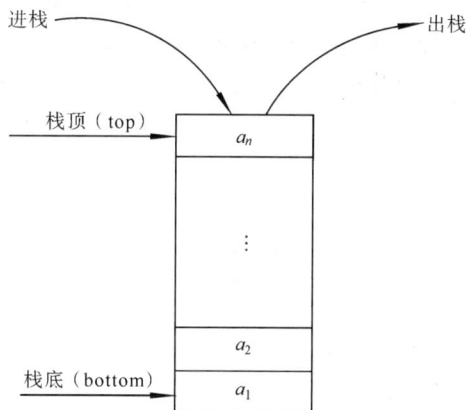

图 3-1　栈与栈的操作示意图

1. 栈的抽象数据类型定义

```
ADT Stack
{
    D={a_i|a_i∈ElemSet,i=1,2,…,n,n≥0}      /*数据对象*/
    R={<a_{i-1},a_i>|a_{i-1},a_i∈D,i=2,…,n}   /*数据关系*/
    /*a_n为栈顶，a_1为栈底*/
    /*基本操作*/
    InitStack(&S);                      /*建立一个空栈S*/
    DestroyStack(&S);                   /*栈被销毁*/
    PushStack(&S,x);                    /*将一个新元素x加入到栈S中*/
    GetTop(&S,&x);                      /*读出栈S中的栈顶元素，并将其值送到x*/
    EmptyStack(&S);                     /*测试栈S是否为空等*/
    StackLength(&S);                    /*读出栈S中的元素个数（即栈的长度）*/
}ADT Stack
```

3.1.2　栈的顺序存储结构

栈也有两种存储表示方法，即顺序存储和链式存储。将栈的顺序存储结构简称顺序栈，它利用一组地址连续的存储单元自栈底到栈顶顺序地存放数据元素，同时附设指针 top 指示栈顶元素在顺序栈中的位置。可用一维数组表示顺序栈。top=0 表示空栈，但由于 C 语言中数组的下标约定从 0 开始，因此用 C 作描述语言时，用 top=-1 表示空栈。顺序栈类型可表示为：

```
typedef struct
{
    int stacksize;
    elemtype *bottom;     /*栈底指针*/
    elemtype *top;        /*栈顶指针*/
}SqStack;                 /*顺序栈类型定义*/
SqStack *S;               /*顺序栈指针*/
```

其中，stacksize 是指栈的当前可使用的最大容量。栈的初始化操作为按设置的初始分配量进行第一次存储分配。在顺序栈中，栈底指针 bottom 始终指向栈底的位置，如果 bottom 为 null，则表示栈结构不存在。top 为栈顶指针，其初值指向栈底，即 top=-1 可以作为栈空的标记，每当插入新的栈顶元素时，指针 top 增 1，删除栈顶元素时，指针 top 减 1。图 3-2 展示了顺序栈中数据元素和栈顶指针之间的对应关系。

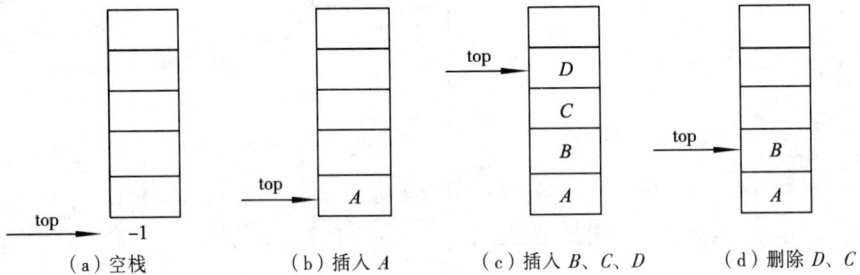

图 3-2　栈顶指针和栈中元素之间的关系

用静态数组实现栈结构，栈可表示为图 3-3 所示的结构。

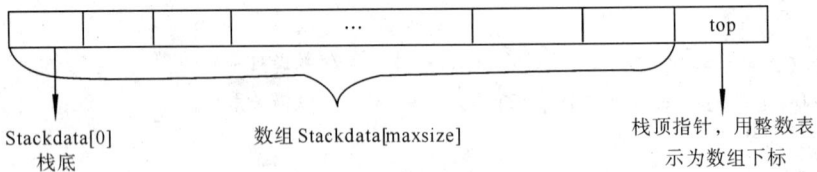

图 3-3　栈的数组表示

约定 top 指向栈顶位置上面一个空单元，即新数据将要插入的位置。以下是用数组表示的顺序栈的说明。

```
/*ADT stack 的表示与实现*/
/*栈的顺序存储表示*/
#define maxsize 64        /*栈的最大容量*/
typedef datatype int;     /*栈元素的数据类型*/
typedef struct
{
```

```
    datatype data[maxsize];
    int top;
}SqStack;          /*顺序栈定义*/
SqStack *S;        /*顺序栈的指针 */
```

1. 栈的初始化操作

栈的初始化操作是置空栈，就是将栈顶指针置为-1。

```
SqStack *s;
{
    s->top=-1;
}
```

2. 判栈空操作

通过判断栈顶指针与栈底指针是否相等来判断栈空。

```
int empty(s)
SqStack *s;
{
    if(s->top=s->bottom)
        return false;
    else
        return true;
}
```

3. 进栈操作

将一个新元素 x 加入到栈 s 中的操作的描述如下：

```
SqStack *s;
datatype x;
{
    if(s->top==maxsize-1)
    {
        printf("overflow");
        return null;
    }
    else
    {
        s->top++;
        s->data[s->top]=x;
    }
    return s;
}
```

4. 出栈操作

出栈操作时指读出栈 s 中的栈顶元素，并将其值送于 e，主要操作如下：

```
SqStack *s;
{
    if(empty(s))
    {   printf("underflow");return null;       /*下溢*/ }
    else
    {
        s->top--;
```

```
        e=s->data[s->top+1];
        return(e);
    }
}
```

在使用一个数组作为栈的存储结构时，为了保证栈不会溢出，数组中一般有剩余的预留存储空间。若多个栈共同操作，如果给每个栈都定义一个数组，容易造成空间的浪费，而且有时会出现一个栈上溢，而另一个栈剩余很多空间的情况。为了合理地使用这些存储单元，可以采用将多个栈存储于同一数组中的方法，即多栈共享空间。

3.1.3 栈的链式存储结构

栈的链式存储结构简称链栈。它是一种运算受到限制的单链表，其插入和删除操作仅限于在表头位置上进行。由于只能在链表头进行操作，所以不必附加头结点，链栈的栈顶指针就是链表的头指针。

链栈是单链表的特例，所以其类型和变量的说明和单链表一样。

```
typedef datatype int;
typedef struct node
{
    datatype data;
    struct node *next;
}linkstack;              /*链栈结点类型*/
linkstack *top;
```

top 是栈顶指针，用它可以唯一地确定一个链栈。当 top=null 时，该链栈是空栈，如图 3-4 所示。

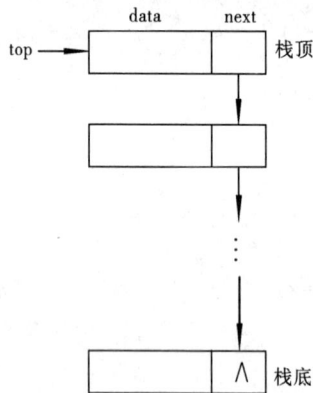

图 3-4　链栈示意图

下面给出链栈的进栈和出栈的算法。

1. 进栈操作

当需将一个新元素 w 插入链栈时，可动态地向系统申请一个结点 p 的存储空间，将新元素 w 写入新结点 p 的数据域，将栈顶指针 top 的值写入 p 结点的指针域，使原栈顶结点成为新结点 p 的直接后继结点，栈顶指针 top 改为指向 p 结点。

```
Linkstack pushlinkstack(top,w)  /*将元素 w 插入链栈的栈顶 top*/
Linkstack *top;
```

```
datatype w;
{
    linkstack *p;
    p=malloc(sizeof(linkstack));        /*生成新结点*p */
    p->data=w;
    p->next=top;
    return p;                           /*返回新栈顶指针*/
}
```

2. 出栈操作

当栈顶元素出栈时，先取出栈顶元素的值，将栈顶指针 top 指向 top 结点的直接后继结点，释放原栈顶结点。

```
linkstack poplinkstack(top,x)          /*删除链栈 top 的栈顶结点*/
linkstack top;
datatype *x;                           /*让 x 指向栈顶结点的值，返回新栈指针*/
{
    linkstack *p;
    if(top==null)
    {  printf("空栈,下溢");return null; }
    else
    {
        *x=top->data;                  /*将栈顶数据存入*X */
        p=top;                         /*保存栈顶结点地址*/
        top=top->next;                 /*删除原栈顶结点*/
        free(p);                       /*释放原栈顶结点*/
        return top;                    /*返回新栈顶指针*/
    }
}
```

3. 置栈空

```
void InitStack(LinkStack *S)
{
    S->top=null;
}
```

4. 判栈空

```
int StackEmpty(LinkStack *S)
{
    if(S->top==null) return 0;
    else return 1;
}
```

5. 取栈顶元素

```
datatype StackTop(LinkStack *S)
{
    if(StackEmpty(S))
        Error("Stack is empty.")
    return S->top->data;
```

3.2　栈 的 应 用

栈是应用非常广泛的一种数据结构，是程序设计中的一个重要工具。

3.2.1　子程序的调用和返回问题

在计算机程序执行时，主调函数和被调函数之间的连接和交互信息是通过栈来实现缓存中断现场的保护。

当主调函数运行时调用另一个函数，在程序流转入被调函数之前，系统做以下几件事：

① 将调用函数时的所有实参、临时变量、返回地址等保存起来。

② 为被调函数的变量分配存储空间。

③ 执行被调函数。

当程序很复杂时，可能有多个函数被嵌套调用，这时调用的原则是最后调用的先返回，即符合后进先出原则，可以用栈来实现。系统将程序运行的数据安排在一个栈中，当执行函数调用时，就把该函数的实参、临时变量、返回地址等数据压入栈顶，当从一个函数调用返回，被调函数执行完毕时，系统将栈顶的内容退栈，并根据退栈的内容中所保存的返回地址将程序的控制权转移给调用者继续执行。

例如，下述程序中 caller() 函数先调用了 a() 函数，之后 a() 函数又调用了 b() 函数，这三者的调用关系就形成了一个堆栈的数据结构。

```
int a(int a1,int a2);
int b(int b1,int b2);
int caller()
{
    float s1,s2;
    a(2,3);
    …}
int a(int a1,int a2)
{
    b(a2,a1);
}
int b(int b1,int b2)
{
    …}
```

3.2.2　数制转换问题

将十进制数转换成 N 进制的数的方法，是除 N 取余法。

例如，十进制转换成八进制：$(72)_{10} = (110)_8$

$$72/8=9 \text{ 余 } 0$$
$$9/8=1 \text{ 余 } 1$$
$$1/8=0 \text{ 余 } 1$$

结果为余数的逆序：110。先求得的余数在写出结果时最后写出，最后求出的余数最先写出，符合栈的先入后出性质，故可用栈来实现数制转换。

```
void conversion() {//假设输入是非负的十进制整数，输出等值的八进制数
    Linkstack S;
    node e;
    int n;
    InitStack(&S);
    scanf("%d",&n);
    Push(S,0);
    while(n){ //从右向左产生八进制的各位数字，并将其进栈
        Push(S,n%8);
        n=n/8; }
    printf("the result is: ",n);
    while(!StackEmpty(*S)){ //栈非空时退栈输出
        Pop(S,&e); printf("%d",e);}
}
```

3.3 队 列

队列也是限定性的数据结构，也属于线性表。

3.3.1 队列的定义

1. 队列的概念

队列与栈不同，队列是一种先进先出（First In First Out，FIFO）的线性表，也被称为先进先出表，它只允许在表的一端进行插入，而在另一端删除元素。在队列中，允许插入的一端称为队尾（rear），允许删除的一端称为队头（front）。这与日常生活中的排队（"先来先服务"）是一致的，如果不允许插队，新来的人只能排在队尾，而最先进入队列的人最早离开。当队列中没有元素时，称为空队列。队列的插入操作称为进队或入队，删除操作称为出队列。

假设队列为 $q=(a_1,a_2,\cdots,a_n)$，那么，a_1 就是队头元素，a_n 则是队尾元素，队列中的元素是按照 $a_1,a_2,\cdots,a_n$ 顺序进入的，出队列也只能按照这个次序依次退出，也就是说，只有在 $a_1,a_2,\cdots,a_{n-1}$ 都离开队列之后，a_n 才能退出队列。图 3-5 为队列的示意图。

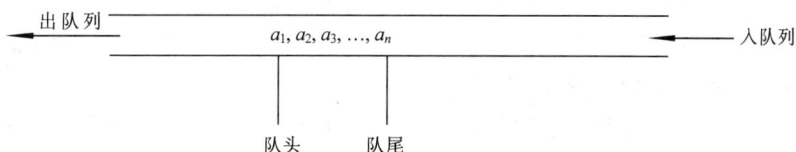

图 3-5 队列操作示意图

队列的操作与栈的操作类似，不同的是删除是在表的头部（即队头）进行。

2. 队列的抽象数据类型定义

```
ADT Queue{
    D={a_i|a_i∈ElemSet,i=1,2,…,n,n≥0}     /*数据对象*/
    RI={<a_{i-1},a_i>| a_{i-1},a_i∈D,i=2,…,n}  /*数据关系*/
    /*a1 为队列头，an 为队列尾*/
    /*基本操作*/
    InitQueue(&q);                    /*构造空队列 q*/
    troyQueue(&q);                    /*销毁队列 q*/
    arQueue(&q);                      /*清空队列 Q*/
```

```
Head(q,&e);                    /*将队列 q 的头元素内容送 e*/
ueue(&q,e);                    /*将 e 插入队列 q 中，并作为 q 的新的队尾元素*/
ueue(&q,&e);                   /*删除队列 q 的队头元素，并用 e 返回其值*/
}ADT Queue
```

3. 双端队列

除了栈和队列之外，还有一种限定性数据结构是双端队列，双端队列是限定插入和删除操作在表的两端进行的线性表。

这两端分别作为端点 1 和端点 2（见图 3-6）。在实际应用中，还可以有输出受限的双端队列（即一个端点允许插入和删除，另一个端点只允许插入的双端队列）和输入受限的双端队列（即一个端点允许插入和删除，另一个端点只允许删除的双端队列）。而如果双端队列从某个端点插入的元素只能从该端点删除，则该双端队列就变化为两个栈底相邻接的栈了。

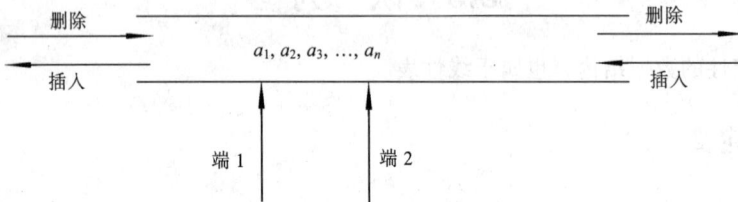

图 3-6 双端队列示意图

尽管双端队列看起来似乎比栈和队列更灵活，但实际上在应用程序中远不及栈和队列实用，所以在这里不做详细的讨论。

3.3.2 队列的顺序存储结构

1. 顺序队列

队列的顺序存储结构称为顺序队列，在这里用一维数组来表示队列的顺序存储结构。和顺序栈相似，在队列的顺序存储结构中，除了用一组地址连续的存储单元依次存放从队列头到队列尾的元素之外，因为队列的队头和队尾的位置是变化的，所以需附设两个指针 front 和 rear，front 指针指向队列头元素的位置，rear 指针指向队列尾元素的位置。

为了在 C 语言中描述方便，约定初始化队列时，令 front=rear=−1，即队列为空（见图 3-7），每当插入新的队尾元素时尾指针增 1，每当删除队头元素时头指针增 1。在非空队列中，头指针 front 总是指向当前队头元素的前一个位置，尾指针 rear 指向当前队尾元素的位置，如图 3-8 所示。

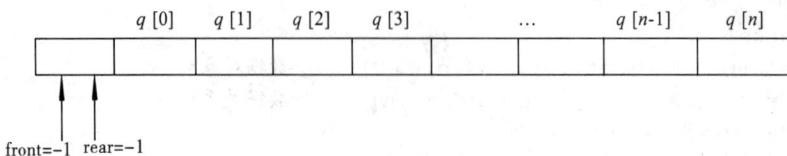

图 3-7 空顺序队列

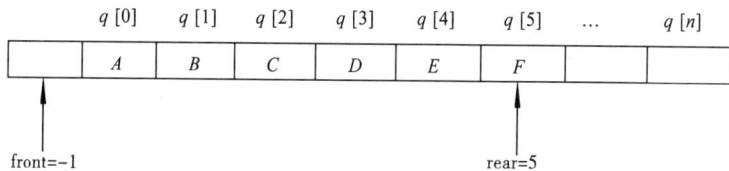

$$q[0]\quad q[1]\quad q[2]\quad q[3]\quad q[4]\quad q[5]\quad\cdots\quad q[n]$$

front=-1　　　　　　　　　　rear=5

图 3-8　非空顺序队列

顺序队列的类型可以用下面的形式说明：

```
typedef datatype int;
#define maxsize 66   /*队列的最大长度*/
typedef struct
{
    datatype data[maxsize];
    int front,rear;  /*确定队头、队尾位置的两个变量*/
}sequeue;            /*顺序队列的类型*/
sequeue *q;
```

（1）初始化操作

```
initseq(sequeue *q)
{
    q.front=-1;
    q.rear=-1;
}
```

（2）队头删除操作

要删除队列的队头元素，只要将 front 指针加 1 即可。删除前后的队列如图 3-9 和图 3-10 所示。

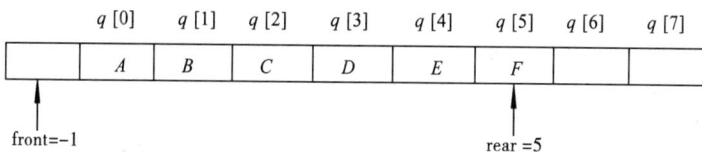

$$q[0]\quad q[1]\quad q[2]\quad q[3]\quad q[4]\quad q[5]\quad q[6]\quad q[7]$$

front=-1　　　　　　　　　　rear =5

图 3-9　删除前的队列

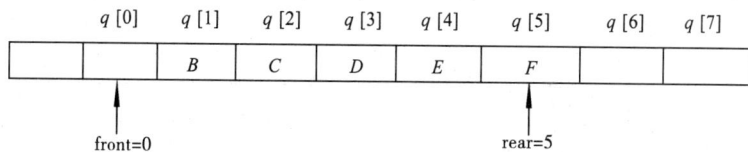

$$q[0]\quad q[1]\quad q[2]\quad q[3]\quad q[4]\quad q[5]\quad q[6]\quad q[7]$$

front=0　　　　　　　　　　rear=5

图 3-10　删除元素 A 后的示意图

算法描述如下：

```
delseq(sequeue *q)
{
    if(q->front=q->rear)
        printf("sequeue empty!");
    else
    {
        q->front++;
        return(q->data[q->front]);
```

```
    }
}
```

（3）队尾插入操作

要在队列的队尾插入结点，需将 rear 指针加 1，将数据存入 rear 指针指向的位置，如图 3-11 和图 3-12 所示。

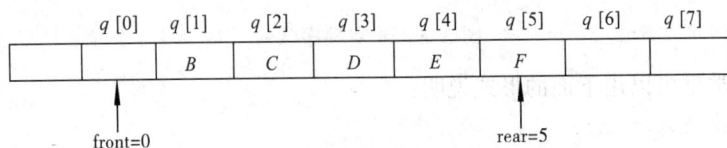

| | | $q[0]$ | $q[1]$ | $q[2]$ | $q[3]$ | $q[4]$ | $q[5]$ | $q[6]$ | $q[7]$ |

| | | B | C | D | E | F | | |

front=0   rear=5

图 3-11　待插入队列

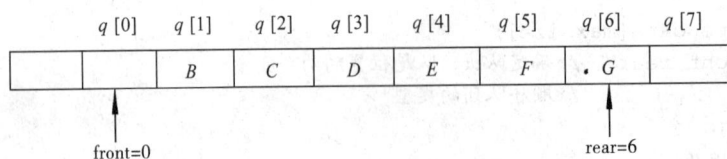

| | | $q[0]$ | $q[1]$ | $q[2]$ | $q[3]$ | $q[4]$ | $q[5]$ | $q[6]$ | $q[7]$ |

| | | B | C | D | E | F | . G | |

front=0   rear=6

图 3-12　在队尾添加元素 G 后的示意图

队尾插入算法描述如下：

```
insertseq(sequeue *q,int x)
{
    if(q->rear>=maxsize-1)
        return null;        /*队列已满*/
    else
    {
        (q->rear)++;
        q->data[q->rear]=x;
        return OK;
    }
}
```

下面讨论顺序队列的数组越界问题。有一个待插入队列（maxsize=8），如图 3-13 所示，可以看出，如果队列再插入一个元素 i，那么 rear 的指针变量就会变成 8，数组越界。

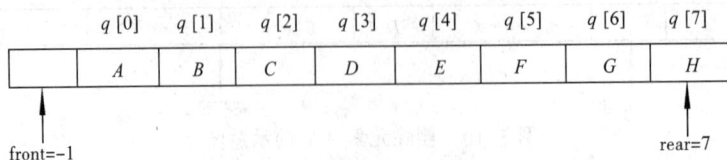

| | $q[0]$ | $q[1]$ | $q[2]$ | $q[3]$ | $q[4]$ | $q[5]$ | $q[6]$ | $q[7]$ |

| | A | B | C | D | E | F | G | H |

front=-1   rear=7

图 3-13　队列已满的示意图

这种情况是整个队列已满的情况。还有一种情况是，尾指针虽然已经指向队尾，但是队列的前面部分仍有可用空间，图 3-14 是对队列进行操作时头、尾指针和队列元素之间的关系表示。假设当前为队列分配的最大空间为 6，则当队列处于图 3-14（d）所示的状态时不可再继续插入新的队尾元素，否则会出现数组越界的现象。然而此时又不宜进行存储再分配扩大空间，因为队列的实际可用空间并未占满，这是一种假溢出。

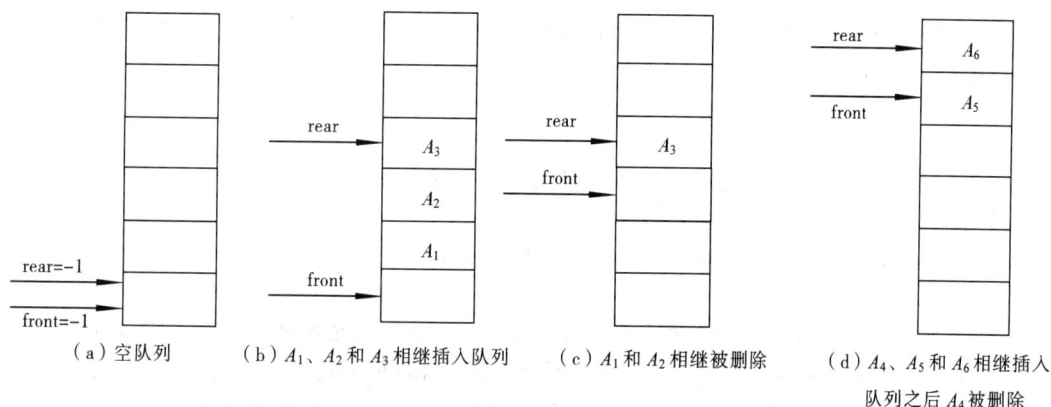

图 3-14 头、尾指针和队列中元素之间的关系

为了充分利用空间，解决上面的假溢出问题，可以采用将数据向前移动，让空的存储单元留在队尾的办法，其算法描述如下：

```
void seq_full(sequeue *q,int x)
{
    int i;
    if(q->rear-q->front=maxsize)
        printf("sequeue overflow!!");    /*溢出*/
    else
    {
    /*所有数据向前移*/
        for(i=0;i<q->rear-q->front;i++)
            q->data[i]=q->data[q->front+i+1];
        q->rear=q->rear-q->front;
        q->front=-1;
    }
}
```

2．循环队列

对于上面的假溢出问题，还有一个解决方法是，将顺序队列看做一个环状的空间，称为循环队列，如图 3-15 所示。

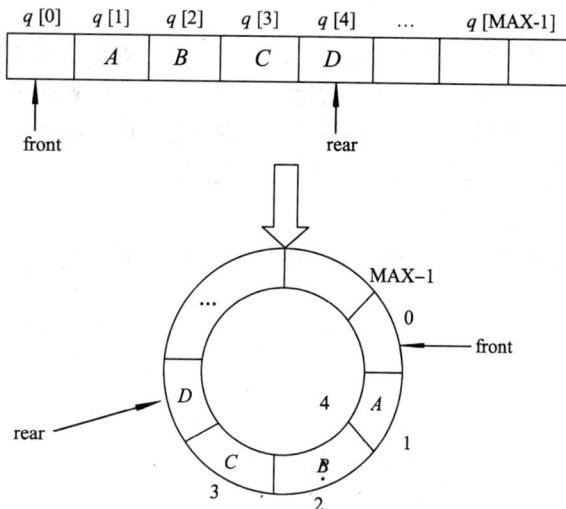

图 3-15 循环队列示意图

构造成一个循环队列后，指针和队列元素的关系不变。在插入操作时，循环队列的尾指针加1可描述为：

```
if(q->rear+1>=maxsize) q->rear=0;
else q->rear++;
```

如果运用"模运算"，上述循环队列的尾指针加1操作可写成：

```
q->rear=(q->rear+1)%maxsize;
```

类似的，对于循环队列的头删除操作，头指针的加1操作，可描述如下：

```
q->front=(q->front+1)%maxsize;
```

如图 3-16（a）所示的循环队列，队列头元素是 A，队列尾元素是 C，之后 D、E 和 F 相继插入，则队列空间均被占满，如图 3-16（b）所示，此时 front=rear；反之，若 A、B、C 相继从图 3-16（a）所示的队列中删除，使队列呈"空"的状态，如图 3-16（c）所示。此时也存在关系式 front=rear。

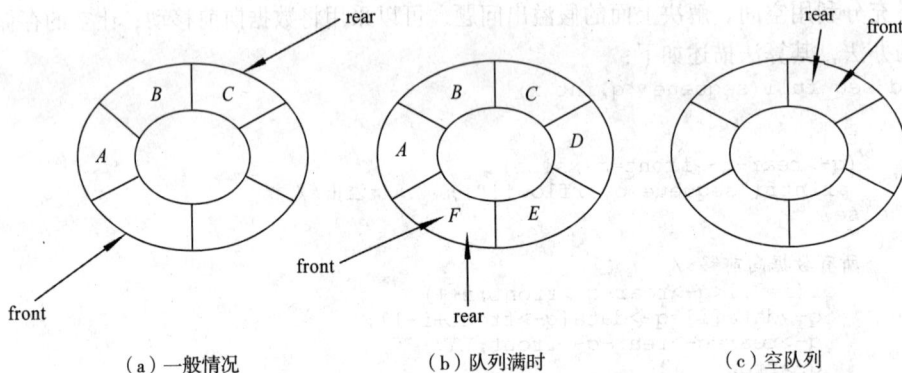

（a）一般情况　　　　　　（b）队列满时　　　　　　（c）空队列

图 3-16　循环队列的头尾指针

由此可见，只根据等式 front=rear 无法判别队列空间是"空"还是"满"。有两种处理方法。

一种方法是另设一个标志位以区别队列是"空"还是"满"。假设此标志的名称为 flag，当插入数据后遇到 front=rear 的情况时，则表示队列已满，就让 flag=1；当删除数据后遇到 front=rear 的情况时，则表示队列为空，让 flag=0，如此一来当 front=rear 时，就看 flag 标记变量是 0 还是 1，就可以知道队列目前是满还是空。

另一种方法是少用一个元素空间，约定以"队列的头指针处在队列尾指针的下一位置（指环状的下一位置）上"作为队列呈"满"状态的标志。也就是允许队列最多只能存放 maxsize-1 个数据，牺牲数组的最后一个空间来避免无法分辨空队列或非空队列的问题。因此，当 rear 指针的下一个位置是 front 时，就认定队列已满，无法再让数据插入。即

```
q->front=(q->rear+1)%maxsize;
```

这样当判断队列是否为空时，条件是 q->front= q->rear，如图 3-17 所示。

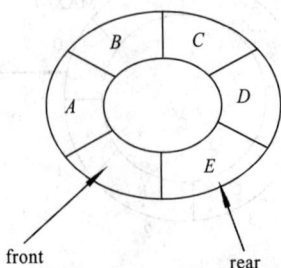

图 3-17　判断队列是否为空

从上述分析可见，在 C 语言中无法用动态分配的一维数组来实现循环队列。如果用户的应用程序中设有循环队列，则必须为它设置一个最大队列长度；若用户无法预估所用队列的最大长度，则最好采用链队列。

（1）置空队列

这里 front 与 rear 分别为队头和队尾指示器。为了处理方便，队空间的第一个元素（下标为 0）不利用，front 指向队中第 i 个元素的前一个位置（即 front 为第 i 个元素的前驱的下标值），rear 指向队尾元素，初始时，令 front 与 rear 为 -1。

```
InitQueue(q)
sequeue *q;
{
    q->front=-1;
    q->rear=-1;
}
```

（2）判队列空

```
int QueueEmpty(q)
sequeue *q;
{
    if(q->rear==q->front)
        return OK;
    else
        return null;
}
```

（3）取队头元素

```
datatype GetHead(q)
sequeue *q;
{
    if(empty(q))
        {print("sequeue is empty"); return null}
    else
        return (q->front+1)%maxsize;
}
```

（4）入队操作

入队操作要修改尾指针，而出队操作修改头指针，使它们向后继方向移动。

```
int InQueue(q,x)  /*将新元素 x 插入队列*q 的队尾*/
sequeue *q;
datatype x;
{
    if(q->front==(q->rear+1)%maxsize)
    {
        print("queue is full");
        return null;
    }
    else
    {
        q->rear=(q->rear+1)%maxsize;
        q->data[q->rear]=x;
    }
}
```

（5）出队操作

删除队列的队头元素，并返回该元素的值。

```
datatype DelQueue(q)
sequeue *q;
{
    if(empty(q))
        return null;
    else
    {
        q->front=(q->front+1)%maxsize;
        return(q->data[q->front]);
    }
}
```

3.3.3 队列的链式存储结构

1. 链队列

除了顺序存储结构外，队列还可以链式表示，用链表表示的队列简称链队列。链队列是限制仅在表头删除和表尾插入的单链表。一个链队列要在表头删除和在表尾插入，显然需要两个分别指示队头和队尾的指针（分别称为头指针和尾指针），链队列是一个带头指针和尾指针的单链表。为了方便起见，添加一个头结点，队列的头指针指向队列的头结点，尾指针指向尾结点。所以，一个表头和一个表尾唯一的确定了一个队列。

将链队列定义为一个结构类型如下：

```
/*ADT Queue 的实现*/
typedef int dadatype       /*定义数据类型*/
typedef struct node        /*链表结点类型定义*/
{
    datatype data;
    struct node *next;
}linklist;
typedef struct
{
    linklist *front,*rear;
}linkqueue;
linkqueue *q;
```

当一个队列*q为空时（即 front=rear），其头指针和尾指针都指向头结点，如图 3-18 所示。非空队列示意图如图 3-19 所示。

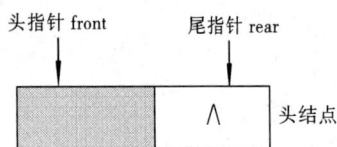

图 3-18　空链队列

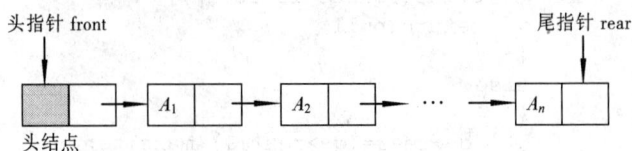

图 3-19　非空链队列

链队列很好地解决了多个队列同时使用的问题。当同时使用多个链队列时，每个队列都有它们自己的头、尾指针，各个队列都是相互独立的链表，各自独立进行插入和删除运算。

和线性表的单链表一样，为了操作方便起见，也给链队列添加一个头结点，并将头指针指向头结点。由此，空的链队列的判断条件为头指针和尾指针均指向头结点，图 3-20 所示链队列的操作即为单链表的插入和删除操作的特殊情况，只需修改尾指针或头指针，图 3-20（b）～（d）展示了这两种操作进行时指针变化的情况。

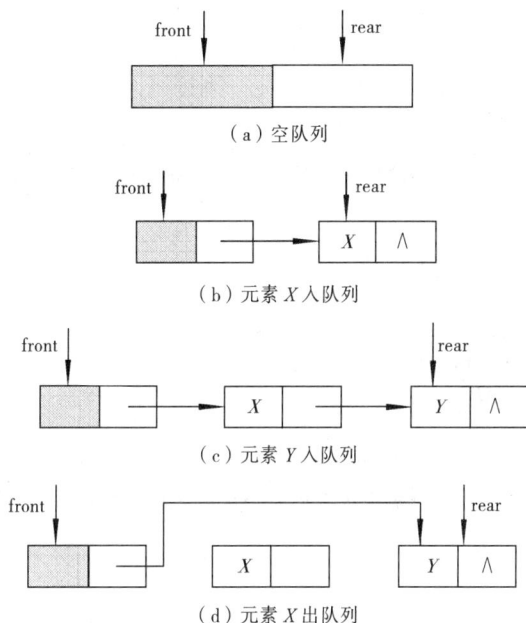

（a）空队列

（b）元素 X 入队列

（c）元素 Y 入队列

（d）元素 X 出队列

图 3-20　队列运算指针变化情况

下面给出链队列运算的算法说明。

（1）置空队（初始化）

```
InitQueue(q)    /*生成空链队列*/
linkqueue *q;
{
    q->front=malloc(sizeof(linklist));
    q->front->next=null;
    q->rear=q->front;
}
```

（2）判队空

```
int QueueEmpty(q)
linkqueue *q;
{
    if(q->front=q->rear)
        return OK;
    else
        return null;
}
```

（3）取队头元素

```
datatype *Gethead(q)
```

```
linkqueue *q;
{
    if(empty(q))
    {
        printf("queue is empty");
        return null;
    }
    else
    {
        return(q->front->next->data);
    }
}
```

（4）入队操作

```
InQueue(q,x)                /*将结点 x 插入队列*q 的尾端*/
linkqueue *q;
datatype x;
{
    q->rear->next=malloc(sizeof(linklist));
    q->rear->data=x;
    q->rear=q->rear->next;
    q->rear->next=null;
}
```

（5）出队操作

```
Datatype DeQueue(q)        /*删除队头元素，并返回该元素的值 */
linkqueue *q;
{
    linklist *s;
    if(empty(q)) return null;
    else
    {
        s=malloc(sizeof(linklist));
        s=q->front;
        q->front=q->front->next;
        free(s);
        return(q->front->data);
    }
}
```

2. 循环链队

如果让队尾结点的指针指向队首结点，就构成了一个循环链队列。因为通过尾指针 rear 可以找到队首结点，因此可以省去头指针。以循环链表表示的队列，可使队列的队头删除和队尾插入动作变得比较容易，如图 3-21 所示。

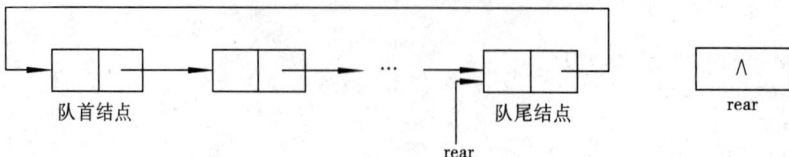

（a）非空队列 （b）空队列

图 3-21　循环链队

　　当删除队首结点时，也就相当于删除队尾结点（rear 结点）的下一个结点；同样，要向队尾插入一个结点，也就相当于在 rear 结点的下一个结点位置添加一个结点。

（1）插入操作

在队尾插入一个结点的算法描述如下：

```
Insert_cque(linkqueue *r,int x )
{/*在结点 r 后面插入一个结点，其数据域为 x*/
    linkqueue *t;
    t=(sequeue*)malloc(size of(sequeue));
    t->data=x;  /*生成一个结点 t*/
    if(*r=null)
    {
        r=t;
        r->next=r;
    }
    else
    {
        t->next=r->next;
        r->next=t;
    }
}
```

在循环链队插入尾结点的示意图如图 3-22 所示。

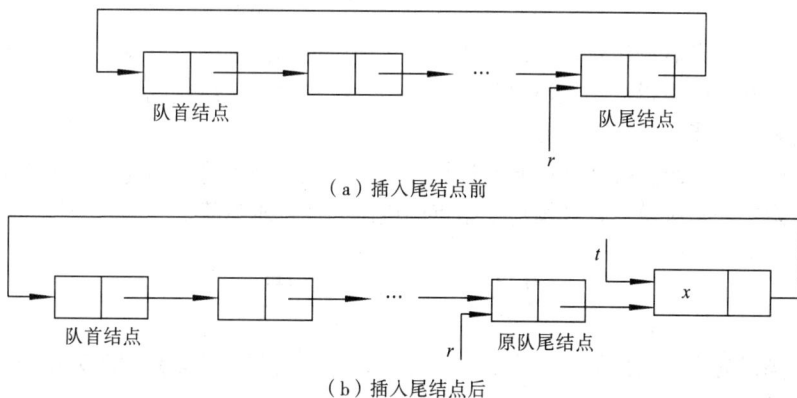

（a）插入尾结点前

（b）插入尾结点后

图 3-22　循环链队插入尾结点示意图

（2）删除操作

删除队头结点的算法描述如下：

```
Del_cque(linkqueue r)
{/*删除队列中的头结点，即结点 r 的 next 结点*/
    linkqueue *front;
    int e;
    if(*r=null)
        printf("sequeue empty!!");return null;
    else
    {
        front=r->next; /*将指向头结点的指针赋给 front*/
        if(front=*r)
            *r=null;
```

```
        else
            r->next=front->next;
        e=front->data;
        free(front);
        return(e);
    }
}
```

在循环队列删除队头结点的示意图如图 3-23 所示。

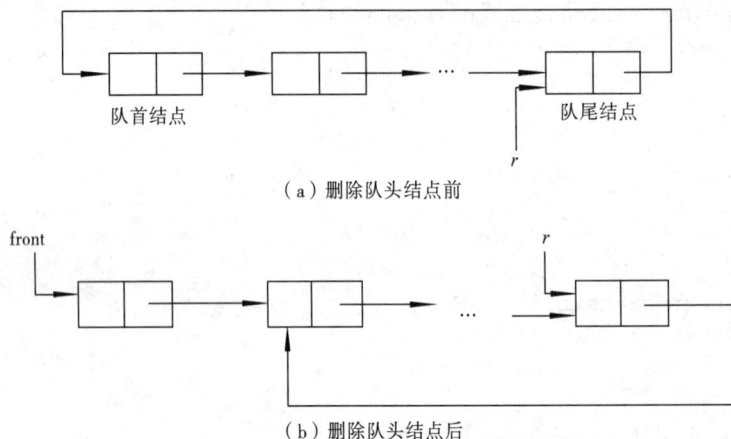

（a）删除队头结点前

（b）删除队头结点后

图 3-23　循环队列删除队头结点示意图

关于链队列有几点需要注意：与链栈类似，无须考虑判队满的运算及上溢的问题。在出队算法中，一般只需修改队头指针。但当原队中只有一个结点时，该结点既是队头也是队尾，故删去此结点时亦需修改尾指针，且删去此结点后队列变空。

以上介绍的是无头结点链队列的基本运算。与单链表类似，为了简化边界条件的处理，在队头结点前也可附加一个头结点，并增加头结点的链队列的基本运算。

3.4　队列的应用

由于队列满足先进先出的原则，满足先进先出条件的问题都可以采用队列作为数据结构。在计算机系统内部，队列结构是必不可少的。

3.4.1　设备速度不匹配问题

在计算机系统中，经常会遇到两个设备在传递数据时速度不匹配的问题。例如，要将计算机内存中的数据传递到打印机进行打印，显然，打印机的打印速度远落后于计算机处理数据的速度。导致计算机每处理完一批数据，就要停下一段时间，等待打印机打印。这样的工作方式使计算机的效率大为降低。

为解决两个设备速度不匹配的问题，通常在内存中设置一个缓冲区，缓冲区是一块连续的存储空间。为了充分利用缓冲区的存储空间，将缓冲区设计成循环队列结构，并为循环队列结构的缓冲区设置一个队首指针和一个队尾指针，初始时循环队列为空。计算机每处理完一批数据就将其加入到循环队列的队尾；打印机每处理完一个数据，就从循环队列的队首取出下一个要打印的数据。由于打印机的速度比较慢，来不及打印的数据就在缓冲区中排队等待。利用缓冲区，解决了计算机处理数据与打印机输出速度不匹配的矛盾，实现两个设备之间数据的正常传送。提高了计算机的效率。

3.4.2 舞伴问题

假设在周末舞会上，男士们和女士们进入舞厅时，各自排成一队。跳舞开始时，依次从男队和女队的队头上各出一人配成舞伴。若两队初始人数不相同，则较长的那一队中未配对者等待下一轮舞曲。要求写一个算法模拟上述舞伴配对问题。先入队的男士或女士亦先出队配成舞伴。因此该问题具有典型的先进先出特性，可用队列作为算法的数据结构。

在算法中，假设男士和女士的记录存放在一个数组中作为输入，然后依次扫描该数组的各元素，并根据性别来决定是进入男队还是女队。当这两个队列构造完成之后，依次将两队当前的队头元素出队来配成舞伴，直至某队列变空为止。此时，若某队仍有等待配对者，算法输出此队列中等待者的人数及排在队头的等待者的名字，他（或她）将是下一轮舞曲开始时第一个可获得舞伴的人。

具体算法如下：

```
typedef struct{
    char name[20];
    char sex;                     /*性别，'F'表示女性，'M'表示男性*/
}Person;
typedef Person datatype;          /*队列中元素的数据类型为Person*/
void DancePartner(Person dancer[],int num)
{/*结构数组dancer中存放跳舞的男女，num是跳舞的人数*/
    int i;
    Person p;
    Sequence *Mdancers,*Fdancers;
    InitQueue(&Mdancers);            /*男士队列初始化*/
    InitQueue(&Fdancers);            /*女士队列初始化*/
    for(i=0;i<num;i++){              /*依次将跳舞者依其性别入队*/
        p=dancer[i];
        if(p.sex=='F')
            EnQueue(&Fdancers.p); /*排入女队*/
        else
            EnQueue(&Mdancers.p); /*排入男队*/
    }
    printf("The dancing partners are: \n \n");
    while(!QueueEmpty(&Fdancers)&&!QueueEmpty(&Mdancers)){
        //依次输入男女舞伴名
        p=DeQueue(&Fdancers);        /*女士出队*/
        printf("%s ",p.name);        /*打印出队女士名*/
        p=DeQueue(&Mdancers);        /*男士出队*/
        printf("%s\n",p.name);       /*打印出队男士名*/
    }
    if(!QueueEmpty(&Fdancers)){  /*输出女士剩余人数及队头女士的名字*/
        printf("\n %d waiting in  next  round.\n",Fdancers.count);
        p=QueueFront(&Fdancers); /*取队头*/
        printf("%s will be the first to get a partner. \n",p.name);
    }else
        if(!QueueEmpty(&Mdancers)){ /*输出男队剩余人数及队头者名字*/
```

```
        printf("\n There are%d men waiting for the next  round.\n",Mdacers.count);
        p=GetHead(&Mdancers);
        printf("%s will be the first to get a partner.\n",p.name);
    }
}
```

小　结

栈和队列是两种常见的数据结构，它们都是运算受限的线性表。栈的插入和删除均是在栈顶进行，它是后进先出的线性表；队列的插入在队尾，删除在队头，它是先进先出的线性表。当解决具有先进先出（或后进先出）特性的实际问题时，可以使用队列（或栈）这种数据结构来求解。

与线性表类似，依照存储表示的不同，栈有顺序栈和链栈，队列有顺序队列和链队列两种，而集中使用的顺序队列是循环队列。本章介绍了顺序栈、链栈、循环队列和链队列的基本运算。希望读者能正确判断栈或队列的空间满而产生的溢出，正确判断使用栈空或队列空来控制返回。

习　题

1. 填空题：

（1）设栈 S 和队列 Q 的初始状态皆为空，元素 a_1、a_2、a_3、a_4、a_5 和 a_6 依次通过一个栈，一个元素出栈后即进入队列 Q，若 6 个元素出队列的顺序是 a_3、a_5、a_4、a_6、a_2、a_1，则栈 S 至少应该容纳_____个元素。

（2）一个栈的输入序列为 1,2,3,4,5，则下列序列中不可能是栈的输出序列的是_____。

A. 2,3,4,1,5　　　　　　　　　B. 5,4,1,3,2

C. 2,3,1,4,5　　　　　　　　　D. 1,5,4,3,2

2. 对于下面的每一步画出栈中元素及栈顶指针的示意图。

（1）空栈；

（2）元素 A 入栈；

（3）元素 B 入栈；

（4）删除栈顶元素；

（5）元素 C 入栈；

（6）元素 D 入栈；

3. 比较栈和队列的相同点和不同点，举例说明。

4. 对于算术表达式 $3 \times (5-2)+7$，用栈存储式子中的运算对象和运算符，试说明该算术表达式的运算过程。

5. 若依次输入数据元素序列 $\{a,b,c,d,e,f,g\}$ 进栈，出栈操作可以和入栈操作间隔进行，则下列哪些元素序列可以由出栈序列得到？

$$\{d,e,c,f,b,g,a\}$$
$$\{f,e,g,d,a,c,b\}$$
$$\{e,f,d,g,b,c,a\}$$
$$\{c,d,b,e,f,a,g\}$$

6. 编写一个算法，用来判别表达式中开、闭括号是否配对出现。

7. 设将整数 1、2、3、4 依次入栈，但只要出栈时栈非空，则可将出栈操作按任何次序加入其中，回答下列问题：

（1）若入栈次序为 push(1)、pop()、push(2)、push(3)、pop()、pop()、push(4)、pop()，则出栈的数字序列是什么？

（2）能否得到出栈序列 1423 和 1432？说明为什么不能得到或者如何得到。

（3）分析 1、2、3、4 的 24 种排列中，哪些序列可以通过相应的入、出栈得到？

8. 链栈中为何不设头指针？

9. 循环队列的优点是什么？如何判断它的空和满？

10. 试述队列的链式存储结构和顺序存储结构的优缺点。

11. 假设以一维数组 $s[n]$ 存储循环队列的元素，若要使这 n 个存储空间都得到利用，需另设一个标志 flag，以 flag 为 0 或 1 来区分队头指针和队尾指针相同时队列是空还是满。编写与此结构相对应的初始化、入队列和出队列的算法。

12. 试编写下面定义的递归函数的递归算法，并根据算法画出求 $g(5,2)$ 时栈的变化过程。

$$g(m,n)=\begin{cases} 0 & m=0, \ n\geq 0 \\ \\ g(m-1,2n) & m>0, \ n\geq 0 \end{cases}$$

13. 分别在栈和队列（至少含有 3 个结点）中实现删除紧邻栈顶或队头的结点，并用 P 返回其值。

14. 回文是指正读反读均相同的字符序列，如"abba"和"abdba"均是回文，但"good"不是回文。试写一个算法判定给定的字符向量是否为回文。（提示：将一半字符入栈。）

拓展实验：算术表达式求值

实验目的：通过本实验可以理解栈结构的应用。

实验内容：编写基于栈的算术表达式求值程序。

实验要求：

1. 设计算法与数据结构；

2. 用 C 语言程序实现；

3. 讨论程序的执行结果。

第 **4** 章　　　　　　　　　　　　　　　　　　　　串

本章知识结构图

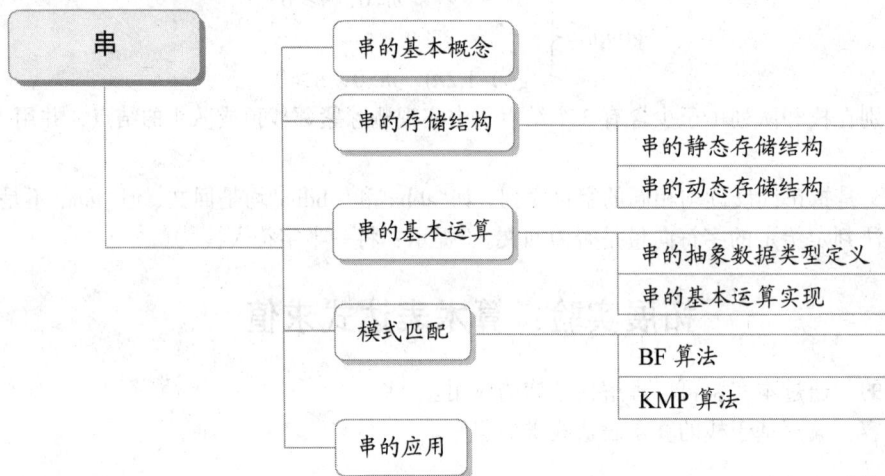

```
                    ┌─ 串的基本概念
                    │
                    ├─ 串的存储结构 ─┬─ 串的静态存储结构
                    │                └─ 串的动态存储结构
     ┌─────┐        │
     │ 串  │────────┼─ 串的基本运算 ─┬─ 串的抽象数据类型定义
     └─────┘        │                └─ 串的基本运算实现
                    │
                    ├─ 模式匹配 ─┬─ BF 算法
                    │            └─ KMP 算法
                    │
                    └─ 串的应用
```

学习目标

- 掌握串的基本概念;
- 掌握串的存储结构;
- 理解串的基本运算;
- 理解模式匹配;
- 理解串的应用方法。

　　串是字符串的简称,串的每个数据元素是一个字符,可以将串看做一种特殊的线性表。目前,计算机越来越多地应用于解决非数值处理问题,所涉及的主要操作对象是字符串。例如在管理信息系统中,用户的姓名、地址、商品的名称、规格等都是字符串,字符串已成为数据处理中不可缺少的数据对象。目前,大多数程序设计语言都支持串操作,可以执行各种运算,并提供串的相关操作函数。然而，针对不同的应用，对于字符串的处理有不同的方法。为了有效地对字符串进行处理，首先需要了解串的内部表示和处理过程，从而根据具体情况使用合适的存储结构。信息检索系统、中文信息处理系统、学习系统、自然语言翻译系统以及音乐分析处理系统等都是基于串的基本运算来设计和开发的软件系统。

4.1 串的基本概念

1．串的定义

串是由零个或多个字符组成的有限连续序列。简单地说，串就是一串字符。记为

$$S='s_1s_2\cdots s_n'$$

其中，S 是串的名字，单引号括起来的字符序列 $s_1s_2\cdots s_n$ 是串的值，字符个数 n 称做串的长度，每个 s_i（$1\leqslant i\leqslant n$）的取值范围是字母、数字或其他字符。单引号是定界符，用于标识字符串的起始位置和终止位置。

2．空串

空串中不包含任何字符，它的长度是 0。

3．空格串

空格串是由一个或多个空格组成的串。它不是空串，它的长度是串中包含的空格数。字符串中的空格也算在串长度中。为了清楚起见，用"□"表示实际的空格。

4．子串

字符串中任意个连续的字符构成的子序列称为该字符串的子串。

5．主串

包含子串的字符串称为主串。

6．位置

一个字符在序列中的序号称为该字符在串中的位置。子串在主串中的位置则以子串的第一个字符在主串中的位置来表示。

7．两串相等

两串相等是指两个字符串的长度相等，且各对应位置上的字符都相同。串也可以比较大小。

例如，串 a='BEI'，b='JING'，c='BEIJING'，d='BEI□JING'，则 a、b、c、d 串的串长分别为 3、4、7、8。串 a、b 都是串 c、d 的子串，它们在主串 c 中的位置分别为 1 和 4，在主串 d 中的位置分别为 1 和 5，并且 c 不等于 d。

8．串变量

语句 S='12345' 是一个赋值语句，其含义是把串值附给串变量，S 是串变量名，字符序列 12345 是串值。而另一个语句

```
S=12345;
```

的含义是把 12345 赋给变量 S。它们的区别在于，前者的 S 为串变量，其取值为字符序列 12345；后者的 S 为算术变量，其取值为 12345。

在理解串的概念的基础上，还需要注意以下几点：

① 串值必须用单引号括起来，但单引号本身不属于串。单引号的作用只是为了避免字符串和变量名或数值常量混淆。

② 将不含任何字符的串称为空串，其长度为 0。含有空格字符的串称为空格串。它的长度为串中空格符的个数。空格符可用来分隔一般的字符，以便于识别和阅读，但计算串长时应包括这些空符。空串在串处理中可作为任意串的子串。

③ 值为单个字符的字符串不等同于单个字符，例如，字符串'a'不等同于字符 a。

④ 两串相等包含两层意思：首先，两个字符串的长度相等；其次，各对应位置上的字符都相同。

4.2　串的存储结构

实际上串也是线性表的一个特例，因此对于串的存储可以延用线性表的存储结构。但是，由于串中数据元素是单个字符，其存储表示有其特殊之处。

串的存储可以有两种处理方式：一种是将串定义成字符型数组，在编译时完成串的存储空间分配，而且不能更改，这种方式称为串的静态存储结构；另一种是串的存储空间在程序运行时动态分配，这种方式称为串的动态存储结构。串的静态存储结构实际上就是串的顺序存储结构；而串的动态存储结构主要分为两种方式：一种是链式存储结构，另一种是称为堆结构的存储方式。

4.2.1　串的静态存储结构

与线性表的顺序存储结构一样，可以用一组连续的存储单元依次存储串中的各个字符。逻辑上相邻的字符，物理上也是相邻的。在 C 语言中，字符串的顺序存储可用一个字符型数组和一个整型变量表示，其中字符型数组存储串值，整型变量存储串的长度。下面给出串的顺序存储结构表示。

```
/*串的顺序存储结构表示*/
#define MAXSTRLEN 256              /*定义串能够存储的最大字符个数*/
struct string
{
    char ch_string[MAXSTRLEN];     /*MAXSTRLEN 为串的最大长度*/
    int len;                       /*串的实际长度*/
}
```

串的实际长度可在定义的最大长度范围内，超过最大长度的串值则被舍去，通常称之为截断。当计算机以字节为单位编址时，一个机器字（存储单元）刚好存放一个字符，串中相邻的字符顺序地存储在地址相邻的字节中；当计算机以字为单位编址时，一个存储单元由若干字节组成，这时的顺序存储结构有紧凑格式和非紧凑格式两种存储方式。

1. 紧凑格式

紧凑格式就是在存储单元中存储尽量多的字符。例如，S='Love□China'，按紧凑格式可以存放在 3 个存储单元中（假设计算机的字长为 32 bit，即 4 B），如图 4-1 所示。

L	o	v	e
	C	h	i
n	a		

图 4-1　紧凑格式存储示例

这种存储结构的优点是空间利用率高，缺点是对串中字符的处理效率低。

2．非紧凑格式

非紧凑格式是一个存储单元只存放一个字符,剩余的空间不用。图 4-2 所示是 S='Love□China' 按非紧凑格式存储的示意图。

非紧凑格式的优缺点与紧凑格式的优缺点恰好相反。在实际应用中,串的存储结构是采用紧凑格式还是非紧凑格式,应根据具体情况来定。在串的存储中,可以利用串的存储密度来衡量空间的使用效率。串的存储密度定义为:

　存储密度=串值所占存储字节数/实际分配的存储字节数

显然,紧凑格式存储密度比非紧凑格式存储密度大。

3．串的静态存储结构的缺点

① 需要预先定义一个串允许的最大字符个数,当该值估计过大时,存储密度就会降低,较多的空间就会被浪费。

② 由于限定了串的最大字符个数,使串的某些操作,如置换、连接等受到限制。

L			
o			
v			
e			
C			
h			
i			
n			
a			

图 4-2　非紧凑格式存储示例

4.2.2　串的动态存储结构

串的动态存储主要有串的链式存储结构和串的堆结构存储结构。

1．链式存储结构

串的链式存储结构是包含字符域和指针域的结点链表结构。其中字符域用来存放串中的字符,指针域用于存放指向下一结点的指针。这样一个串可用一个单链表来表示。用单链表存放串,链表中的结点数目等于串的长度。如 S='Study□Data□structures'采用链式存储结构如图 4-3 所示。

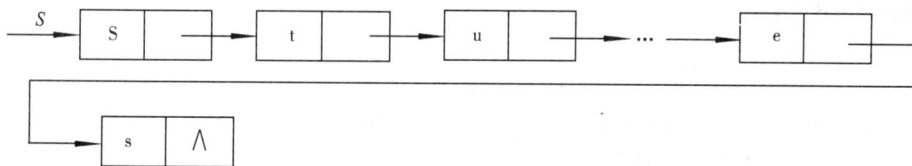

图 4-3　链式存储结构

串采用链式存储结构最大优点是插入删除运算方便,但是,从图 4-3 中也可看出这样一个问题,每个结点仅存放一个字符,而每个结点的指针域所占空间比字符域所占空间大数倍,这样的存储结构有效空间利用率低。

为了提高链式存储结构的有效空间利用率,可采用块链结构的存储方法,也就是说:使每个结点存放若干个字符,以减少链表中的结点数量,从而提高空间使用效率。例如,每个结点存放4 个字符,上例中 S 的存储结构如图 4-4 所示。

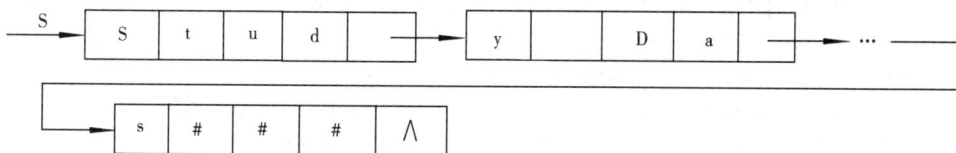

图 4-4　块链存储结构

最后的结点没有全部被串值填满，一般用不属于串值的某些特殊字符来填充，例如，采用 "#" 符号来填充。

块链结构的存储密度高于一个结点存放一个字符的单链结构，显著提高了有效空间的利用率。通常，串的链式存储结构多采用块链结构。如采用块链结构的文本编辑软件系统中，一个结点可存放 80 个字符。但是，块链存储结构对字符串的插入和删除极不方便。例如，在图 4-4 中的第一个字符前插入一个字符，则所有结点中的所有字符都得移动，删除操作也一样。

一般来说，链式存储方式存储串不便于实际操作，并不实用。

2．堆结构存储

堆结构存储仍是以一组地址连续的存储单元存放串值字符序列。其实现方法是：系统将一个空间足够大、地址连续的存储空间作为串值的可利用空间，当创建一个新的字符串时，系统就从这个可利用空间中划分出一个大小和串长度相等的空间用于存储新串的串值。每个串的串值各自存储在划分好的地址连续的存储单元中。它与顺序存储表示的区别就是它们的存储空间是在程序执行过程中动态分配的。堆存储结构也可以看做一种半动态存储结构。

```
/*串的堆结构存储表示*/
typedef struct
{
    char *ch;         /*若是非空串，则按串长分配存储区，否则 ch 为 null*/
    int length;       /*串长度*/
}
```

这种存储结构表示的串操作是基于字符序列的复制而进行。如串复制操作 StrCopy(&T,S)的实际算法是，若串 *T* 已存在，则先释放串 *T* 所占空间，当串 *S* 不为空时，首先为串 *T* 分配与串 *S* 长度相等的存储空间，然后进行串值复制。以堆结构的存储方式实现串插入操作 StrInsert(&S,pos,T)的算法如下：

```
/*串插入操作算法*/
typedef struct
{
    char *ch;      /*若是非空串，则按串长分配存储区，否则 ch 为 null*/
    int length;    /*串长度*/
}HString;
/*在串 S 的第 pos 个字符之前插入串 T*/
Status StrInsert(HString &S,int pos,HString T)
{
    if(pos<1||pos>S.length+1)
        return ERROR;                 /*pos 的值不合法*/
    if(T.length)                      /*T 非空，则进行下列操作*/
    {                                 /*重新分配存储空间，插入 T*/
        if(!(S.ch=(char *)realloc(S.ch,(S.length+T.length)*sizeof(char))))
            exit(OVERFLOW);
        for(i=s.length-1;i>=pos-1;--i)
            S.ch[i+T.length]=S.ch[i];  /*插入位置之后所有的元素后移*/
                                       /*在 pos 位置插入串 T*/
        S.ch[pos-1..pos+T.length-2]=T.ch[0..T.length-1];
```

```
        S.length+=T.length;          /*修改串的长度*/
    }
    return OK;
}
```

在这个算法中用到了动态分配函数 realloc()。此函数的形参类型为 void *realloc(void*p,unsigned size)，其功能是将 p 所指出的已分配内存区的大小改为 size。size 可比原来分配的空间大或小，其返回值指向该内存区的指针。

堆结构存储方式的串既有顺序存储结构的特点，又有动态存储结构的特点，所以使用灵活，因此在串处理的应用程序中，经常选用堆结构存储方式来存储串。

4.3 串的基本运算

本节主要介绍串的基本运算并给出其实现的算法。

4.3.1 串的抽象数据类型定义

串的抽象数据类型定义如下：

```
ADT String{
    D={a_i|a_i∈CharacterSet,i=1,2,…,n,n≥0} /*数据对象*/
    R1={<a_{i-1},a_i>|a_{i-1},a_i∈D,i=2,…,n}        /*数据关系*/
    /*基本操作*/
    StringAssign(&T,s);                    /*将串 s 的值赋给串 T*/
    StringConcation(&T,S1,S2);             /*该操作是由串 S1 连接串 S2 得到的串 T*/
    SubString(&Sub,S,pos,len);            /*将串 S 第 pos 个字符开始长度为 len 的字
                                              符序列复制到串 Sub 中*/
    StringCopy(&T,S);                      /*由串 S 复制得到串 T*/
    StringCompare(S,T);                    /*比较串 S 和 T 两个串的长度是否相等，且各
                                              对应位置上的字符是否都相等，并返回相应的值*/
    StringLength(S);                       /*返回串 S 的实际长度*/
}ADT String
```

以下通过示例对串的基本操作进行解释。

设有以下串：

```
s1='I am a student'
s2='child'
s3='student'
```

若有 StringConcation(&t,s1, 'Yes or No')，则 t='I am a student Yes or No'。

若有 S='wybbshrshchzhyg'，则 SubString(&Sub,S,8,6)= 'shchzh'。

若有 StringrCopy(t,s1)，则 t='I am a student'。

若有 StringCompare(s2,s3)，其返回值为 0（表示串不相等）。

若有 StringLength(s2)，其值为 5。

此外，串的操作还有插入子串、删除子串、子串定位和子串置换等，这里就不一一详细阐述了。

4.3.2 串的基本运算实现

下面介绍实现串的几个基本运算的算法。

1. 串赋值

实现串赋值（StringAssign(&T,s)）操作如下：

```
typedef struct
{
    char *ch;                   /*若是非空串，则按串长分配存储区，否则 ch 为 null*/
    int length;                 /*表示串的长度*/
}String
/*将串 s 的值赋给串 T*/
StringAssign(T, char *s)
{
    char c;
    if(T.ch)
        free(T.ch);             /*释放 T 的原有空间*/
    for(i=0,c=s;c;++i,++c)  /*求 s 的长度 i*/
    if(!i)
    {
        T.ch=null;
        T.length=0;
    }
    else
    {
        if(!(T.ch=(char *) malloc(i*sizeof(char))))
            exit(overflow);
        T.ch[0..i-1]=s[0..i-1];
        T.length=i;
    }
    return OK;
}
```

2. 串连接

S1、S2 和 T 都是 SString 型的串变量，该操作（StringConcation(&T,S1,S2)）是由串 S1 连接串 S2 得到串 T。这里最主要的是进行相应的"串值复制"操作，同时需按前述约定，对超长部分实施"截断"操作。将 S1 和 S2 连接成 T，可能产生如下 3 种情况：

① S1.len+S2.len≤MAXSTRLEN，得到串 T 为正确结果，如图 4-5（a）所示。

② S1.len<MAXSTRLEN, S1.len+S2.len>MAXSTRLEN，此时则需将串 S2 的一部分截断，得到的串 T 包含串 S1 和串 S2 的一部分子串，如图 4-5（b）所示。

③ S1.len =MAXSTRLEN，此时得到的结果等于 S1 的值，如图 4-5（c）所示。

(a) S1. len+S2.len≤MAXSTRLEN

(b) S1. len<MAXSTRLEN, S1. len+S2. len>MAXSTRLEN

(c) S1. len=MAXSTRLEN

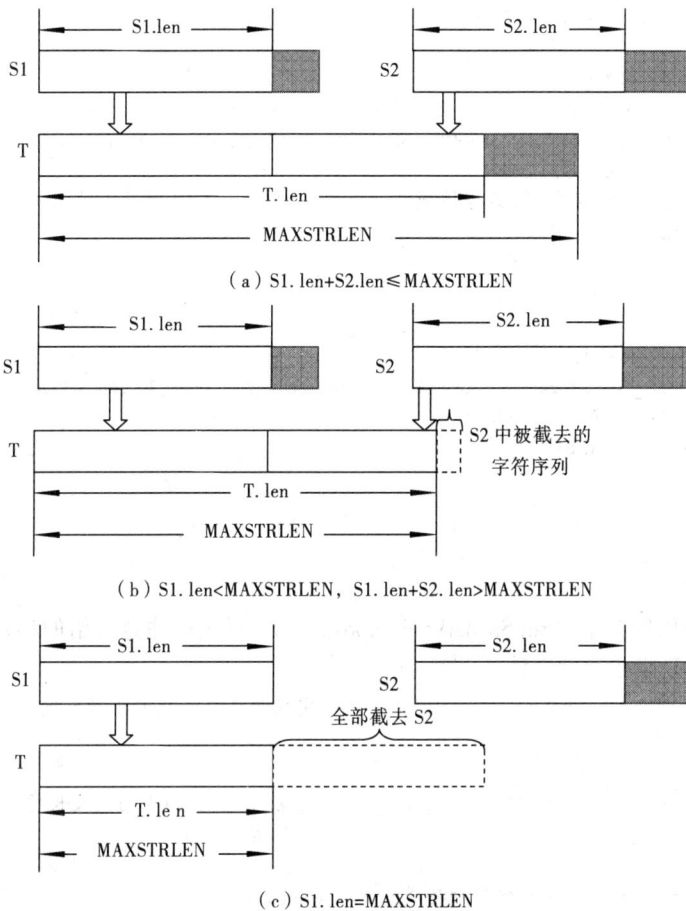

图 4-5　串的连接操作

对上面的情况分别进行处理，可得到串连接运算的算法如下：

```
#define MAXSTRLEN 256                   /*定义串允许的最大字符个数*/
struct string
{
    char ch_string[MAXSTRLEN];         /*MAXSTRLEN 为串的最大长度*/
    int len;                           /*串的实际长度*/
}SString
/*将串 S1、S2 连接起来赋予串 T*/
struct  string  Concation(SString &T,SString S1,SString S2)
{
    if(S1.len+S2.len<=MAXSTRLEN)
    {
        /*正常连接，S2 未截断*/
        T.ch_string[1..S1.len]=S1.ch_string[1..S1.len];
        T.ch_string[S1.len+1..S1.len+S2.len]=S2.ch_string[1..S2.len];
        T.len=S1.len+S2.len;
        /*uncut 标志 S2 是否被截断，uncut 值为 TRUE 时表示没有被截断*/
        uncut=TRUE;
    }
    else
```

```
        if(S1.len<MAXSTRLEN)
        {
            /*S2 被截断*/
            T.ch_string[1..S1.len]=S1.ch_string[1..S1.len];
            T.ch_string[S1.len+1..MAXSTRLEN]=S2.ch_string[1..MAXSTRLEN-S1.len];
            Tlen =MAXSTRLEN;
            /*uncut 标志 S2 是否被截断，uncut 值为 FALSE 时表示被截断*/
            uncut=FALSE;
        }
        else
        {
            /*仅取 S1*/
            T.ch_string[1..MAXSTRLEN]=S1.ch_string[1..MAXSTRLEN];
            T.len=MAXSTRLEN
            uncut=FALSE;
        }
    return uncut;
}
```

3. 求子串

求子串的算法比较简单（SubString(&Sub,S,pos,len)），只是要注意所给的参数应符合操作的初始条件，下面是实现求子串的算法。

```
#define MAXSTRLEN 256              /*定义串允许的最大字符个数*/
struct string
{
    char ch_string[MAXSTRLEN];     /*MAXSTRLEN 为串的最大长度*/
    int len;                       /*串的实际长度*/
}SString
/*用 Sub 返回串 S 的第 pos 个字符起长度为 len 的子串*/
struct string SubString(SString &Sub,SString S,int pos,int len)
/*pos 的允许范围是:1≤pos≤S.len 并且 0≤len≤S.len-pos+1*/
{
    if(pos<1||pos>S.len)||len<0||len>S.len-pos+1)
        return ERROR;
    Sub.ch_string[1..len]=S.ch_string[pos..pos+len-1];
    Sub.len=len;
    return OK;
}
```

在上述两个操作中，实际的核心操作是"字符序列的复制"，操作的时间复杂度与复制的字符序列长度相关。另外在操作中，如果串长度超过上界，则需进行截断处理，这种情况在串的插入、置换时都有可能发生。这是静态分配存储空间所不可避免的。有时不允许截断现象出现，这时可以采用动态分配串的存储空间。

4. 串复制

串复制（StringCopy(&T,S)）操作就是由串 S 复制得到串 T，实现其操作的算法如下：

```
#define MAXSTRLEN 256              /*定义串允许的最大字符个数*/
struct string
{
    char ch_string[MAXSTRLEN];     /*MAXSTRLEN 为串的最大长度*/
```

```
    int len;                        /*串的实际长度*/
}SString
/*由串 S 复制得到串 T*/
void StrCopy(SString T,SString S)
{
    int i;
    for(i=0;i<S.len;i++)
        T[i]=S.ch_string[i];        /*复制 S 中所有有效字符*/
    T[i]='\0';                      /*复制串结束符*/
    T.len=S.len;
}
```

如果串 S='ABC'，T 为串变量，则执行 StrCopy(T,S)的结果是 T 的值也为'ABC'。

5. 串比较

串比较（StringCompare(S,T)）操作就是比较串 S 和 T 两个串的长度是否相等，且各对应位置上的字符是否都相等，并返回相应的值。实现其操作的算法如下：

```
#define MAXSTRLEN 256               /*定义串允许的最大字符个数*/
struct string
{
    char ch_string[MAXSTRLEN];      /*MAXSTRLEN 为串的最大长度*/
    int len;                        /*串的实际长度*/
}SString
/*比较串 S1 和串 S2 的大小，若串 S1 和串 S2 相等，函数返回值为 1，否则返回值为 0*/
int StrCompare(SString S1,SString S2)
{
    int i;
    /*两串长度不相等，返回值为 0*/
    if(S1.len!=S2.len)
        return (0);
    else
    {
        for(i=0;i<S1.len;i++)
            if(S1.ch_string[i]!=S2.ch_string[i])
            /*第 i 个字符不相同，返回函数值为 0*/
                return(0);
        /*两串相等，返回函数值为 1*/
        return(1);
    }
}
```

6. 求串长

该操作（StringLength(S)）返回串 S 的实际长度，具体实现算法如下：

```
int StringLength(string S)
{
    int i;
    i=0;
    while(S[i]!='\0')               /*注意'\0'不计入串长*/
```

```
        i++;
    return i;                  /*i 为字符串的实际长度*/
}
```

利用这 6 种运算和以前介绍过的串的连接、求子串的运算，就可以实现串的基本运算。

4.4　模　式　匹　配

串的模式匹配是一种重要的串运算，实际上是对于子串在串中的定位。设 *s* 和 *t* 是给定的两个串，在串 *s* 中找到等于 *t* 的子串的过程称为模式匹配。其中串 *s* 称为主串，如果在串中找到等于子串 *t*，则称匹配成功，否则匹配失败。模式匹配的运算可以用一个函数来实现，这一节将详细介绍模式匹配算法。

4.4.1　BF 算法

有一种简单直观的模式匹配算法是布鲁特（Brute）-福斯（Force）算法，简称 BF 算法。 BF 算法的思想是：将 *s* 中的第一个字符与 *t* 中的第一个字符进行比较，若不同，就将 *s* 中的第二个字符与 *t* 中的第一个字符进行比较……，直到 *s* 的某一个字符和 *t* 的第一个字符相同；再将它们之后的字符进行比较，若也相同，则继续往下比较；依此类推，重复上述过程。最后，将出现下述情况：

① 在 *s* 中找到和 *t* 相同的子串，表明匹配成功。

② 将 *s* 的所有字符都检测完毕，找不到与 *t* 相同的子串，则表明匹配失败。

依据上述思想，BF 模式匹配算法描述如下：

```
#define MAXSTRLEN 256                /*定义串允许的最大字符个数*/
struct string
{
    char ch_string[MAXSTRLEN];       /* MAXSTRLEN 为串的最大长度*/
    int len;                         /*串的实际长度*/
}SString
/*在主串 s 中定位查找子串 t 的 BF 模式匹配算法*/
int BFIndex(SString s,SString t)
{
    /*i、j 为串数组的指针，分别指示主串 s 和子串 t 当前待比较的字符位置*/
    int i,j,v;
    i=0;                             /*主串指针初始化*/
    j=0;                             /*子串指针初始化*/
    while(i<s.len&&j<t.len)
    {
        if(s.ch_string[i]=t.ch_string[j])
        {/*继续匹配下一个字符*/
            i++;
            j++;
        }
        else
        {/*主串和子串指针回退重新开始下一次匹配*/
            i=i-j+1;          /*新一轮匹配开始，t0 对应 s 的开始比较位置*/
            j=0;              /*从子串的第一个字符进行新匹配*/
```

```
            }
        }
        if(j>=t.len )
            v=i-t.len;          /*v 指向匹配成功的第一个字符*/
        else
           v=-1;                /*模式匹配不成功*/
        return(v);
    }
```

为了更好地理解上述算法，以下述例子说明模式匹配的过程。设目标串 s='addada'，模式串 t='ada'。s 的长度为 n（n=6），t 的长度为 m（m=3）。用指针 i 指示目标串 s 的当前比较字符位置，用指针 j 指示模式串 t 的当前比较字符位置。其模式匹配过程如图 4-6 所示。

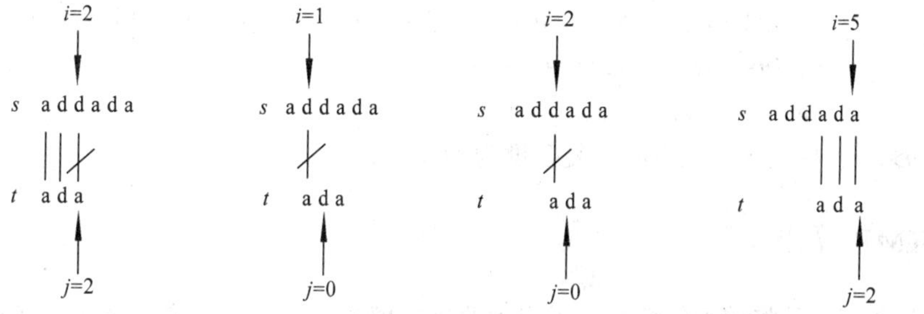

（a）第一趟匹配 s_2!= t_2 （b）第二趟匹配 s_1!= t_0 （c）第三趟匹配 s_2!= t_0 （d）第四趟匹配成功

图 4-6 模式匹配过程

分析算法和图 4-6 模式匹配过程，可以得知以下结果：

① 第 k（$k \geqslant 1$）次比较是从 s 中的第 k 个字符 s_{k-1} 开始与 t 中的第一个字符 t_0 比较。

② 设某一次匹配有 s_i!= t_j，其中 $0 \leqslant i<n$，$0 \leqslant j<m$，$i \geqslant j$，于是必有 $s_{i-1} = t_{j-1}$，…，$s_{i-j+1} = t_1$，$s_{i-j} = t_0$。即 t_0 和 s 的第 $i-j$ 个字符对应。再由①可知，新的一趟匹配 t 串右移一个位置后，使得与字符 t_0 对应的 s 的开始比较位置是 $i-j+1$，即字符 s_{i-j+1} 和模式串的第一个字符 t_0 进行比较，故新的一趟匹配开始时，i 指针应从当前值回溯到 $i-j+1$ 的位置。某一次比较状态及下一次比较位置的一般性过程如图 4-7 所示。

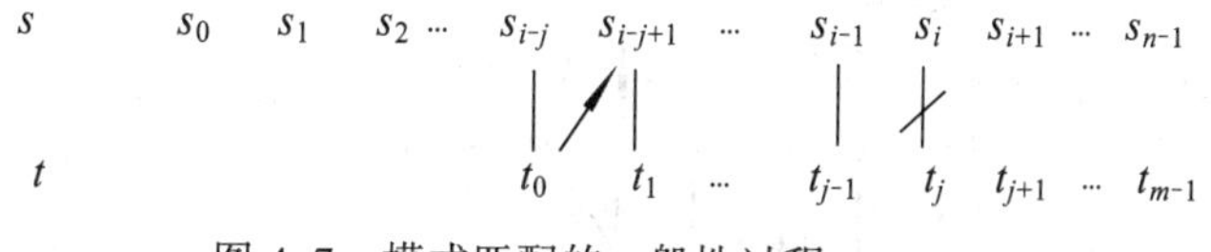

图 4-7 模式匹配的一般性过程

BF 模式匹配算法的特点是匹配过程简单，也比较容易理解。但是算法的效率不高，其原因是回溯。下面以单个字符的比较次数来分析该算法的时间复杂性。

在最好的情况下，每趟不成功的匹配都是模式串 t 的第一个字符与 s 中相应字符比较时就不相等。设从 s 的第 i 个位置开始与 t 串匹配成功的概率 p_i，则字符比较次数在前面 $i-1$ 趟匹配中共比较了 $i-1$ 次，第 i 趟成功的匹配中字符比较次数为 m，故总的比较次数是 $i-1+m$。要使匹配有可能成功，s 的开始位置只能是 1 到 $n-m+1$。再假设在这 $n-m+1$ 个开始位置上，匹配成功的概率都是相等的。因此最好情况下匹配成功的平均次数是：

$$p_1 \times (1-1+m)+ p_2 \times (2-1+m)+ p_3 \times (3-1+m)+\cdots+p_{n-m+1} \times ((n-m+1)-1+m)$$
$$=1/(n-m+1) \times ((1-1+m)+(2-1+m)+(3-1+m)+\cdots+ ((n-m+1)-1+m))$$

$$=1/(n-m+1) \times (m+(m+1)+(m+2)+(m+3)+\cdots+n)$$

$$=(n+m)/2$$

即在最好情况下，该算法的平均时间复杂度为 $O(n+m)$。

在最坏情况下，每趟不成功的匹配都是在模式串 t 的最后一个字符，它与 s 中相应的字符比较时才不相等，新的一趟匹配开始前，指针 i 要回溯到 $i-m+2$ 的位置上。

例如：s='bbbbbbbba'

　　　　t='bbba'

每次失败的匹配都要比较 4（$m=4$）次。

在最坏的情况下，第 i 趟匹配成功，前面 $i-1$ 趟不成功的匹配中，每趟比较了 m 次，第 i 趟成功时也比较了 m 次，所以共比较了 $i \times m$ 次。因此，最坏情况下的平均比较次数是：

$$p_1 \times (1 \times m) + p_2 \times (2 \times m) + p_3 \times (3 \times m) + \cdots + p_{n-m+1} \times ((n-m+1) \times m)$$

$$=m/(n-m+1) \times (1+2+\cdots+(n-m+1))$$

$$=m(n-m+2)/2$$

因为 $n \gg m$，故上述情况下时间复杂度为 $O(n \times m)$。

4.4.2　KMP 算法

本小节介绍一种将前面的算法做了很大改进的模式匹配算法，该算法是由克努特（Knuth）、莫里斯（Morris）和普拉特（Pratt）同时设计的，简称 KMP 算法。

分析 BF 算法的执行过程，可以看出，造成 BF 算法速度慢的原因是回溯，而回溯并不是必要的。例如图 4-5 中第一次回溯，当 $s_0=t_0$，$s_1=t_1$，$s_2!=t_2$ 时，BF 算法取 $i=1$，$j=0$，比较 s_1 和 t_0。因为 $t_0!=t_1$，所以一定有 $s_1!=t_0$，这样在第二次匹配时，可直接取 $i=2$，$j=0$ 去比较 s_2 和 t_0，模式匹配过程主串指针 i 就可以不必回溯。也正是希望在每次匹配后，指针 i 不回溯，由 j 退到某一个位置 k 上，使 t 中 k 前的 $k-1$ 个字符与 s 中 i 指针前的 $k-1$ 字符相等。这将减少匹配的次数（和比较的次数），从而提高算法的效率。如何得到 k 值是改进模式匹配算法的关键。

下面再来看一个例子，设 s='babcbab'，t='baba'，第一次匹配过程如图 4-8 所示。

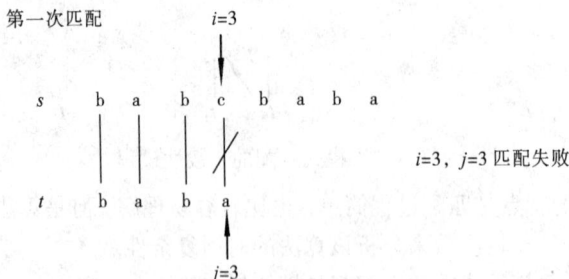

图 4-8　模式匹配示例

第一次匹配完成之后，不必从 $i=1$，$j=0$ 重新开始第二次匹配。这是因为 $t_0!=t_1$，$s_1=t_1$，必有 $s_1!=t_0$，又因为 $t_0=t_2$，$s_2=t_2$，所以 $s_2=t_0$ 必然成立，这样，第二次匹配可直接从 $i=3$，$j=1$ 开始。这种情况属于比较过的子串前边存在真子串。

通过对上面两个例子的分析可以看出，如果 s_i 和 t_j 不相等，主串 s 的指针可不必回溯，主串 s_i（或 s_{i+1}）可直接与模式串 t_k（$0 \leqslant k < j$）比较，k 的取值与主串 s 没有什么关系，只与模式串 t 本身的组成有关系，也就是说 k 的取值可以从 t 本身求出。

下面讨论一般情况。设 $s ='s_0s_1\cdots s_{n-1}'$，$t ='t_0 t_1\cdots t_{m-1}'$，当 $s_i!= t_j$（$0\leq i<n-m$，$0\leq j<m$）时，

$$'t_0 t_1\cdots t_{j-1}'='s_{i-j}s_{i-j+1}\cdots s_{i-1}'$$

成立。

如果模式串中存在可相互重叠的真子串，即满足

$$'t_0 t_1\cdots t_{k-1}'='t_{j-k}t_{j-k+1}\cdots t_{j-1}'\qquad（0<k<j）$$

则说明模式串中的子串$'t_0t_1\cdots t_{k-1}'$已和主串$'s_{i-k}s_{i-k+1}\cdots s_{i-1}'$匹配，下一次匹配可直接对 s_i 和 t_k 进行比较；如果不满足，则可知在$'t_0 t_1\cdots t_{j-1}'$中不存在任何以 t_0 为首字符子串与$'s_{i-j}s_{i-j+1}\cdots s_{i-1}'$中以 s_{i-1} 为末字符的子串匹配，下一次进行匹配时可直接对 s_i 和 t_0 进行比较。

函数 next[j]定义为

① 当存在$'t_0 t_1\cdots t_{k-1}'='t_{j-k}t_{j-k+1}\cdots t_{j-1}'$（$0<k<j$）时：

$$\text{next}[j] = \max\{k|0< k <j \text{ 且}'t_0 t_1\cdots t_{k-1}'='t_{j-k}t_{j-k+1}\cdots t_{j-1}'\}$$

② 当 $j = 0$ 时：

$$\text{next}[j] = -1$$

③ 其他情况：

$$\text{next}[j] = 0$$

如果模式串中存在真子串$'t_0 t_1\cdots t_{k-1}'='t_{j-k}t_{j-k+1}\cdots t_{j-1}'$且 $0<k<j$，则 next[j]表示当模式串 t 中第 j 个字符与主串中相应字符（也即 s_i）不相等时，模式串中需要重新和主串中的字符 s_i 进行比较的字符位置为 k，即下一次匹配开始对 s_i 和 t_k 进行比较；如果不存在这样的真子串，next[j]=0，下一次匹配开始对 s_i 和 t_0 进行比较。当 $j=0$ 时，令 next[j]=-1，此处-1为一标记，它表示下一次开始对 s_{i+1} 和 t_0 进行匹配。此匹配过程如图 4-9 所示。

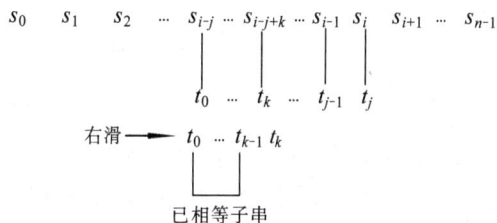

图 4-9　模式串的右滑

上述过程称为模式串的右滑。如果模式串右滑后，仍然有 $s_i!=t_k$，可对这个模式串继续进行右滑，直到 next[j] = -1 时，模式串就不能再右滑了，下一次匹配开始对 s_{i+1} 和 t_0 进行比较。

KMP 算法的基本思想是：设 s 为目标串，t 为模式串，设 i 指针和 j 指针分别指示目标串和模式串中正待比较的字符，开始时，令 $i = 0$，$j = 0$。如果 $s_i= t_j$，则使 i 和 j 的值分别增加1；反之，i 不变，j 的值退回到 $j=$next[j]的位置（即模式串右滑），再对 s_i 和 t_j 进行比较。依次类推，直到出现下列两种情况之一：

① j 值退回到某个 $j=$next[j]时，有 $s_i= t_j$，则指针的值各增加 1 后，再继续匹配。

② j 值退回到 $j=-1$，此时令指针的值各增加 1，也即下一次对 s_{i+1} 和 t_0 进行比较。

KMP 算法描述如下：

```
#define MAXSTRLEN 256          /*定义串允许的最大字符个数*/
struct string
{
    char ch_string[MAXSTRLEN];  /*MAXSTRLEN 为串的最大长度*/
```

```
    int len;                        /*串的实际长度*/
}SString

/*数组 Next 为全局变量*/
int Next[MAXSTRLEN]
/*在主串 s 中定位查找子串 t 的 KMP 算法*/
int KMPIndex(SString s,SString t)
{
    int i,j,v ;
    i=0;                            /*主串指针初始化*/
    j=0;                            /*子串指针初始化*/
    while(i<s.len&&j<t.len)
    {
        /*主串和子串的指针值各增加 1*/
        if(j==-1||s.ch_string[i]==t.ch_string[j]
        {
            i++;
            j++;
        }
        /*主串指针 i 不回退, 子串指针 j 回退至 Next[j]*/
        else
            j=Next[j];
    }
    if(j>=t.len)
        v=i-t.len;                  /*v 指向匹配成功的第一个字符*/
    else
        v=-1;                       /*模式匹配不成功*/
    return(v);
}
```

由函数 next[j]的定义可知，求模式串的 next[j]值只和模式串本身有关，而与主串无关。下面推导求模式串 t ='t_0 t_1 $\cdots t_{m-1}$'的 next[j]值的递推方法，然后给出根据该递推方法求 next[j]值的算法。

当 $j=0$ 时，根据 next[j]的定义可以得知，next[j]=-1。

设存在 next[j]=k，即在模式串 t 中存在'$t_0t_1\cdots t_{k-1}$'='$t_{j-k}t_{j-k+1}\cdots t_{j-1}$'（$0<k<j$），$k$ 是满足't_0 $t_1\cdots t_{k-1}$'='t_{j-k} $t_{j-k+1}\cdots t_{j-1}$'等式的最大值。

求 next[j+1] 的值分以下两种情况：

① 如果 $t_k=t_j$，即在模式串 t 中

$$'t_0\ t_1\cdots t_{k-1}\ t_k'='t_{j-k}\ t_{j-k+1}\cdots t_{j-1}\ t_j'$$

存在，且不可能存在某个 $k'>k$ 也满足上式，即有下面的式子

$$next[\,j+1] =next[\,j]+1=k+1$$

成立。

② 如果 $t_k!=t_j$，此时可以把求 next[j+1]值的问题看成为图 4-10 所示的模式匹配问题，即将模式串向右滑动至 k' =next[k]($0< k' <k<j$)，如果 $t_{k'}=t_j$，则说明在主串 t 中第 j+1 个字符之前存在一个长度为 k' 的子串满足

$$'t_0t_1\cdots t_{k'}'='t_{j-k'}t_{j-k'+1}\cdots t_j'\ (\,0< k' <k<j\,)$$

也即下面式子

$$\text{next}\,[j+1]=k'+1=\text{next}[k]+1$$

成立。

此时，如果仍有 $t_{k'}!=t_j$，那么将模式串 t' 继续向右滑到 $k'=\text{next}[k']$。依次类推，直到某次匹配成功或匹配失败。设第 k^l 次右滑匹配失败，则有 $\text{next}[k^{l-1}]=-1$，所以有下面式子

$$\text{next}\,[j+1]=\text{next}[k^{l-1}]+1=-1+1=0$$

成立。

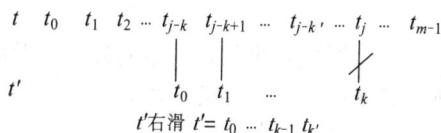

图 4-10　求 next[$j+1$]的模式匹配

【例】求 t='aaab'的 next[j]值。求解过程如下：

当 $j=0$ 时，next[0] $=-1$；

当 $j=1$ 时，next[1] $=0$；

当 $j=2$ 时，有 $t_0=t_1$ ='a'，所以有 next[2] $=1$；

当 $j=3$ 时，有 $t_0 t_1 = t_1 t_2$ ='aa'，所以有 next[3] $=2$。

根据上述分析，可写出求 next[j]的算法如下：

```
#define MAXSTRLEN 256          /*定义串允许的最大字符个数*/
struct string
{
    char ch_string[MAXSTRLEN];  /*MAXSTRLEN 为串的最大长度*/
    int len;                    /*串的实际长度*/
}SString
/*数组 next 为全局变量*/
int next[MAXSTRLEN]
/*求模式串 t 的 next 值。所求值存于全局变量 Next 数组中*/
void GetNext(SString t)
{
    int j,k;
    /*指针初始化*/
    k=-1 ;
    j=0 ;
    next[0]=-1 ;
    while(j<t.len-1)
    {
        if(k==-1||t.ch_string[j]==t.ch_string[k])
        {
            j++;
            k++;
            next[j]=k;
        }
        else
            k=next[k];
    }
}
```

4.5　串的应用

字符串处理在文本编辑、信息检索、自然语言等领域中得到应用。这里介绍在文本编辑器中，字符串的应用方法。

文本编辑器是一个面向用户的系统服务程序，主要用于源程序的输入与修改、文字书稿的排版、公文书信的起草等，主要是修改字符的格式和形式。其基本操作包括串的输入、查找、插入、删除和输出等。

文本编辑器设计的基本思想是：利用换页符将文本划分为若干页，每页含有若干行。将文本定义为字符文本串，页时文本串的子串，行是页的子串。

例如下述源程序：

```
main()
{
    char ch='A';
    putchar(ch);
}
```

存入内存后，如表 4-1 所示。

表 4-1　文本格式存储

m	a	i	n	(	)	⌐	{	⌐		c	h	a	r	c	h
=	'	A	'	;	⌐			p	u	t	c	h	a	r	(	c	h
)	;	⌐	}	;	⌐										

在文本编辑时，首先编辑器为文本串建立页表和行表，页表的每一项给出了页号和该页的起始行号，行表的每一项表明每一行的行号、起始地址和该行子串的长度。设表 4-1 所示的文本串仅占一页，起始行号为 200，则该文本串的行表如表 4-2 所示。

表 4-2　文本串的行表

行　号	起　始　地　址	长　度
200	301	7
201	308	2
202	310	15
203	325	15
204	340	3

在文本编辑器中，需要设置页指针、行指针和字符指针，分别指明当前操作页、当前操作行和当前操作字符。如果插入或删除字符，则需要修改行表中该行的长度，若修改后的行长度超出了分配给它的存储空间，则需要为其重新分配存储空间，同时需要修改该行的后继行的起始地址。如果需要插入或删除一行，就要对行表进行插入或删除操作。若被删除行是所在页的起始行，则还需要修改页表中相应页的起始行号。为了提高查找效率，行表按行号的递增顺序存储，使得对表插入或删除需要移动操作位置以后的全部表项。页表的维护与行表类似，但由于访问以页表和行表为索引，所以在进行行和页的删除操作时，可以仅对行表和页表进行修改，不用删除操作所涉及的字符。

串具有静态存储结构和动态存储结构，早期的文本编辑器采用静态存储结构，但目前的文本编辑器多采用链式存储结构。当文本串使用链式存储结构时，可不预先限制可以输入的最大文本行数、每行可输入的最大字符数。

小　结

串是一种特殊的线性表，它的结点的值域仅有一个字符。串的应用非常广泛，凡是涉及字符处理的领域都要使用串及其相关操作。很多高级语言都封装了较强的串处理函数。

本章主要介绍了串的有关概念、存储结构以及串的基本运算和实现。堆结构存储方式的串既有顺序存储结构的特点，又有动态存储的特点，所以使用起来更灵活，因此在串处理的应用程序中，经常选用这种方式来存储串。读者应着重掌握堆结构存储方式以及串的几种基本运算。

习　题

1. 判断题（判断下列各题是否正确，若正确在（ ）内打"√"，否则打"×"）：

（1）如果两个串含有相同的字符，则说明它们相等。　　　　　　　　　　　　（　　）

（2）如果一个串中的所有字符均在另一个串中出现，则说明前者是后者的子串。（　　）

（3）串的模式匹配 BF 算法的时间复杂度在最坏情况下为 $O(n \times m)$，因此此算法没有实际使用价值。　　　　　　　　　　　　　　　　　　　　　　　　　　　　　　　　　　　（　　）

（4）设有两个串 p 和 q，其中 q 是 p 的子串，把 q 在 p 中首次出现的位置作为子串 q 在 p 中的位置的算法称为匹配。　　　　　　　　　　　　　　　　　　　　　　　　　　　　（　　）

（5）KMP 算法的最大特点是指示主串的指针不需回溯。　　　　　　　　　　　（　　）

2. 选择题：

（1）串是（　　　　）。

    A. 少于一个字母的序列　　　　　　　　　　B. 任意个字母的序列

    C. 不少于一个字符的序列　　　　　　　　　D. 有限个字符的序列

（2）设字符串 s1='ABCDEFG'，s2='PQRST'，T、sub1、sub2 为空串，则运算 s=Concation(T, SubString(sub1,s1,2,SubLength(s2)),SubString(sub2,s1,SubLength(s2),2))后的串 T 的值为（　　　　）。

    A. 'BCDEF'　　　　　　　B. 'BCDEFG'　　　　　　C. 'BCPQRST'

    D. 'BCDEFEF'　　　　　　E. 'BCQR'

（3）串的长度是（　　　　）。

    A. 串中不同字母的个数　　　　　　　　　　B. 串中不同字符的个数

    C. 串中所含字符的个数，且大于 0　　　　　D. 串中所含字符的个数

（4）若某串的长度小于一个常数，则采用（　　　　）存储方式最为节省空间。

    A. 链式　　　　　　　　B. 堆结构　　　　　　　C. 顺序

（5）设有两个串 p 和 q，求 q 在 p 中首次出现的位置的运算是（　　　　）。

    A. 连接　　　　　　　　B. 模式匹配　　　　　　C. 求子串　　　　　　D. 求串长

（6）串的连接运算不满足（　　　　）。

    A. 分配律　　　　　　　B. 交换律　　　　　　　C. 结合律

3. 空白串与空串有何区别？字符串中的空白符号有何意义？

4. 如果串采用块链接表示，写出删除一个子串的算法。

5. 比较串的 3 种存储方式的优点和缺点。

6. 已知：s ='xyz*'，t ='(x+y)*z'。利用连接、求子串和置换等基本运算，将 s 转换为 t。

7. 分别写出算法 insert(a,i,b)和算法 delete(a,b)。其中，insert(a,i,b)将串 b 插入在串 a 中位置 i 之后，delete(a,b) 将串 a 中的子串 b 删除。

拓展实验：设计简单的文本编辑器

实验目的：通过本实验可以理解数据结构在程序设计中的作用，掌握字符串的应用方法。

实验内容：设计并实现文本编辑器，文本编辑器具有：对字符串的输入、输出、插入、删除、查找和置换的功能。

实验要求：

1. 设计算法与数据结构；

2. 用 C 语言程序实现；

3. 讨论程序的执行结果。

第 5 章　数组

本章知识结构图

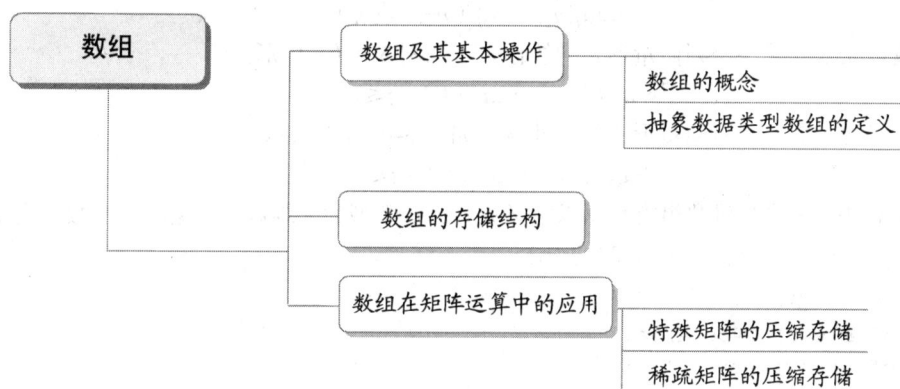

数组

数组及其基本操作
　　数组的概念
　　抽象数据类型数组的定义

数组的存储结构

数组在矩阵运算中的应用
　　特殊矩阵的压缩存储
　　稀疏矩阵的压缩存储

学习目标

- 了解数组及其基本操作；
- 掌握数组的存储结构；
- 理解数组在矩阵运算中的应用。

　　前面介绍的线性数据结构都属于非结构的原子类型，原子类型中的元素的值不可再分解。本章介绍的数组可以看做线性表在下述含义上的扩展，即线性表中的数据元素本身也是一个数据结构。数组是线性表的推广。矩阵问题是科学计算中常遇到的问题，矩阵在程序设计中采用数组结构存储，一些特殊矩阵采用特殊方法存储。

5.1　数组及其基本操作

　　数组的逻辑结构是一种线性结构，确切地说，数组是一个定长的线性表。

5.1.1　数组的概念

1．数组的定义

数组是由一组相同类型的数据元素构成的有限序列，且存储在地址连续的内存单元中。数据元素可以是整数、实数等简单类型，也可以是数组等构造类型。数据元素在数组中的相对位置由其下标来确定。若数组只有一个下标，这样的数组称为一维数组，如果把数据元素的下标顺序作为线性表中的序号，则一维数组就是一个线性表。当数组的每一个数组元素都含有两个下标时，该数组称为二维数组。例如，$m \times n$ 阶矩阵就是一个二维数组。

可以把一个二维数组看做每个数据元素都是相同类型的一维数组的一维数组，这样，也可以把二维数组看做一个线性表。依次类推，一个三维数组可以看做一个每个数据元素都是相同类型的二维数组的一维数组。

基于上述角度，可以定义 n 维数组，即将二维数组看做这样一个定长线性表：它的每个数据元素也是一个线性表。例如，图 5-1（a）所示为一个二维数组，以 m 行 n 列的矩阵表示，它可以看做一个线性表：

$$A=(a_1,a_2,\cdots,a_p)\ (p=m\ \text{或}\ n)$$

其中每个数据元素 a_j 是一个列向量形式的线性表，如图 5-1（b）所示。

$$a_j=(a_{1j},a_{2j},\cdots,a_{mj})\ (1\leqslant j\leqslant n)$$

或者，也可以说 a_i 是一个行向量形式的线性表，如图 5-1（c）所示。

$$a_i=(a_{i1},a_{i2},\cdots,a_{in})\ (1\leqslant i\leqslant m)$$

在 C 语言中，一个二维数组类型可以定义为其分量类型为一维数组类型的一维数组类型，即

```
typedef ElementType Array2[m][n];
```

等价于

```
typedef ElementType Array1[n];
typedef Array1 Array2[m];
```

同理，一个 n 维数组类型可以定义其数据元素为 n-1 维数组类型的一维数组类型。

$$A_{m\times n}=\begin{pmatrix} a_{11} & a_{12} & \cdots & a_{1n} \\ a_{21} & a_{22} & \cdots & a_{2n} \\ \cdots & \cdots & \cdots & \cdots \\ a_{m1} & a_{m2} & & a_{mn} \end{pmatrix}$$

（a）矩阵形式表示

$$A_{m\times n}=\left(\begin{pmatrix} a_{11} \\ a_{21} \\ \vdots \\ a_{m1} \end{pmatrix}\begin{pmatrix} a_{12} \\ a_{22} \\ \vdots \\ a_{m2} \end{pmatrix}\cdots\begin{pmatrix} a_{1n} \\ a_{2n} \\ \vdots \\ a_{mn} \end{pmatrix}\right)$$

（b）列向量的一维数组

$$A_{m\times n}=[[a_{11}\ a_{12}\ \cdots\ a_{1n}],[a_{21}\ a_{22}\ \cdots\ a_{2n}],\cdots,[a_{m1}\ a_{m2}\ \cdots\ a_{mn}]]$$

（c）行向量的一维数组

2．数组的主要性质

归纳上述内容，可得出数组的下述主要性质：

① 数组中的数据元素数目固定。一旦定义了一个数组，它的维数和维界就不能再改变，只能对数组进行存取元素和修改元素值的操作。

② 数组中的数据元素具有相同的数据类型。

③ 数组中的每个数据元素都同一组唯一的下标值对应。

④ 数组是一种随机存储结构，可根据元素下标随机存取数组中的任意数据元素。

3．数组的基本操作

每个数组必须具备以下两种基本操作：

（1）随机存储

随机存储是指给定一组下标，可将一个数据元素存到该组下标对应的内存单元中。例如，数组 a 定义如下：

`int a[3][2];`

若给定一组下标(1,1)，将数据元素 10 存到 a 数组相应下标的内存单元中的操作为：

`a[1][1]=10;`

（2）随机读取

随机读取是指从给定的一组下标所对应的内存单元中读取出一个数据元素。例如，变量 c 和数组 a 定义如下：

`int c,a[3][3];`

现在，要从给定的 a 数组的一组下标(2,1)所对应的内存单元中取出数据元素赋给变量 c 的操作为：

`c=a[2][1];`

另外，有些高级程序设计语言还支持数组的如下操作：

① 数组列表。数组列表是指列出数组中的每个数据元素。

② 矩阵运算。矩阵运算一般包括矩阵加、矩阵减、矩阵乘和矩阵求逆等运算。

5.1.2　抽象数据类型数组的定义

数组不做插入和删除操作，当数组建立之后，数组元素的个数和元素之间的关系就不再发生变化。因此，对数组一般只有取数组元素值和修改数组元素值两个操作。

数组的抽象数据类型定义如下：

```
ADT Array{
    /*数据对象*/
    j_i=0,…,b_i-1,i=1,2,…,n,
    D={a_{j1j2…jn} | n(>0) 称为数组的维数,b_i 是数组第 i 维的长度,j_i 是数组元素的第 i 维下
标,a_{j1j2…jn}∈ElementSet}
    /*数据关系*/
    R={R_1,R_2,…,R_n}
    R_i={<a_{j1…ji…jn},a_{j1…ji+1…jn}> | 0≤j_k≤b_k-1,1≤k≤n,且k≠i,0≤j_i≤b_i-2,A_{j1…ji…jn},
a_{j1…ji+1…jn}∈D,i=2,…,n}
    /*基本操作: 数组没有加工类型的操作, 仅可以改变数组元素的值, 但不改变数组的结构*/
    InitArray(&A,n,c_1,…,c_n); /*构造 n 维数组 A, 并返回 OK*/
    DestoryArray(&A);          /*销毁数组 A*/
    Value(A,&e,c_1,…,c_n);/*如果 A 是 n 维数组, B 是数组元素变量, c_1,…,c_n 为 n 个下标值*/
    /*操作结果: 如果各个下标不超界, 那么将数组 A 的指定数组元素值赋予 E*/
    Assign(&A,e,c_1,…,c_n);/*如果 A 是 n 维数组, e 是数组元素变量, c1,…,cn 为 n 个下标值*/
    /*操作结果: 如果各个下标不超界, 那么 e 赋值为所指定的 A 的数组元素值*/
}ADT Array
```

在上面定义中，以&开头的参数为引用参数。

5.2 数组的存储结构

数组具有有序性，即数组中的每个元素是有序的，并且元素之间的次序不能改变。因此在计算机内存中必须使用一片连续的存储单元来表示数组，称为数组的顺序分配，将这种存储方式称为数组的顺序存储结构。若用一维数组来表示多维数组，则需要使用向量作为数组的存储结构。

数组的顺序存储结构是将数组元素顺序地存放在一片连续的存储单元中。在数组的顺序存储结构中，数组元素的存取是随机的。也就是说，存取数组中任意一个元素的时间是相等的，只要给出某个元素的地址，便可访问该元素。下面介绍如何确定数组中元素的地址。

由于存储单元是一维的结构，而数组可以是一维的也可以是多维的结构，则用一组连续存储单元存放数组的数据元素就有个次序规定问题。例如，图 5-1（a）所示的二维数组可以看成图 5-1（c）所示的一维数组，也可看成图 5-1（b）所示的一维数组。所以二维数组可有两种存储方式：一种是以列序为主序的存储方式，如图 5-2（a）所示；另一种是以行序为主序的存储方式，如图 5-2（b）所示。在 C 语言中，使用的都是以行序为主序的存储结构方式。

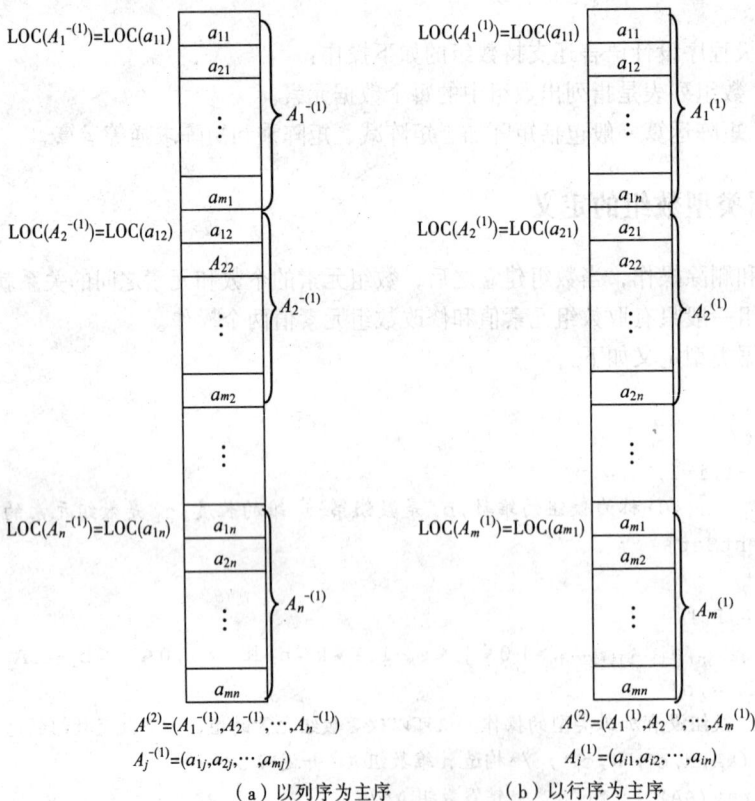

（a）以列序为主序　　　（b）以行序为主序

图 5-2 二维数组的两种存储方式

对于数组，一旦规定了维数和各维的长度，便可为它分配存储空间。反之，只要给出一组下标便可求得相应数组元素的存储位置。下面以行序为主序的存储结构为例说明如何求得相应数组元素的存储位置。

假定每个数据元素占 L 个存储单元，则二维数组 A 中任意元素 a_{ij} 的存储位置可用下式确定：

$$LOC[i,j]=LOC[0,0]+(b_2\times i+j)\times L$$

式中，$LOC[i,j]$ 是 a_{ij} 的存储位置；$LOC[0,0]$ 是 a_{00} 的存储位置，即二维数组 A 的起始存储位置，也称为基址。

与二维数组类似，三维数组 $a[t_1][t_2][t_3]$ 可以看成是 t_1 个 $t_2\times t_3$ 的二维数组，给定数组的第一个元素的起始地址及每个元素所占的存储单元数，就可推出任意元素的存储地址。将上式推广到一般情况，就可得到 n 维数组的数据元素存储位置的计算公式：

$$LOC[j_1,j_2,\cdots,j_n]=LOC[0,0,\cdots,0]+(b_2\times\cdots\times b_n\times j_1+b_3\times\cdots\times b_n\times j_2+\cdots+b_n\times j_{n-1}+j_n)\times L$$

$$=LOC[0,0,\cdots,0]+(\sum_{i=1}^{n-1}j_i\prod_{k=i+1}^{n}b_k+j_n)\times L$$

上式又称为 n 维数组的映像函数。从中可看出，数组元素的存储位置是其下标的线性函数。

数组的顺序存储算法如下：

```
#define MAX ARRAY DIM 10        /*假设数组维数的最大值为10*/
typedef struct
{
    ElementType *base;          /*数组元素初始地址，由初始化操作实现*/
    int dim;                    /*数组的维数*/
    int *bounds;                /*数组各维的长度，也由初始化操作实现*/
    int *const;                 /*数组的映像函数常量的初始地址，由初始化操作实现*/
}ARRAY;
```

实现数组的初始化算法如下：

```
#define MAXDIM 10               /*假设数组维数的最大值为10*/
typedef struct
{
    ElementType *base;          /*数组元素初始地址，由初始化操作实现*/
    int dim;                    /*数组的维数*/
    int *bounds;                /*数组各维的长度，也由初始化操作实现*/
    int *const;                 /*数组的映像函数常量的初始地址，由初始化操作实现*/
}Array;
/*初始化数组A*/
InitArray(Array &A,int Adim)
/*如果维数Adim和数组各维的长度bounds合法，则构造相应的数组A，并返回OK值*/
/*如果维数Adim不合法，返回值为error */
{
    if(Adim<1||Adim> MAXDIM)
        return  ERROR;
    A.dim=Adim;
    A.bounds=(int*)malloc(Adim*sizeof(int));
    if(!A.bounds)
        exit(overflow);
    /*如果各维长度合法，则存入A.bounds，并求出A的元素总数totalnum*/
    totalnum=1;
    va_start(ap, Adim);         /*ap为存放变长参数表信息的数组，其类型为va_list*/
    for(i=0;i<Adim;i++)
    {
```

```
        A.bounds[i]=va_arg(ap,int);
        if(A.bounds[i]<0)
            return(underflow);
        totalnum = A.bounds[i];
    }
    va_end(ap);
    A.base=(ElemType*)malloc(dim*sizeof(ElemType));
    if(!A.base)
        exit(overflow);
    A.const=(int*)malloc(dim*sizeof(int));
    if(!A.const)
        exit(overflow);
    A.const[Adim-1]=1;          /*指针的增减以元素的大小为单位*/
    for(i=Adim-2;i>=0,i--)
        A.const[i]=A.bounds[i+1]*A.const[i+1];
    return OK;
}
```

【例】现有 200 名考生，每人参加 5 门课程考试，写出任意考生的总分数和任意门课程总分数的算法。

分析：把考生的考试成绩用一个 $m \times n$ 的二维数组来存储，则第 i 行（$0 \leqslant i < m$）第 j 列（$0 \leqslant j < n$）中存放的是第 i 个考生的第 j 门课程的考试成绩。

解：

数据结构如下：

```
#define M 200            /*考生的人数*/
#define N 5              /*每个考生参加考试的课程门数*/
int Ascore[M][N];        /*存放考生成绩的二维数组*/
```

实现其功能的算法如下：

```
/*求第 i 名考生的总分数*/
int StuScore(int Ascore[],int i)
{
    int j,StuSum;
    StuSum=0;               /*赋初值*/
    for(j=0;j<N;j++)
        StuSum=StuSum+Ascore[i×N+j];      /*求第 i 名考生的总分*/
    return(StuSum);
}
/*求 j 门课程总分数*/
int CourseTotal(int Ascore[],int j)
{
    int i,CourseSum;
    CourseSum=0;            /*赋初值*/
    for(i=0;i<M;i++)
        CourseSum=CourseSum+Ascore[i×N+j];    /*求 j 门课程的总分*/
    return(CourseSum);
}
```

5.3　数组在矩阵运算中的应用

矩阵运算在科学和工程计算领域有着非常广泛的应用，尤其在数字信号处理、模式识别、数据压缩等领域。而在数据结构中，重点研究的是在计算机内如何表示和使用矩阵，以及如何对矩阵进行高效运算。实际软件开发中，通常使用二维数组作为矩阵的存储结构。实际情况中，矩阵中的元素值有一些规律可循，在对其进行数值分析后可以发现其中有很多值相同。针对这种情况，为了节约存储空间，通常对这类矩阵按照一定的方式进行压缩存储。

① 特殊矩阵：其数据元素的值表现出多处相同或多数元素值为零，并且这些特殊数据元素在矩阵中的分布存在一定规律，则称这样的矩阵为特殊矩阵。

② 稀疏矩阵：一个矩阵中的非零元素远远少于零元素的矩阵。

③ 压缩存储：指为多个值相同的元素只分配一个存储空间，而对零元素不分配存储空间。压缩存储必须能够体现矩阵的逻辑结构。

下面介绍几种特殊矩阵和稀疏矩阵的压缩存储结构。

5.3.1　特殊矩阵的压缩存储

1．对称矩阵的压缩存储

当一个 n 阶矩阵 A 中的元素满足下述关系

$$a_{ij}=a_{ji}\ (1 \leqslant i,\ j \leqslant n)$$

时，称之为对称矩阵。图 5-3 所示的是一个 4 阶对称矩阵。

根据对称矩阵的特点，可以将矩阵中存在的每一对对称元素分配一个存储空间，这样就只需要 $n(n+1)/2$ 个元素存储空间就可以将 n^2 个元素保存起来。在表示对称矩阵时，只需要以行序为主序存储其下三角（包括对角线）中的元素。

$$\begin{pmatrix} 1 & 2 & 3 & 4 \\ 2 & 1 & 4 & 3 \\ 3 & 4 & 1 & 4 \\ 4 & 3 & 4 & 1 \end{pmatrix}$$

图 5-3　4 阶对称矩阵

假设以一维数组 array [$n(n+1)/2$] 作为 n 阶对称矩阵 A 的存储结构，则 array[k] 和矩阵中的元素 a_{ij} 之间存在着下述一一对应的关系：

$$k=\begin{cases} \dfrac{i(i-1)}{2}+j-1 & \text{当 } i \geqslant j \text{ 时} \\[3mm] \dfrac{j(j-1)}{2}+i-1 & \text{当 } i < j \text{ 时} \end{cases}$$

对于任意给定的一组下标 (i,j)，可在 array 中找到矩阵元素 a_{ij}；反之，对所有的 $k=0,1,2,\cdots,n(n+1)/2-1$，都可以确定 array[$k$] 中的元素在矩阵中的位置 (i,j)。由此，可以称 array[$n(n+1)/2$] 为 n 阶对称矩阵 A 的压缩存储，如图 5-4 所示。

a_{11}	a_{21}	a_{22}	a_{31}	$\cdots$	a_{n0}	$\cdots$	a_{nn}
$k=0$	1	2	3		$\dfrac{n(n-1)}{2}$		$\dfrac{n(n+1)}{2}-1$

图 5-4　对称矩阵的压缩存储

2．三角矩阵的压缩存储

（1）下三角矩阵

在一个 n 阶矩阵中，矩阵中的元素 a 满足当 $i<j$ 时，$a_{ij}=0$，这个矩阵则被称为下三角矩阵。如图 5-5（a）所示，下三角矩阵中的右上方元素均为零元素。

（2）上三角矩阵

在一个 n 阶矩阵中，矩阵中的元素 a 满足当 $i>j$ 时，$a_{ij}=0$，这个矩阵则被称为上三角矩阵。如图 5-5（b）所示。上三角矩阵中，它的主对角线的左下方元素均为零元素。

在上三角矩阵中，按行优先顺序存放上三角矩阵中的元素 a_{ij} 时，a_{ij} 元素前有 i 行（从第 0 行到第 $i-1$ 行），共有 $(n-0)+(n-1)+(n-2)+\cdots+(n-i)=i\times(2n-i+1)/2$ 个元素；在第 i 行上，a_{ij} 之前有 $j-i$ 个元素（即 $a_{ij},a_{i(j+1)},\cdots,a_{i(j-1)}$），因此有 $\text{array}[i\times(2n-i+1)/2+j-i]=a_{ij}$。

地址 k 的计算公式为

$$k=\begin{cases} i\times(2n-i+1)/2+j-i & \text{当}i\leqslant j\text{时} \\ n\times(n+1)/2 & \text{当}i>j\text{时} \end{cases}$$

在三角矩阵中，零元素占据了整个矩阵的 1/2，为节省存储空间，它的存储除了和对称矩阵一样，只存储其下（上）三角中的元素之外，还需要再加一个存储常数 c 的存储空间。

三角矩阵中 a_{ij} 和 $\text{array}[k]$ 之间的对应关系为

$$k=\begin{cases} i\times(i+1)/2+j & \text{当}i\leqslant j\text{时} \\ n\times(n+1)/2 & \text{当}i<j\text{时} \end{cases}$$

3．对角矩阵的压缩存储

对角矩阵所有的非零元素均集中在以对角线为中心的带状区域中的 n 阶方阵，即除了主对角线上和直接在对角线上、下若干条对角线上的元素之外，所有其他元素皆为零，如图 5-6 所示。可按某个原则（或以行为主，或以对角线的顺序）将对角矩阵压缩到一维数组中。

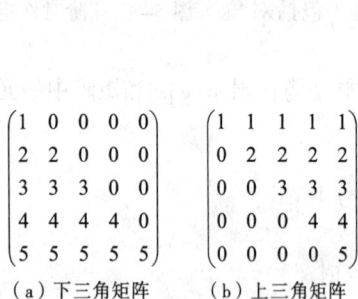

（a）下三角矩阵　（b）上三角矩阵　　　　（a）对角矩阵示意　　　（b）三对角对角矩阵

图 5-5　三角矩阵　　　　　　　　　图 5-6　对角矩阵

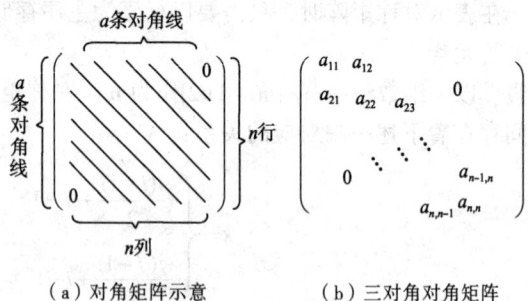

总而言之，对特殊矩阵如对称矩阵、三角矩阵、对角矩阵等的压缩方法是：找出这些特殊矩阵中元素的分布规律，把有分布规律的、相同值的元素（包括零元素）压缩存储到一个存储空间。这样的压缩存储只需按公式映射，即可实现矩阵元素的随机存取。

5.3.2　稀疏矩阵的压缩存储

判断一个矩阵为稀疏矩阵的方法是：阶数较大的矩阵中的非零元素个数远小于矩阵元素的总个数时，就可以称之为稀疏矩阵。图 5-7 所示的 M 矩阵就为稀疏矩阵，因为 M 具有 36 个元素，只有 7 个非零元素。如果用二维数组表示稀疏矩阵，将造成存储空间的浪费，为此，需要寻找规律，对其进行压缩存储。

矩阵中的每一个元素的位置都可以用它的行标和列标来表示。按照压缩存储的概念，只需存储稀疏矩阵的非零元素。因此，除了存储非零元素的值之外，还必须记下它所在的行和列的位置 (i, j)。这样，一个三元组 (i, j, a_{ij}) 唯一确定了矩阵 A 的一个非零元素。因此，稀疏矩阵可由表示非零元素的三元组及其行列数唯一确定。例如，下列三元组表

$$M_{6\times 6}=\begin{pmatrix} 9 & 0 & 9 & 0 & 0 & 0 \\ 0 & 0 & 0 & 0 & 6 & 0 \\ -8 & 0 & 0 & 0 & 0 & 0 \\ 0 & 0 & 44 & 0 & 0 & 0 \\ 0 & 33 & 0 & 0 & 0 & 0 \\ 22 & 0 & 0 & 0 & 0 & 0 \end{pmatrix}$$

　　$((1,1,9), (1,3,9), (2,5,6), (3,1,-8), (4,3,44), (5,2,33), (6,1,22))$

加上 6×6 行列值便可作为图 5-7 所示矩阵 M 的另一种描述。而由上述三元组表的不同表示方法可引出稀疏矩阵不同的压缩存储方法。

图 5-7　稀疏矩阵 M

1．三元组顺序表

对于任何一个稀疏矩阵，若把它的每个非零元素表示为三元组，并按行号的递增顺序（同一行按列的递增顺序）排列，就构成一个稀疏矩阵的三元组顺序表。

三元组顺序表的存储结构定义如下：

```
#define MAXSIZE 256          /*矩阵中非零元素个数的最大值*/
typedef struct
{
    int i;                   /*矩阵元素中非零元素的行下标*/
    int j;                   /*矩阵元素中非零元素的列下标*/
    ElementType e;           /*矩阵元素的值*/
}Triple;                     /*三元组的定义*/
typedef struct
{
    int mu;                  /*矩阵的行数*/
    int nu;                  /*矩阵的列数*/
    int tu;                  /*矩阵的非零元素个数*/
    Triple data[MAXSIZE+1];  /*data为非零元素三元组表，data[0]没有用*/
}Tabletype;                  /*三元组顺序表的定义*/
```

data 域中表示的非零元素三元组若是以行序为主序顺序排列的，则是一种下标按行列有序的存储结构。从下面的介绍中容易得出这种存储结构可简化大多数矩阵的运算算法。矩阵的运算包括矩阵转置、矩阵相加、矩阵相减、矩阵相乘、矩阵求逆等。在这里，仅介绍在行列有序的存储结构下实现矩阵运算中的矩阵转置运算和矩阵相乘运算的方法。

（1）矩阵转置

矩阵转置是一种最简单的矩阵运算。对于一个 $m\times n$ 的矩阵 M，它的转置矩阵 N 是一个 $n\times m$ 的矩阵，且 $N(i, j)=M(j, i)$，$1\leqslant i\leqslant n$，$1\leqslant j\leqslant m$。例如，图 5-8 所示的矩阵 M 和 N 互为转置矩阵。

$$M_{6\times 6}=\begin{pmatrix} 8 & 0 & 9 & 0 & 0 & 0 \\ 0 & 0 & 0 & 0 & 6 & 0 \\ -3 & 0 & 0 & 0 & 0 & 0 \\ 0 & 0 & 24 & 0 & 0 & 0 \\ 0 & 28 & 0 & 0 & 0 & 0 \\ 22 & 0 & 0 & 0 & 0 & 0 \end{pmatrix}$$

$$N_{6\times 6}=\begin{pmatrix} 8 & 0 & -3 & 0 & 0 & 22 \\ 0 & 0 & 0 & 0 & 28 & 0 \\ 9 & 0 & 0 & 24 & 0 & 0 \\ 0 & 0 & 0 & 0 & 0 & 0 \\ 0 & 6 & 0 & 0 & 0 & 0 \\ 0 & 0 & 0 & 0 & 0 & 0 \end{pmatrix}$$

（a）6 阶方阵 M　　　　　　　　　　　　　　（b）6 阶方阵 N

图 5-8　互为转置矩阵的稀疏矩阵 M 和 N

  显然，一个稀疏矩阵的转置矩阵仍然是一个稀疏矩阵。设 a 和 b 是 Tabletype 型的变量，分别表示矩阵 M 和 N。分析图 5-8 中 M 和 N 可以得知 a 和 b 之间的差异，要实现三元组顺序表的转置，只需实现以下 3 点：

  ① 将矩阵的行列值相互交换。

  ② 将每个三元组中的 i 和 j 相互交换。

  ③ 重新排列三元组之间的顺序，便可实现矩阵的转置。

  前两条是容易实现的，关键是如何实现第三条，即如何使 b.data 中的三元组以 N 的行（M 的列）为主序依次排列。

  针对上述 3 点，提出下述解决方法。

  按照 b.data 中的三元组的次序，依次在 a.data 中找到相应的三元组，然后进行转置，也即按照矩阵 M 的列序来进行转置。为了找到 M 的每一列中所有的非零元素，需对其三元组表 a.data，从其第一行起整个扫描一遍。由于在 a.data 中，是以 M 的行序为主序来存储每个非零元素的，所以得到的 b.data 恰是应有的顺序，这样就不需要考虑重新排序。转置前后的三元组 a.data、b.data 如图 5-9 所示。

i	j	e
1	1	8
1	3	9
2	5	6
3	1	−3
4	3	24
5	2	28
6	1	22

a.data

i	j	e
1	1	8
3	1	9
5	2	6
1	3	−3
3	4	24
2	5	28
1	6	22

b.data

图 5-9　转置前后的三元组

矩阵转置算法如下：

```c
#include <stdio.h>
#include <stdlib.h>
#define MAXSIZE 20              /*假设矩阵中非零元素个数的最大值为20*/
typedef struct
{
    int i;                     /*矩阵元素中非零元素的行下标*/
    int j;                     /* 矩阵元素中非零元素的列下标*/
    int e;                     /*矩阵元素的值*/
}Triple;                       /*三元组的定义*/
typedef struct
{
    int mu;                    /*矩阵的行数*/
    int nu;                    /*矩阵的列数*/
    int tu;                    /*矩阵的非零元素个数*/
    Triple data[MAXSIZE+1];    /*data为非零元素三元组表，data[0]没有用*/
}Tabletype;                    /*三元组顺序表的定义*/
/*输出矩阵m*/
void out_matrix(struct Tabletype m);
```

```
/*将矩阵 a 转置，并将结果存入指针 b 指向的矩阵中*/
void TransposeSMatrix(struct Tabletype a,struct Tabletype *b);
/*主函数*/
main()
{/*声明并初始化矩阵 a*/
    struct Tabletype a={6,7,8,{{1,2,12},{1,3,9},{3,1,-3},{3,6,14},{4,3,24},
                    {5,2,18},{6,1,15},{6,4,-7}}};
    struct Tabletype b;                /*声明矩阵 b*/
    out_matrix(a);
    TransposeSMatrix(a,&b);            /*对矩阵 a 转置，并将结果存入矩阵 b*/
    printf("The followed matrix is the TransposeSMatrix of the front matrix
            e\n");
    out_matrix(b);
    exit(0);
}
void out_matrix(struct Tabletype m)
{
    int i,j,k;
    k=0;
    for(i=1;i<=m.mu;i++)
    {
        for(j=1;j<=m.nu;j++)
            /*非零元素*/
            if((m.data[k].i==i)&&(m.data[k].j==j))
            {
                printf("%5d",m.data[k].e);
                k++;
            }
            /*零元素*/
            else
                printf("%5d",0);
            printf("\n");
    }
}


void TransposeSMatrix(struct Tabletype a,struct Tabletype *b)
{
    int p,q,col;
    (*b).mu=a.nu;
    (*b).nu=a.mu;
    (*b).tu=a.tu;
    if((*b).tu)
    {
        q=1;                           /*b.data 的下标*/
        for(col=1;col<=a.nu;col++)
            for(p=1;p<a.tu;p++)        /*p 为 a 的下标*/
                if(a.data[p].j==col)   /*以*b.data[q]的 i 域次序搜索*/
                {
```

```
                    (*b).data[q].i=a.data[p].j;
                    (*b).data[q].j=a.data[p].i;
                    (*b).data[q].e=a.data[p].e;
                    q++;
                }
        }
}
```

对这个程序进行分析，可以得知最主要的工作在 p 和 col 的二重循环中完成，所以算法的时间复杂度为 $O(nu×tu)$，即和 m 的列数和非零元素的个数的乘积成正比。一般矩阵的转置算法为：

```
for(col=1;col<=nu;col++)
    for(row=1;row<=mu;row++)
        N[col,row]=M[row,col];
```

其时间复杂度为 $O(mu×nu)$。当非零元素的个数 tu 和 mu×nu 数量级相同时，上述程序的时间复杂度为 $O(mu×nu^2)$（例如，在 $100×500$ 的矩阵中有 tu=20 000 个非零元素），虽然节省了存储空间，但时间复杂度却提高了，对其他几种矩阵运算也是一样。可见，常规的非稀疏矩阵应采用二维数组存储，只有在 tu<<mu×nu 的情况下，方可采用三元组顺序存储结构。此结论也同样适用于下面介绍的三元组的十字链表。

（2）矩阵相乘

两个矩阵相乘是另一种常用的矩阵运算。

已知：M 是 $m_1×n_1$ 的矩阵，N 是 $m_2×n_2$ 的矩阵。

当 $n_1=m_2$ 时，矩阵 M 和 N 的乘积为

$$Q=M×N$$

其中，Q 是 $m_1×n_2$ 的矩阵。两个矩阵相乘的算法如下：

```
for(i=1;i<=m1;i++)
    for(j=1;j<=n2;j++)
    {
        Q[i][j]=0;
        for(k=1;k<=n1;k++)
            Q[i][j]+=M[i][k]×N[k][j];
    }
```

这个算法的时间复杂度为 $O(m_1×n_1×n_2)$。

但是，当 M 和 N 是稀疏矩阵并且用三元组表存储矩阵时，就不能使用上述算法。假设 M 和 N 分别为

$$M=\begin{bmatrix} 3 & 0 & 0 & 5 \\ 0 & -1 & 0 & 0 \\ 2 & 0 & 0 & 0 \end{bmatrix} \qquad N=\begin{bmatrix} 0 & 2 \\ 1 & 0 \\ -2 & 4 \\ 0 & 0 \end{bmatrix}$$

$Q=M×N$ 的结果为

$$Q=\begin{bmatrix} 0 & 6 \\ -1 & 0 \\ 0 & 4 \end{bmatrix}$$

M、N、Q 对应的三元组 a.data、b.data 和 c.data 如图 5-10 所示。

i	j	e
1	1	3
1	4	5
2	2	–1
3	1	2

a.data

i	j	e
1	2	2
2	1	1
3	1	–2
3	2	4

b.data

i	j	e
1	2	6
2	1	–1
3	2	4

c.data

图 5-10 M、N、Q 对应的三元组

从 M 和 N 求得 $Q = M \times N$，可分以下两种情况进行。

第一种情况，矩阵 $Q = M \times N$，Q 中的元素 $Q[i,j]$ 可由下式表示

$$Q[i,j] = \sum_{k=1}^{n_1} M(i,k) \times N(k,j) \qquad 1 \leqslant i \leqslant m_1，1 \leqslant j \leqslant n_2 \qquad （5-1）$$

在上述算法中，不管 $M[i,k]$ 和 $N[k,j]$ 的值是否为零，都需要对它们进行一次乘法运算，但是如果这两者中有一个为零，那么它们的乘积就等于零。为了提高运算效率，对稀疏矩阵进行矩阵相乘运算时，应避免这种无效的操作。也就是说，为求 c（即 Q）的值，只需在 a.data（即 M.data）和 b.data（即 N.data）中找到相应的各对元素，即 a.data 中的 j 值和 b.data 中的 i 值相等的各对元素相乘即可。例如，a.data[1]表示矩阵元素(1,1,3)只要和 b.data[1]表示的矩阵元素(1,2,2)相乘，而 a.data[2]表示的矩阵元素(1,4,5)就不需要和 b 中的任何元素相乘，因为 b.data 中 i 为 4 的元素都为零元素。由上面的分析可以得知，为了得到非零元素的乘积，只需对 a.data[1..a.tu]中的每个元素 $(i,k,a[i,k])$（$1 \leqslant i \leqslant m_1$，$1 \leqslant k \leqslant n_1$），找到 b.data 中所有相应的元素 $(k,j,a[k,j])$（$1 \leqslant k \leqslant m_2$，$1 \leqslant j \leqslant n_2$）相乘即可。

为了便于在 b.data 中寻找矩阵 N 中第 k 行的所有非零元素，与前面转置算法相似，附设一个向量 rpos[1..m_2]。首先求出矩阵 N 中各行的非零元素的个数 num[1..m_2]，然后求得 N 各行的第一个非零元素在 b.data 中的位置。显然有

$$\begin{cases} \text{rpos}[1]=1 \\ \text{rpos}[\text{col}]=\text{rpos}[\text{col}-1]+\text{num}[\text{col}-1] & 2 \leqslant \text{col} < b.\text{mu} \end{cases}$$

例如，矩阵 N 的 rpos 向量的值如表 5-1 所示。

表 5-1   矩阵 N 的 rpos 值

row	1	2	3	4
num[row]	1	1	2	0
rpos[row]	1	2	3	5

既然 rpos[row]表示 N 的第 row 行中的第一个非零元素在 b.data 中的序号，则 rpos[row+1]–1 就表示第 row 行中最后一个非零元素 b.data 中的序号。为了表示 N 的第 m_2 行中最后一个非零元素在 b.data 中的序号，需在向量 rpos 中增加一个分量 rpos[m_2+1]（$b.\text{mu}=m_2$），且

$$\text{rpos}[m_2+1]=\text{rpos}[m_2]+\text{num}[m_2]$$

第二种情况，对稀疏矩阵相乘，可以按如下的基本操作步骤来操作：对于 a 中每个非零元素 a.data[p]（$p=1,2,\cdots,a.\text{tu}$），在 b 中找到所有满足条件 a.data[p].j=b.data[q].i 的元素 b.data[q]， 然后求出 a.data[p].e 和 b.data[q].e 的乘积。从式（5-1）可以得知，乘积矩阵 Q 中每个元素的值是一个累计和，这个乘积只是 $Q[i,j]$的一部分。为了便于操作，可以对每一个元素增加一个存储累计和

的变量，设其初始值为零，然后对数组 a 进行扫描，求得相应元素的乘积之后，累加到适当的求累计和的变量上。

需要注意的是两个稀疏矩阵的乘积不一定是稀疏矩阵。反之，即使式（5-1）中每个分量值 $M[i,k] \times N[k,j]$ 不为零，其累加值 $Q[i,j]$ 也可能为零。因此，乘积矩阵 Q 中的元素是否为非零元素，只有在求得其累加和后才能得知。由于 Q 中元素的行号和 M 中元素的行号一致，且 a 中元素排列是以 M 的行序为主序的，由此可对 Q 进行逐行处理，设累计求和的中间变量 ctemp[1..a.nu] 存放 Q 的一行，然后再压缩到 Q.data 中。

由以上分析，可以获得两个稀疏矩阵相乘（ $Q=M \times N$ ）的过程。两个稀疏矩阵相乘的算法如下：

```c
#include <stdio.h>
#include <stdlib.h>
#define MAXSIZE 20
#define MAXRC 10              /*假定矩阵的最大行数为10*/
struct Triple
{
    int i;
    int j;
    int e;
};
struct Tabletype
{
    int mu;
    int nu;
    int tu;
    struct Triple data[MAXSIZE+1];
    int rpos[MAXRC+1];   /*各行第一个非零元素的位置表*/
};
void out_matrix(struct Tabletype m);
/*矩阵a1和矩阵b1相乘，并存储到指针c1*/
void multiMatrix(struct Tabletype a1,struct Tabletype b1,struct Tabletype c1)
/*主函数*/
main()
{
    /*声明并初始化矩阵a*/
    struct Tabletype a={3,4,4,{{3,0,0,5},{0,-1,0,0},{2,0,0,0}}};
    /*声明并初始化矩阵*b/
    struct Tabletype b={4,2,4,{{0,2},{1,0},{-2,4},{0,0}}};
    struct Tabletype c;
    out_matrix(a);
    out_matrix(b);
    multiMatrix(a,b,&c);
    printf("The followed matrix is the multiMatrix of front two matrixes\n");
    out_matrix(c);
    exit(0);
}
/*实现两矩阵相乘*/
void multiMatrix(struct Tabletype a1,struct Tabletype b1,struct Tabletype *c1)
{
```

```
        int i,t;
        int p,q;
        int arow,brow,ccol;
        int ctemp[MAXRC+1];
        if(a1.nu!=b1.mu)
            exit(1);
        /*对矩阵(*c1)初始化*/
        (*c1).mu=a1.mu;
        (*c1).nu=b1.nu;
        (*c1).tu=0;
        if(a1.tu×b1.tu!=0)
        {
        /*矩阵(*c1)是非零矩阵时，执行下面代码*/
            for(arow=1;arow<=a1.mu;arow++)
            {/*处理矩阵a1的每一行*/
                for(i=0;i<MAXRC+1;i++)
                    ctemp[i]=0;          /*当前行各元素累加器清零*/
                (*c1).rpos[arow]=(*c1).tu+1;
                for(p=a1.rpos[arow];p<a1.rpos[arrow+1];p++)
                {/*对当前行中每一非零元素，找到对应元素在矩阵b1中的行号*/
                    brow=a1.data[p].j;
                    if(brow<b1.nu)
                        t=b1.rpos[brow+1];
                    else
                        t=b1.tu+1;
                    for(q=b1.rpos[brow];q<t;q++)
                    {
                        ccol=b1.data[q].j;   /*乘积元素在矩阵(*c1)中的列号*/
                        ctemp[ccol]+=a1.data[p].e×b1.data[q].e;
                    }/*for q*/
                }
                /*压缩存储该行非零元素*/
                for(ccol=1;ccol<=(*c1).nu;ccol++)
                    if(ctemp[ccol])
                    {
                        if(((*c1).tu)>MAXSIZE)
                            exit(1);
                        (*c1).data[(*c1).tu].i=arow;
                        (*c1).data[(*c1).tu].j=ccol;
                        (*c1).data[(*c1).tu].e=ctemp[ccol];
                        (*c1).tu++;
                    }/*end if*/
            }/*for arow*/
        }/*if*/
        printf("%d",(*c1).tu);
    }
```

　　在上述算法中，采用带行链接信息的三元组表，定义了一个辅助数组 rpos，表示矩阵中各行的第一个非零元素的位置，可以将这种三元组表称为行逻辑链接的顺序表。

2．十字链表

稀疏矩阵的三元组线性表也可采用链式存储结构，尤其是当矩阵的非零元素个数和位置在操作过程中变化较大时，例如，将矩阵 B 加在矩阵 A 上，由于非零元素的插入和删除将会引起 A.data 中元素的移动，因此，这种类型的矩阵采用链式存储结构表示三元组的线性表更为恰当。

稀疏矩阵的链接存储表示方法有多种，常用的有十字链表的一种存储方法。在该方法中，每个非零元素用一个结点表示，此结点用 5 个域来表示，其中 i、j 和 e 三个域分别表示该非零元素所在的行、列和非零元素的值，right 域用来指示同一行中的下一个非零元素，down 域用来指示同一列中的下一个非零元素。行指针域将稀疏矩阵中同一行上的非零元素链接成一个线性链表，列指针将稀疏矩阵中同一列上的非零元素链接成一个线性链表，每一个非零元素既是某个行链表上的一个结点，又是某个列链表上的一个结点，整个矩阵构成了一个十字交叉的链表，所以称之为十字链表，可用两个分别存储行链表的头指针和列链表的头指针的一维数组表示。

采用十字链表存储结构，对于矩阵结点的插入和删除操作，较方便实现。

小　　结

多维数组是一种简单的非线性结构，它的存储结构也较简单，绝大多数高级语言采用顺序存储方式表示数组，存放顺序有的是行优先，有的是列优先。

在多维数组中，使用最多的是二维数组，它和科学计算中广泛应用的矩阵相对应。对于某些特殊的矩阵，用二维数组表示会浪费空间，本章介绍了它的压缩存储方法。对于元素分布有一定规律的特殊矩阵，通常是将其压缩存储到一维数组中，利用该矩阵和二维数组间元素下标的对应关系式，很容易直接算出元素的存储地址。对于稀疏矩阵，通常采用三元组顺序表和十字链表来存放元素。

习　　题

1．判断题（判断下列各题是否正确，若正确在（　）内打"√"，否则打"×"）：

（1）数组是同类型值的集合。　　　　　　　　　　　　　　　　　　　　　　（　　）

（2）数组是一组相继的内存单元。　　　　　　　　　　　　　　　　　　　（　　）

（3）数组是一种复杂的数据结构，数组元素之间的关系，既不是线性的，也不是树形的。（　　）

（4）插入和删除操作是数据结构中最基本的两种操作，所以这两种操作在数组中也经常使用。　　　　　　　　　　　　　　　　　　　　　　　　　　　　　　　　　　　（　　）

（5）使用三元组表示稀疏矩阵的元素，有时并不能节省存储空间。　　　　　（　　）

2．单选题：

（1）设有一个 10 阶的对称矩阵 A，采用压缩存储方式，以行序为主存储，a_{11} 为第一个元素，其存储地址为 1，每个元素占 1 个地址空间，则 a_{85} 的地址为（　　　）。

    A．13　　　　　　　B．33　　　　　　　C．18　　　　　　　D．40

（2）一个 $n×n$ 的对称矩阵，如果以行或列为主序存入内存，则其容量为（　　　）。

    A．$n×n$　　　　　B．$n×n/2$　　　　C．$n×(n+1)/2$　　　D．$(n+1)×(n+1)/2$

    E．$(n-1)×n/2$　　F．$n×(n-1)$

（3）二维数组 a 的每个元素是由 6 个字符组成的串，行下标 i 的范围为 0～8，列下标 j 的范围为 1~10。从备选答案中选出正确答案填入下列关于数据存储叙述中的（　　　）内。

① 存放 a 至少需要（　　　）字节。

A. 90　　　　　B. 180　　　　　C. 240　　　　　D. 70　　　　　E. 540

② a 的第 8 列和第 5 行共占（　　　）字节。

A. 108　　　　B. 114　　　　C. 54　　　　D. 60　　　　E. 150

③ 若 a 按行存放，元素 $a[8,5]$ 的起始地址与当 a 按列存放的元素（　　　）的起始地址一致。

A. $a[8,5]$　　　B. $a[3,10]$　　　C. $a[5,8]$　　　D. $a[0,9]$

3. 设 $B(n \times m)$ 是一个二维对称数组，为节省存储单元，只将上三角的元素存于内存中，试推导元素 $B\{i,j\}$（$0 \leqslant i \leqslant n$，$0 \leqslant j \leqslant m$）的位置的公式。

4. 求三维数组按行优先顺序存储的地址公式。

5. 设有三对角矩阵 A_{nn}，将其三条对角线上的元素逐行地存储到向量 $B[0\cdots3n-3]$ 中，使得 $B[k] = a_{ij}$，求：

（1）用 i、j 表示 k 的下标变换公式。

（2）用 k 表示 i、j 的下标变换公式。

拓展实验：一元多项式的值计算

实验目的：通过本实验可以理解和掌握数组的应用方法。

实验内容：编写给定 x 值，计算一元多项式的值的程序。

实验要求：

1. 设计一元多项式的数组表示形式；

2. 设计算法和程序（用 C 语言程序实现）；

3. 讨论程序的执行结果。

第 **6** 章 树

本章知识结构图

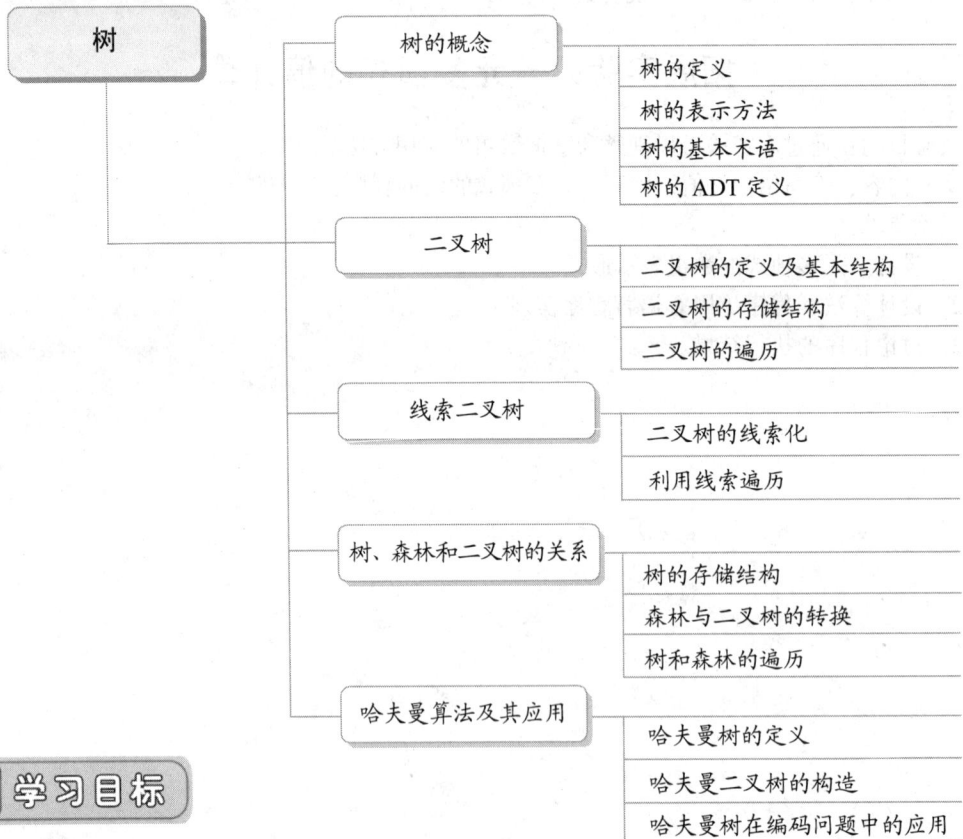

树

- 树的概念
  - 树的定义
  - 树的表示方法
  - 树的基本术语
  - 树的 ADT 定义
- 二叉树
  - 二叉树的定义及基本结构
  - 二叉树的存储结构
  - 二叉树的遍历
- 线索二叉树
  - 二叉树的线索化
  - 利用线索遍历
- 树、森林和二叉树的关系
  - 树的存储结构
  - 森林与二叉树的转换
  - 树和森林的遍历
- 哈夫曼算法及其应用
  - 哈夫曼树的定义
  - 哈夫曼二叉树的构造
  - 哈夫曼树在编码问题中的应用

学习目标

- 理解树的概念；
- 掌握二叉树、线索二叉树及其操作；
- 理解树、森林和二叉树的关系；
- 理解哈夫曼算法及其应用。

前面所介绍的内容属于线性结构。线性结构只能用来描述数据元素之间的线性顺序关系，而反映元素之间的层次关系困难。本章将开始介绍非线性数据结构，非线性结构是指至少存在一个数据元素，它具有两个或两个以上的直接后继或直接前驱。

本章先介绍树、二叉树的定义及存储结构，重点是二叉树的存储结构及其各种操作，并说明树与森林、二叉树之间的转换关系，最后介绍树的应用。

6.1　树 的 概 念

树结构是一种非常重要的非线性数据结构，可用于描述数据元素之间的层次关系。树结构在客观世界中普遍存在并得到广泛应用，经常用到的树结构是树和二叉树。

6.1.1　树的定义

树是包含 n（$n>0$）个结点的有穷集合 K，且在 K 中定义了一个关系 N，N 满足以下条件：

① 有且仅有一个结点 K_0，它对于关系 N 来说没有前驱，称 K_0 为树的根结点，简称为根。

② 除 K_0 外，K 中的每个结点对于关系 N 来说有且仅有一个前驱。

③ K 中各结点对关系 N 来说可以有 m 个后继（$m \geq 0$）。

如果 $n>1$，除根结点之外的其余数据元素被分为 m（$m>0$）个互不相交的集合 $T_1,T_2,\cdots,T_m$，其中每一个集合 T_i（$1 \leq i \leq m$）本身又是一棵树。树 $T_1,T_2,\cdots,T_m$ 称做根结点的子树。因此，也可以认为树是由根结点和若干棵子树构成的。

例如，图 6-1 所示为具有 11 个结点的树，其中 A 是根，其余结点分成 3 个互不相交的子集：$T_1=\{B,E,F\}$，$T_2=\{C\}$，$T_3=\{D,G,H,I,J,K\}$；T_1、T_2 和 T_3 都是根 A 的子树，且本身也是一棵树。例如 T_1，其根为 B，其余结点分为两个互不相交的子集；$T_{31}=\{G\}$，$T_{32}=\{H,I,J,K\}$。T_{31} 和 T_{32} 都是 D 的子树，而 T_{31} 中 G 是根结点。

可以看出，树定义是递归定义，即在树的定义中又用到树的定义，因此递归是树结构算法的显著特性。从树的定义和图 6-1 所示的示例可以看出，树的特点如下：

① 树的根结点没有前驱结点，并且除了根结点之外的所有结点都只有一个前驱结点。

② 树结点可以有零个或多个后继结点。

由此可以得知，树结构适于描述层次关系。图 6-2 所示的不是树结构。

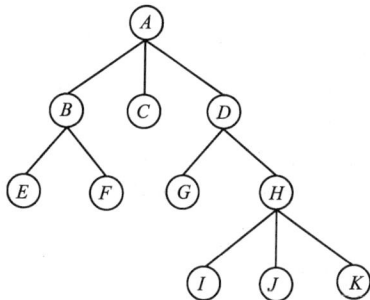

图 6-1　树的示例

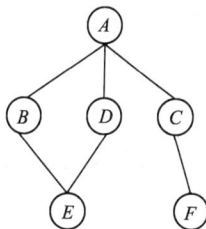

图 6-2　非树结构的示例

6.1.2　树的表示方法

① 直观表示法：直观的表示树的结构如图 6-1 所示。

② 形式化表示法：图 6-1 所示的树的形式化表示为$(A(B(E,F),C,D(G,H(I,J,K))))$，根作为由子树森林组成的表的名字写在表的左边。树的形式化表示法主要用于树的理论描述。

③ 凹入表示法：图 6-3（a）用的是凹入表示法。树的凹入表示法主要用于树的屏幕和打印显示。

④ 文氏图表示法：利用文氏图可以表示树，如图 6-3（b）所示。

一般来说，可以利用层次结构来表示的数据结构都可以用树结构表示。

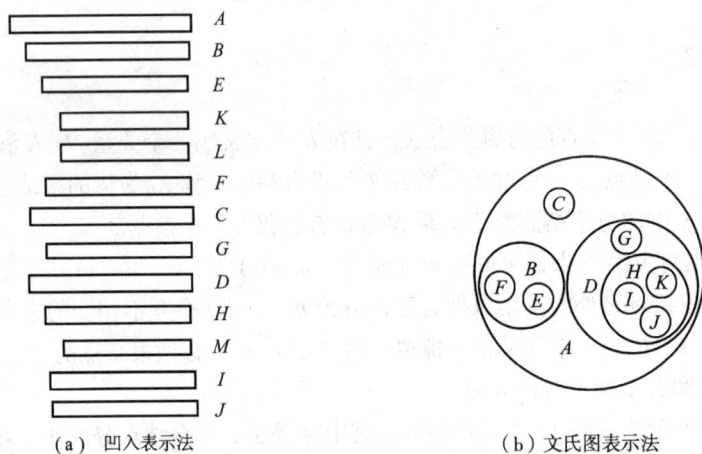

（a）凹入表示法　　　　　　　　　（b）文氏图表示法

图 6-3　树的其他表示形式

6.1.3　树的基本术语

① 树的结点：包含一个数据元素及若干指向其子树的分支。

② 结点的度：结点所拥有的子树的个数称为该结点的度。例如，在图 6-1 中，A 的度为 3，C 的度为 0，D 的度为 2。

③ 叶子结点：度为 0 的结点是终端结点，又叫做叶子。图 6-1 中的结点 E、F、C、G、I、J、K 都是树的叶子。

④ 非终端结点：度不为 0 的结点，又叫做分支结点。一棵树的结点除了叶子结点外，其余的都是非终端结点。

⑤ 孩子结点：结点的子树的根称为该结点的孩子结点。相应地，该结点称为孩子的父结点。例如，在图 6-1 所示的树中，D 为 A 的子树 T_3 的根，则 D 是 A 的孩子，而 A 则是 D 的双亲。

⑥ 兄弟结点：同一个父结点的孩子之间互称兄弟结点，又称为邻结点。例如，在图 6-1 所示的树中，B、C 和 D 互为兄弟结点。

⑦ 祖先结点：是从根到该结点所经分支上的所有结点。例如，在图 6-1 所示的树中，K 的祖先结点为 A、D 和 H。

⑧ 子孙结点：以某结点为根的子树中的任意结点都称为该结点的子孙。例如，D 的子孙为 G、H、I、J、K。

⑨ 层次性：是树结构的主要特点。结点的层次从根开始定义，根为第一层，根的孩子为第二层。如果某结点在第 L 层，则其子树的根就在第 $L+1$ 层。其父结点在同一层的结点互为堂兄弟。例如，在图 6-1 中，结点 G 与 E、F 互为堂兄弟。

⑩ 树的深度：树中各结点层次的最大值称作该树的深度。例如图 6-1 所示的树的深度为 4。树的深度和树的度是两个不同的概念，树的深度是树内各结点的度的最大值。如图 6-1 的树的度为 3。

⑪ 有序树：将树中结点的各子树看成从左向右是有次序的（即不能互换），则称该树为有序树，反之，则称为无序树。在有序树中最左边的子树的根称为第一个孩子，最右边的称为最后一个孩子。

⑫ 森林：是 m（$m \geqslant 0$）棵互不相交的树构成的有限集合。即 $F=\{T_1,T_2,\cdots,T_m\}$，其中，T_i（$i=1,2,\cdots,m$）是树，当 $m=0$ 时，F 是空森林。对于树中每个结点，其子树的集合即为森林。反之，如果森林 $F=\{T_1,T_2,\cdots,T_m\}$ 中的每棵树的根结点都具有同一个双亲结点，则构成一棵树。

⑬ 边：从一个结点到它的后续结点的直线。

⑭ 路径：一串连续的边组成一个路径。

⑮ 同代：具有相同层数号码的结点。

6.1.4　树的 ADT 定义

树的 ADT 定义如下：

```
ADT/Tree
    {/*数据对象: */
    K=(K₀,…,Kᵢ₋₁,Kᵢ,Kᵢ₊₁,…,Kₙ)  /*包含 n（n>0）个结点的有穷集合*/
    /*数据关系:
    （1）若 K 中没有结点，则叫做空树;
    （2）当有且仅有一个结点 K₀，它对于关系 N 来说没有前驱后继，也就是说不存在关系 N;
    （3）当结点数 n>1 时，N 有下述 3 个关系:
    ① K₀ 为树中唯一的根结点，也是唯一没有前驱的结点;
    ② 除 K₀ 外，K 中的每个结点对于关系 N 来说有且仅有一个前驱;
    ③ K 中各结点对关系 N 来说可以有 m 个后继（m≥0）。*/
    /*基本操作: */
    InitTree(&T);              /*创建一个空树*/
    DestroyTree(&T);           /*销毁已存在的树 T*/
    Root(T);                   /*返回树 T 的根*/
    Parent(T,x);               /*求树 T 中结点 x 的父结点*/
    Child(T,x,i);              /*求树 t 中结点 x 的第 i 个孩子结点*/
    Insert(&T,&x,i,s);         /*把以 s 为根结点的树插入到树 t 中作为结点 x 的第 i 棵子树*/
    Delete(&T,x,i);            /*在树 t 中删除结点 x 的第 i 棵子树*/
    Traverse(T);               /*按某种方式访问树 t 中的每个结点，且使每个结点只被访问一
                                 次，这种操作通常称为遍历*/
    }ADT Tree
```

6.2　二　叉　树

二叉树是树结构的一个重要类型，许多实际问题抽象出来的数据结构往往是二叉树的形式，由于二叉树的存储结构及其算法都较为简单，即使是普通的树结构也能转换为二叉树，因此，掌握二叉树的应用特别重要。

6.2.1　二叉树的定义及基本结构

1. 二叉树的定义

T 是 n（$n \geq 0$）个有限元素的集合，这个集合由一个根结点和两棵名为左子树和右子树的互不相交的二叉树组成，这个集合也可以为空集。当 T 为非空树时，T 满足以下条件：

① 存在唯一的数据元素 $r \in T$，且 r 在 T 中没有直接前驱，称 r 为 T 的根结点。

② 其余结点 $T-\{r\}$ 划分为不相交的有限子集 T_1、T_2：

$$T_1 \cup T_2 = T-\{r\}, \quad T_1 \cap T_2 = \varnothing$$

且 T_1，T_2 均为二叉树，其中，T_1 是 T（或 T 的根结点 r）的左子树，T_2 是 T（或 T 的根结点 r）的右子树。

由此可看出，二叉树的特点是每个结点至多只有 2 棵子树（即二叉树中不存在度大于 2 的结点），并且，二叉树的子树有左右之分，其次序不能任意颠倒。

图 6-4 给出了一棵二叉树的示意图。在这棵二叉树中，结点 R 为根结点，左子树是以结点 A 为根结点的二叉树，右子树是以结点 B 为根结点的二叉树，其中以结点 A 为根结点的子树既有左子树又有右子树，而以结点 B 为根结点的子树只有右子树。

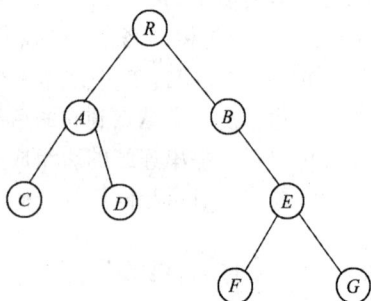

图 6-4　二叉树示意图

从上述的二叉树的递归定义可以看出二叉树或为空，或是由一个根结点加上两棵分别称为左子树和右子树的、互不相交的二叉树组成。由于这两棵子树也是二叉树，则由二叉树的定义，它们也可以是空树。由此，二叉树可以有图 6-5 所示的 5 种基本形态。

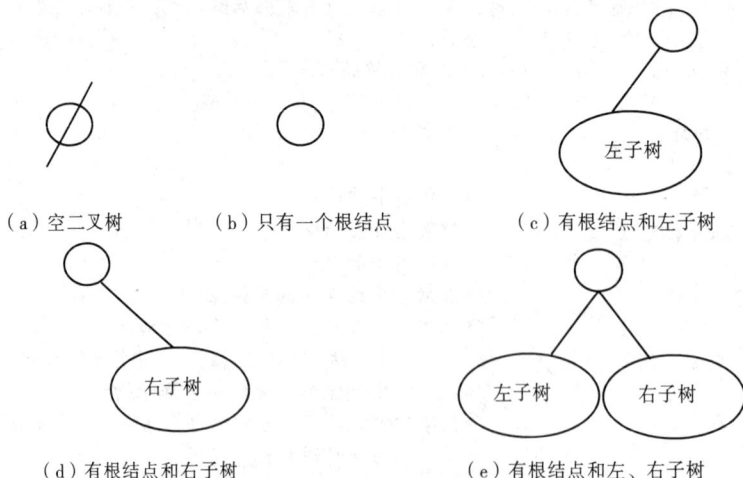

（a）空二叉树　　　（b）只有一个根结点　　　（c）有根结点和左子树

（d）有根结点和右子树　　　（e）有根结点和左、右子树

图 6-5　二叉树的 5 种基本形态

下面介绍两种特殊结构的二叉树。

2. 二叉树的基本结构

（1）满二叉树

满二叉树的特点是最后一层都是叶子结点，其他各层的结点都有左、右子树的二叉树。

图 6-6 所示是一棵深度为 4 的满二叉树，每一层上的结点数都是最大结点数。

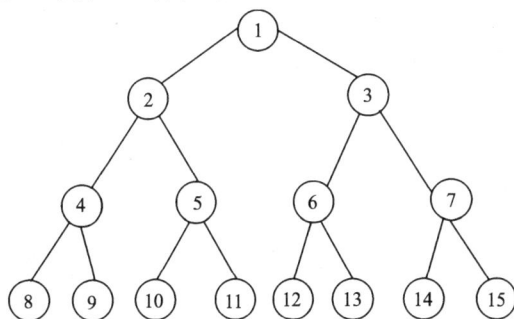

图 6-6 满二叉树

（2）完全二叉树

如果一棵二叉树最多只有最后两层有度数小于 2 的结点，且最下层的结点都集中在该层最左边的位置上，则称为完全二叉树。显然，满二叉树也是完全二叉树。图 6-7（a）所示为一棵深度为 4 的完全二叉树，而图 6-7（b）所示为一棵非完全二叉树。

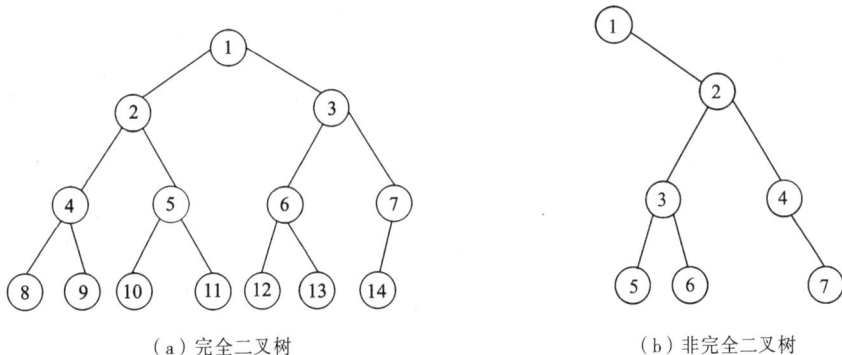

（a）完全二叉树   （b）非完全二叉树

图 6-7 完全二叉树和非完全二叉树

3．树与二叉树

二叉树不是树的特殊情形，它们是两种不同的数据结构。主要原因是：

（1）二叉树与无序树不同

二叉树中，每个结点最多只能有两棵子树，并且有左右之分，而无序树中没有这种限制。二叉树并非是树的特殊情形，它们是两种不同的数据结构，存储结构和操作都不同。

（2）二叉树与度数为 2 的有序树不同

在有序树中，虽然一个结点的孩子之间是有左右次序的，但是如果该结点只有一个孩子，就无须区分其左右次序。而在二叉树中，即使是一个孩子也有左右之分。

6.2.2 二叉树的存储结构

1．顺序存储结构

顺序存储结构是把二叉树的所有结点，按照一定的次序，存储到一片连续的存储单元中。因此，必须把结点排成一个线性序列，使得结点在这个序列中的相互位置能反映出二叉树中结点之间的逻辑关系。

在一棵有 n 个结点的完全二叉树中，从树根起，自上层到下层，每层从左到右对结点编号，就可得到一个能够表示整个二叉树结构的线性序列，如图 6-8 所示。

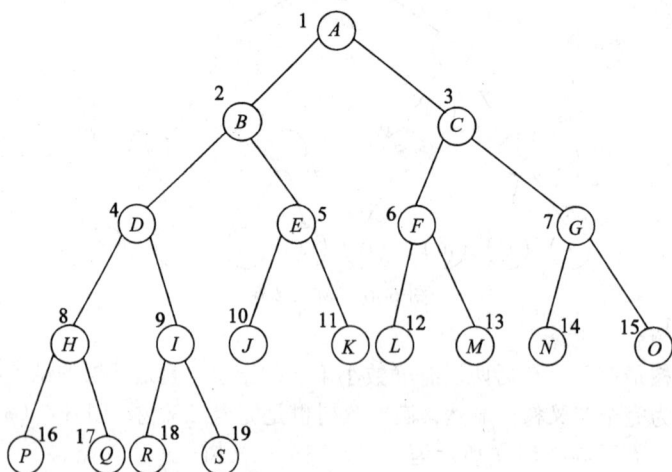

图 6-8　带有结点编号的完全二叉树

在二叉树中，除了最下面一层之外，各层都装满了结点，每一层的结点个数是上一层结点个数的 2 倍，因此也就能够从一个顶点的编号推出其父结点、左右孩子、兄弟等结点的序号。

如果编号为 i 的结点是 T_i（$1 \leqslant i \leqslant n$），则有

① 如果 $i>1$，则 T_i 的双亲编号为[$i/2$]；如果 $i=1$，则 T_i 为根结点，没有父结点。

② 如果 $2i \leqslant n$，则 T_i 的左孩子的编号是 $2i$；否则，T_i 无左孩子，即 T_i 必定是叶子，因此完全二叉树中编号 $i>[n/2]$ 的结点必定是叶子结点。

③ 如果 $2i+1 \leqslant n$，则 T_i 的右孩子的编号是 $2i+1$；否则，T_i 无右孩子。

④ 如果 i 为奇数且不为 1，则 T_i 的左兄弟的编号为 $i-1$；否则，T_i 没有左兄弟。

⑤ 如果 i 为偶数且小于 n，则 T_i 的右兄弟的编号为 $i+1$；否则，T_i 没有右兄弟。

可以看出，顺序存储的完全二叉树中结点的关系能够反映结点之间的逻辑关系，因此，可以将完全二叉树中所有结点，按编号顺序依次存储在一个数组 $T[n+1]$ 中，$T[0]$ 不使用。这样，不需要附加任何信息就可以在这种顺序存储结构中找到每个结点的父结点和孩子。例如，图 6-9（a）所示为图 6-8 所示完全二叉树的顺序存储结构，$T[7]$ 的父结点是 $T[3]$，其左右孩子分别是 $T[14]$ 和 $T[15]$。$T[6]$ 的父结点也是 $T[3]$，其左右孩子分别是 $T[13]$ 和 $T[14]$。$T[6]$ 是左兄弟，$T[7]$ 是右兄弟。

对于完全二叉树，顺序存储结构既方便访问又节省存储空间。但是，一般的二叉树采用顺序存储时，为了能用结点在数组中的相对位置来表示结点之间的逻辑关系，也必须按完全二叉树的形式来存储树中的结点，即将其每个结点与完全二叉树上的结点相对应，并存储在一维数组的相应分量中，这是因为，在最坏的情况下，一个深度为 k 的且只有 k 个结点的右单支树（树中不存在度为 2 的结点）却需要长度为 2^k-1 个结点的存储空间。如图 6-7（b）所示的二叉树，为其添上一些实际上并不存在的虚结点，使之成为图 6-10 所示的完全二叉树（图中方形结点为虚结点），其相应的顺序存储结构如图 6-9（b）所示，图中以□表示不存在此结点，将造成存储空间的浪费。由此可见，这种顺序存储结构仅适用于完全二叉树。

$T:$	0	1	2	3	4	5	6	7	8	9	10	11	12	13	14	15	16	17	18	19
结点	A	B	C	D	E	F	G	H	I	J	K	L	M	N	O	P	Q	R	S	

（a）完全二叉树

$T:$		0	1	2	3	4	5	6	7	8	9	10	11	12	13	14	15
结点			1	□	2	□	□	3	4	□	□	□	□	5	6	□	7

（b）一般二叉树

图 6-9　二叉树的顺序存储结

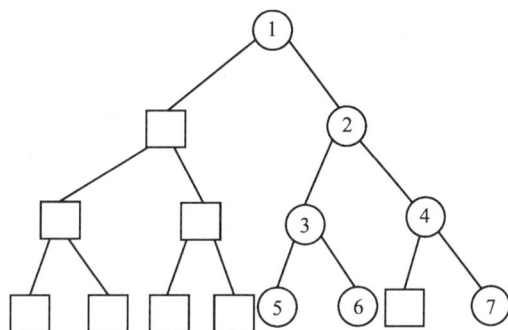

图 6-10　添上虚结点后的完全二叉树

2．链式存储结构

从上面的介绍可知，用顺序存储方式存储包含虚结点的二叉树时将造成存储空间的浪费，并且，在树中插入和删除结点时，由于需要移动大量的结点，因此顺序存储方式不是很实用的存储方式。存储树的最常用的方法是链接的方法。由二叉树的定义得知，二叉树的结点由一个数据元素和分别指向其左、右子树的两个分支构成，则表示二叉树的链表中的结点至少包含 3 个域：数据域和左、右指针域，如图 6-11（a）所示。有时为了便于找到结点的父结点，则还可在结点结构中增加一个指向其父结点的指针域，如图 6-11（b）所示。

lchild	Data	rchild

（a）含有两个指针域的结点结构

lchild	data	parent	rchild

（b）含有三个指针域的结点结构

图 6-11　二叉树结点的域

利用这两种结点所得二叉树的存储结构分别称为二叉链表和三叉链表，如图 6-12（b）、（c）所示分别为图 6-12（a）所示的二叉树的二叉链表和三叉链表示意图。

显然，一个二叉链表由头指针唯一确定，如果二叉树为空，则 Root=null。如果结点的某个孩子不存在，则相应的指针为空。具有 n 个结点的二叉树中，共有 $2n$ 个指针域，只有 $n-1$ 个用来指示结点的左、右孩子，其余的 $n+1$ 个指针域为空。表明二叉树的二叉链表存储结构存储空间利用率低。

在不同的存储结构中，实现二叉树的操作方法不同，例如寻找结点 x 的父结点 $parent(T,x)$，在三叉链表中很容易实现，而在二叉链表中则需从根指针出发逐分支查找。由此可见，在具体应用中采用什么存储结构，除了根据二叉树的存储结构之外还应考虑需要进行何种操作。

（a）二叉树　　　　　　　　　　　　　　（b）二叉链表

（c）三叉链表

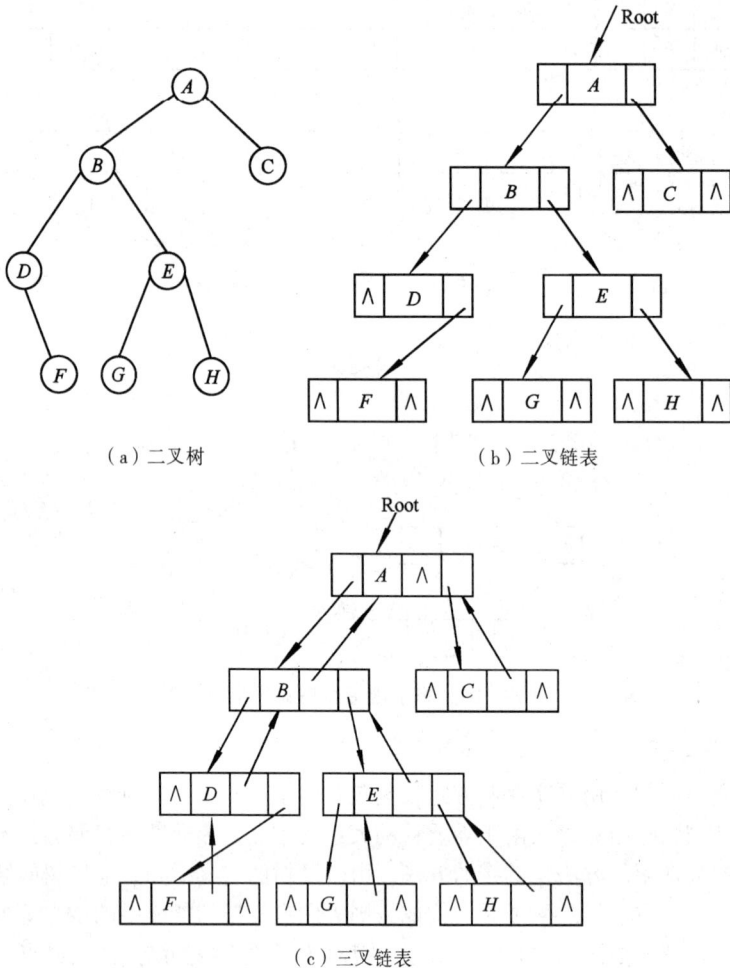

图 6-12　二叉树的二叉链表及三叉链表

二叉树（BTree）的二叉链表存储表示如下：

```
typedef struct BTreeNode
{
    TElemType data;
    Struct BTreeNode *lchild;   /*左孩子指针*/
    Struct BTreeNode *rchild;   /*右孩子指针*/
}*BTree;
```

6.2.3　二叉树的遍历

由于二叉树是一种非线性结构，每个结点都可能有两棵子树，因而需要寻找一种规律来访问树中的每个结点，是一个较困难的问题。遍历是指按某种规则访问树中每个结点，且使得每个结点仅被访问一次。遍历是二叉树经常要使用的一种操作。在遍历过程中对结点进行各种操作处理，直接的操作是输出各结点的数据域中的信息。另外，通过一次完整的遍历，可使二叉树中结点的信息由非线性排列变为某种意义上的线性排列，也就是说遍历操作使二叉树结点线性化。遍历对线性结构来说是一个易解决的问题，但对非线性结构来说则不易解决。

一棵非空的二叉树由根结点、左子树和右子树 3 个基本部分组成，二叉树的定义是递归的，因此，遍历一棵非空二叉树的问题就归结为下述 3 个子问题：访问根结点、遍历左子树和遍历右子树。如果能依次遍历这 3 部分，则遍历了整个二叉树。如果规定先左后右，则遍历有先（根）序遍历、中（根）序遍历和后（根）序遍历。

① 在搜索路线过程中，如果访问根结点均是第一次经过根结点时进行的，则是前序遍历；如果访问根结点均是在第二次（或第三次）经过根结点时进行的，则是中序遍历（或后序遍历）。只要将搜索路线上所有在第一次、第二次和第三次经过的结点分别列表，即可分别得到该二叉树的前序序列、中序序列和后序序列。

② 上述 3 种序列都是线性序列，有且仅有一个开始结点和一个终端结点，其余结点有且仅有一个前驱结点和一个后继结点。为了区别于树结构中前驱（即父结点）结点和后继（即孩子）结点的概念，对上述 3 种线性序列，要在某结点的前驱和后继之前冠以其遍历次序名称。

基于二叉树的递归定义，介绍 3 种遍历方案，其中函数 visite(T->data)的作用是访问指针 T 所指向结点的数据域。

1. 前序遍历二叉树

前序遍历二叉树的递归定义为：如果二叉树为空，则空操作；否则进行如下操作。

① 访问根结点；

② 前序遍历根结点的左子树；

③ 前序遍历根结点的右子树。

基于二叉链表的前序遍历二叉树基本操作的递归算法的实现算法如下：

```
/*采用二叉链表存储结构*/
typedef struct BTreeNode
{
    char data;
    struct BTreeNode *lchild;        /*左孩子指针*/
    struct BTreeNode *rchild;        /*右孩子指针*/
}*BTree;
/*前序递归遍历二叉树 T*/
void PreOrder(BTree *T)
{
    if(T==null)
        return ;                     /*递归出口*/
    visite(T->data);                 /*访问结点的数据域*/
    /*前序递归遍历二叉树 T->lchild */
    if(T->lchild!=null )
    PreOrder(T->lchild);
    /*前序递归遍历二叉树 T->rchild*/
    if(T->rchild!=null)
        PreOrder (T->rchild);
}
```

2. 中序遍历二叉树

中序遍历二叉树的操作定义为：如果二叉树为空，则空操作；否则进行如下操作。

① 中序遍历根结点的左子树；

② 访问根结点；

③ 中序遍历根结点的右子树。

中序遍历二叉树的递归算法如下：

```
typedef struct BTreeNode
{
    char data;
    struct BTreeNode *lchild;
    struct BTreeNode *rchild;
}*BTree;
/*中序递归遍历二叉树 T*/
void Inorder(BTree *T)
{
    if(T==null)
        return;               /*递归出口*/
    /*中序递归遍历二叉树 T->lchild*/
    if(T->lchild!=null)
        Inorder(T->lchild);
    visite(T->data);     /*访问结点的数据域*/
    /*中序遍历二叉树 T->rchild*/
    if(T->rchild!=null)
        Inorder(T->rchild);
}
```

3. 后序遍历二叉树

后序遍历二叉树的操作定义为：如果二叉树为空，则空操作；否则进行如下操作。

① 后序遍历根结点的左子树；

② 后序遍历根结点的右子树；

③ 访问根结点。

后序遍历二叉树的递归算法如下：

```
typedef struct BTreeNode
{
    char data;
    struct BTreeNode *lchild;
    struct BTreeNode *rchild;
} *BTree;


/*后序递归遍历二叉树 T*/
void Postorder(BTree *T)
{
    if(T==null)
        return;                   /* 递归出口*/
    /*后序递归遍历二叉树 T->lchild*/
    if(T->lchild!=null)
        Postorder(T->lchild);
    /*后序遍历二叉树 T->rchild */
    if(T->rchild!=NULL)
        Postorder(T->rchild);
    visite(T->data);           /*访问结点的数据域*/
}
```

如图 6-13 所示的二叉树，如果以先序遍历二叉树方式来遍历此二叉树，访问结点的先后次

序为 *ABDGCEHIF*;以中序遍历二叉树方式来遍历此二叉树,访问结点的先后次序为 *DGBAHEICF*；以后序遍历二叉树方式来遍历此二叉树,访问结点的先后次序为 *GDBHIEFCA*。

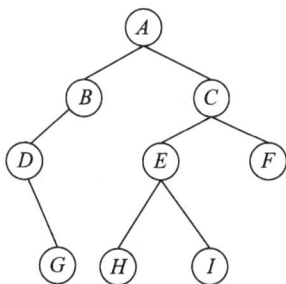

图 6-13 二叉树遍历举例

6.3 线索二叉树

当用二叉链表作为二叉树的存储结构时,因为每个结点中只有指向其左、右孩子结点的指针域,所以从任何一个结点出发都只能找到该结点的左、右孩子,而在一般情况下不能直接找到该结点在遍历序列中的前驱或后继结点。为了方便寻找二叉树中结点的前驱结点和后继结点,可以通过一次遍历后,记录各结点线性序列中的相对位置来实现。保存这种信息的方法是在每个结点增加两个指针域,使它们分别指向按某种次序遍历时所得到的该结点的前驱结点和后继结点,显然这样做要浪费相当数量的存储单元。如果一棵具有 N 个结点的二叉树,在采用二叉链表做存储结构时,则有 N+1 个空指针域。可以利用空指针域存放前驱和后继结点的指针,将这种附加的指针称为线索,加上线索的二叉链表称为线索链表,并将相应的二叉树称为线索二叉树。

6.3.1 二叉树的线索化

把二叉树转变为线索二叉树的过程称为线索化。如果某结点的左指针域为空,令 Lchild 域指向按某种方式遍历时所得到的该结点的前驱结点,否则其 Lchild 域指向其左孩子;如果某结点的右指针域为空时,令 Rchild 域指向按某种方式遍历时所得到的该结点的后继结点,否则 Rchild 域指向其右孩子。可以通过在每一个结点中增加两个线索标志域 Ltag 和 Rtag 来实现,结点的结构如图 6-14 所示。

Lchild	Ltag	Data	Rtag	Rchild

其中：左线索标志 Ltag= $\begin{cases} 0, & \text{Lchild 域指向结点的左孩子结点} \\ 1, & \text{Lchild 域指向结点的前驱结点} \end{cases}$

右线索标志 Rtag= $\begin{cases} 0, & \text{Rchild 域指向结点的右孩子结点} \\ 1, & \text{Rchild 域指向结点的后继结点} \end{cases}$

图 6-14 二叉树线索化后的结点结构

图 6-15（a）所示为中序线索二叉树,它的线索链表如图 6-15（b）所示。图中的实线表示指针,虚线表示线索。结点 C 的左线索为空,表示 C 是中序序列的开始结点,它没有前驱结点;

结点 E 的右线索为空，表示 E 是中序序列的终端结点，它没有后继结点。显然，在线索二叉树中，一个结点是叶子结点的充要条件是左、右线索标志均是 1。

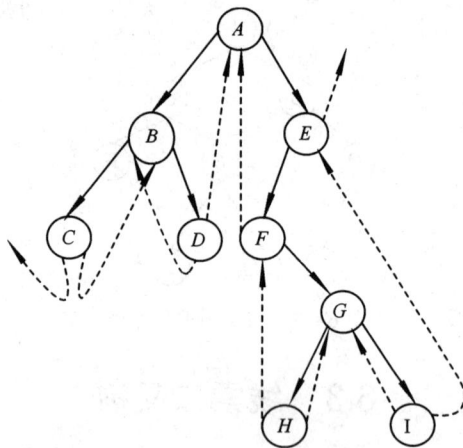

（a）中序线索二叉树

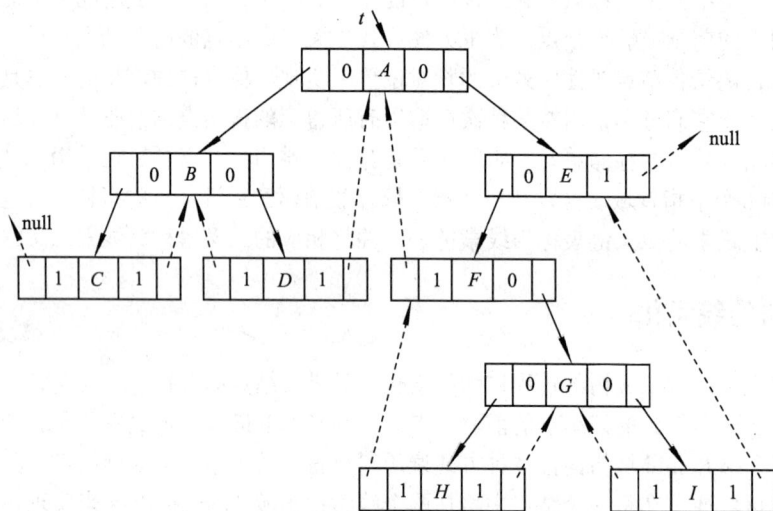

（b）中序线索链表

图 6-15　中序线索二叉树及其存储结构

6.3.2　利用线索遍历

在线索树上进行遍历，只要先找到序列中的第一个结点，然后依次寻找结点后继直至其后继为空时为止。以后序线索树为例，说明如何在线索树中找某结点的后继结点。可分 3 种情况考虑：

① 如果点 x 是二叉树的根，则其后继为空。

② 如果结点 x 是其父结点的右孩子或是其父结点的左孩子且其父结点没有右子树，则其后继即为父结点结点。

③ 如果结点 x 是其父结点的左孩子，且其父结点有右子树，则其后继为父结点的右子树上按后序遍历列出的第一个结点。

1. 线索链表存储结构

图 6-16 所示为后序后继线索二叉树，结点 C 的后继为结点 D，结点 F 的后继为结点 G，而结点 D 的后继为结点 E。可见，在后序线索化树上寻找后继结点时，如需知道结点的父结点，需带标志域的三叉链表作存储结构，虚线表示线索。

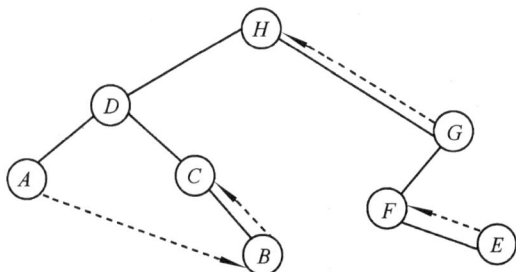

图 6-16 后序后继线索二叉树

在实际应用中，如果某程序中所用二叉树需经常遍历或查找结点在遍历所得线性序列中的前驱和后继结点，应采用线索链表作为存储结构。

```
/*二叉树的二叉线索存储表示*/
typedef enum
{
    Link,Thread
}PointerTag;                        /*Link=0 表示指针，Thread=1 表示线索*/
typedef struct BTreeNode
{
    TElemType data;
    Struct BTreeNode *Lchild;       /*左孩子指针*/
    Struct BTreeNode *Rchild;       /*右孩子指针*/
    PointerTag Ltag;                /*左标志*/
    PointerTag Rtag;                /*右标志*/
}*BTree;
```

2. 基于双向线索链表存储结构的二叉树遍历算法

为了方便对二叉树的修改，可以仿照线性表的存储结构，在二叉树的线索链表上也添加一个头结点。具体方法是将头结点的 Lchild 域的指针指向二叉树的根结点，其 Rchild 域的指针指向中序遍历时访问的最后一个结点；然后将二叉树中序序列中的第一个结点的 Lchild 域指针和最后一个结点 Rchild 域的指针均指向头结点，进而为二叉树建立了一个双向的线索链表，既可从第一个结点顺序后继进行遍历，也可以从最后一个结点顺序前驱进行遍历。以双向线索链表为存储结构时，对二叉树进行遍历的算法描述如下：

```
typedef enum
{
    Link,Thread
}PointerTag;
typedef struct BTreeNode
{
    TElemType data;
    Struct BTreeNode *Lchild;       /*左孩子指针*/
    Struct BTreeNode *Rchild;       /*右孩子指针*/
```

```
        PointerTag Ltag;                    /*左标志*/
        PointerTag Rtag;                    /*右标志*/
}*BTree
BTree  *p;
/*T 指向头结点，头结点的左链 Lchild 指向其根结点*/
int InOrderTraverse_Thr(BTree *T)
{
        p=T->Lchild;                        /*用 p 指向根结点 T*/
        while(p!=T)                         /*二叉树不为空时*/
        {
             while(p->Ltag==Link)
                p=p->Lchild;
             if(!visite(p->data))           /*访问其左子树为空的结点*/
                return 0;
             while(p->Rtag==Thread&&p->Rchild!=T)
             {
                  p=p->Rchild;
                  visite(p->data);          /*访问后继结点*/
             }
             p=p->Rchild;
        }
        return 1;
}
```

对二叉树的线索化实际上是通过遍历二叉树将二叉链表中每个结点的空指针修改为指向前驱结点或后继结点的线索的过程。为了标志遍历过程中访问结点的先后关系，需要附设一个指针 pre 始终指向刚刚访问过的结点，如果指针 p 指向当前正在访问的结点，显然，*pre 是结点*p 的前驱，而*p 是*pre 的后继。下面给出将二叉树按中序进行线索化的算法，该算法与中序遍历算法的区别仅在于访问根结点时所做的处理不同。线索化算法中，访问当前根结点*p 所做的处理是：

① 如果结点*p 有空指针域，则将相应的标志置1。

② 如果结点*p 有中序前驱结点*pre（即*pre!=null），则有：

● 如果结点*pre 的右线索标志已建立（即 pre->Rtag==1），则令 pre->Rchild 指向其中序前驱结点*p 的右线索；

● 如果结点*pre 的左线索标志已建立（即 pre->Ltag==1），则令 pre->Lchild 指向其中序前驱结点*p 的左线索。

③ 将 pre 指向刚刚访问过的结点*p（即 pre=p）。这样，在下一次访问一个新结点*p 时，*pre 为其前驱结点。

中序线索化链表的算法如下：

```
typedef enum
{
    Link,Thread
}PointerTag;
typedef struct BTreeNode
{
    TElemType data;
    Struct BTreeNode *Lchild;               /*左孩子指针*/
    Struct BTreeNode *Rchild;               /*右孩子指针*/
```

```
        PointerTag Ltag;                        /*左标志*/
        PointerTag Rtag;                        /*右标志*/
}*BTree;
BTree*pre;
void InThreading(BTree *p);                   /*将二叉树 p 中序线索化*/
/*中序遍历二叉树 T，并将其中序线索化，Thrt 指向头结点*/
int InOrderThreading(BTree Thrt,BTree T)
{
    if(!(Thrt=(BTree)malloc(sizeof(BTreeNode))))
        exit(0);
    /*建立头结点*/
    Thrt->Ltag=Link;
    Thrt->Rtag=Thread;
    Thrt->Rchild=Thrt;                        /*右指针回指*/
    if(!T)                                    /*如果二叉树为空，那么左指针回指*/
        Thrt->Lchild=Thrt;
    else
    {
        Thrt->Lchild=T;
        pre=Thrt;
        InThreading(T);                       /*中序遍历对二叉树进行中序线索化*/
        pre->Rchild=Thrt;
        pre->Rtag=Thread;                     /*对最后一个结点线索化*/
        Thrt->Rchild=pre;
    }
    return 1;
}
void InThreading(BTree *p)
{
    if(p)
    {
        InThreading(p->Lchild);               /*对左子树进行线索化*/
        if (!p->Lchild)
        {
        /*进行前驱线索*/
            p->Ltag=Thread;
            p->Lchild=pre;
        }
        if(!p->Rchild)
        {
        /*进行后继线索*/
            pre->Rtag=Thread;
            pre->Rchild=p;
        }
        pre=p;                                /*使 pre 始终指向 p 的前驱*/
        InThreading(p->Rchild);               /*右子树线索化*/
    }
}
```

本算法与中序遍历算法一样，递归过程中对每个结点仅做一次访问。因此对于 n 个结点的二叉树，算法的时间复杂度为 $O(n)$。

3. 线索二叉树的运算

查找某结点*p 在指定次序下的前驱和后继结点过程如下：

（1）在中序线索二叉树中查找结点*p的中序后继结点

在中序线索二叉树中，查找结点*p的中序后继结点分两种情形：

① 如果*p的右子树空（即 p->rtag 为 Thread），则 p->rchild 为右线索，直接指向*p的中序后继。

② 如果*p的右子树非空（即 p->rtag 为 Link），则*p的中序后继必是其右子树中第一个中序遍历到的结点。也就是从*p的右孩子开始，沿该孩子的左链往下查找，直至找到一个没有左孩子的结点为止，该结点是*p的右子树中"最左下"的结点，即*p的中序后继结点。具体算法如下：

```
BinThrNode *InorderSuccessor(BinThrNode *p)
{//在中序线索树中找结点*p的中序后继，设p非空
    BinThrNode *q;
    if(p->rtag==Thread)          //*p的右子树为空
        return p->rchild;        //返回右线索所指的中序后继
    else{
        q=p->rchild;             //从*p的右孩子开始查找
        while(q->ltag==Link)
            q=q->lchild;         //左子树非空时，沿左链往下查找
        return q;                //当q的左子树为空时，它就是最左下结点
    }//end if
}
```

该算法的时间复杂度不超过树的高度 h，即 $O(h)$。

（2）在中序线索二叉树中查找结点*p的中序前驱结点

中序是一种对称序，故在中序线索二叉树中查找结点*p的中序前驱结点与查找结点*p的中序后继结点的方法完全对称。具体情形如下：

① 如果*p的左子树为空，则 p->lchild 为左线索，直接指向*p的中序前驱结点；

② 如果*p的左子树非空，则从*p的左孩子出发，沿右指针链往下查找，直到找到一个没有右孩子的结点为止。该结点是*p的左子树中"最右下"的结点，它是*p的左子树中最后一个中序遍历到的结点，即*p的中序前驱结点。

具体算法如下：

```
BinThrNode *Inorderpre(BinThrNode *p)
{//在中序线索树中找结点*p的中序前驱，设p非空
    BinThrNode *q;
    if(p->ltag==Thread)          //*p的左子树为空
        return p->lchild;        //返回左线索所指的中序前驱
    else{
        q=p->lchild;             //从*p的左孩子开始查找
        while(q->rtag==Link)
            q=q->rchild;         //右子树非空时，沿右链往下查找
        return q;                //当q的右子树为空时，它就是最右下结点
    }//end if
}
```

6.4 树、森林、二叉树之间的关系

先来介绍树的存储结构，然后介绍森林与二叉树的转换及树与森林的遍历。

6.4.1 树的存储结构

在计算机中，树的存储方式既可以采用顺序存储结构，也可以采用链式存储结构，但是，不管采用何种存储方式，都要求存储结构不但能存储本身的数据信息，还要能唯一地反映出树中的逻辑关系。下面介绍几种基本的树存储结构。

1. 父结点表示法

树中的每个结点都有唯一的父结点，根据这一特性，可以用一组连续的空间（如一维数组）存储树中的各个结点，同时在每个结点的结构中增加一个指向其父结点在链表中所在位置的域，树的这种存储方法称为父结点表示法，具体描述如下：

```
#define MaxNode 256              /*结点数目的最大值*/
typedef struct
{
    TreeElementType data;        /*数据域*/
    int parent;                  /*父结点位置域*/
}ParentTreeNode;
typedef struct
{
    ParentTreeNode node[Maxnode];
    int n;                       /*结点数*/
}ParentTree;
```

图 6-17 所示为利用父结点表示法对一棵树进行存储的父结点结构示意图。每个结点（除根以外）只有唯一的父结点。这种存储结构很容易实现查找非根结点的父结点操作和查找根结点操作。反复调用查找父结点操作，最终可以找到这棵树的根，因为根结点本身没有父结点。但是，采用父结点表示法有两个弊端，一个是查找某个结点的子结点时需要遍历整棵树；另一个弊端是这种存储方式不能够反映各兄弟结点（邻结点）之间的关系。

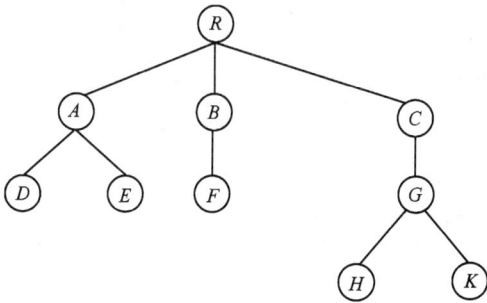

（a）一棵树

结点序号	0	1	2	3	4	5	6	7	8	9
data	R	A	B	C	D	E	F	G	H	K
父母	-1	0	0	0	1	1	2	3	7	7

（b）对应于（a）的存储结构示意图

图 6-17 树的父结点表示法示例

2. 孩子表示法

由于树中每个结点都有零个或多个孩子结点，因此可用多重链表，即每个结点有多个指针域，其中每个指针指向一棵子树的根结点，但是，当采用多重链表表示结点及其孩子的关系时，每个结点内要设置多少个指向其孩子的指针是难以确定的。可以定义图 6-18 所示的两种结点格式。

data	child1	child2	...	child*d*

data	degree	child1	child2	...	child*d*

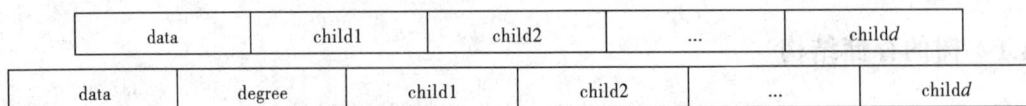

图 6-18　孩子表示法的两种结点格式

如果采用第一种结点格式，则多重链表中的结点是同构的，其中 d 为树的度。由于树中很多结点的度小于 d，所以链表中有很多空链域，造成空间浪费，可以推算出，在一棵有 n 个结点度为 k 的树中必有 $n(k-1)+1$ 个空链域。如果采用第二种结点格式，则多重链表中的结点是不同构的，其中 d 为结点的度，degree 域的值同 d。此时，虽能节约存储空间，但操作不方便。

较好的办法是为树中每一个结点建立一个孩子链表。把每个结点的孩子结点排列起来，看做一个线性表，且以单链表作为存储结构，则 n 个结点有 n 个孩子链表（叶子的孩子链表为空表），而 n 个头指针又组成一个线性表。为了便于查找，可以在结点中增加一个指针域，指向其孩子链表的表头，具体描述如下：

```
typedef struct CTNode
{
    int child;                  /*孩子结点的序号*/
    struct CTNode *next;
}*ChildPtr;                     /*孩子链表的结点*/
typedef struct
{
    TElemType data;             /*树结点的数据*/
    ChildPtr firstchild;        /*孩子链表头结点*/
}CTBox;
typedef struct
{
    CTBox nodes[Maxnode];
    int n;                      /*结点数*/
    int r;                      /*根的位置*/
}CTree;
```

图 6-19（a）是图 6-17 中的树的孩子表示法。与父结点表示法相反，孩子表示法便于涉及孩子操作的实现，却不适用于 PARENT(T, x)操作。可以把父结点表示法和孩子表示法结合起来，即将父结点表示和孩子链表合在一起。图 6-19（b）就是这种存储结构的一例，它和图 6-19（a）表示的是同一棵树。

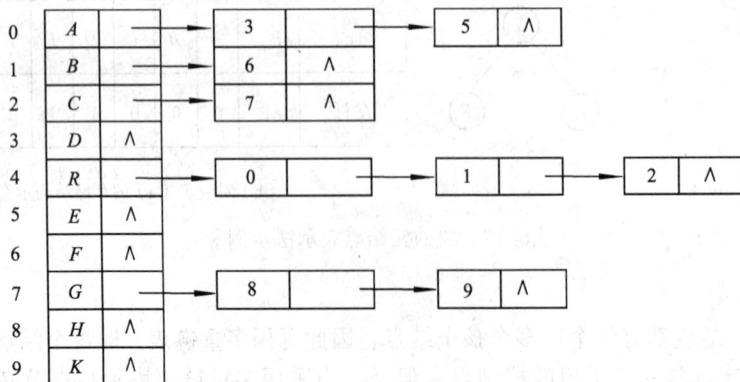

（a）孩子链表

图 6-19　图 6-17 的树的另外两种表示法

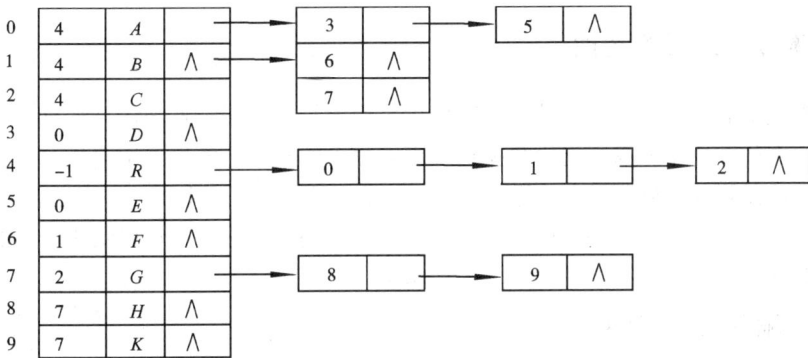

（b）带父结点的孩子链表

图 6-19　图 6-17 的树的另外两种表示法（续）

3. 孩子兄弟表示法

在树中，每个结点除信息域外，再增加两个分别指向该结点的第一个孩子结点和下一个兄弟结点的指针域，树的这种存储结构称为孩子兄弟表示法，又称二叉树表示法，或二叉链表表示法，即以二叉链表作为树的存储结构。链表中结点的两个指针域分别指向该结点的第一个孩子结点和下一个兄弟结点，分别命名为 firstson 域和 nextsibling 域。

```
typedef struct CSNode
{
    ElemType data;
    struct CSNode *firstson;
    struct CSNode nextsibling;
}*CSTree;
```

图 6-20 是图 6-17 中的树的孩子兄弟链表。利用这种存储结构便于实现树的各种操作。例如实现找结点孩子等的操作。如果要访问结点 x 的第 i 个孩子，则只要先从 firstson 域找到第 1 个孩子结点，然后沿着孩子结点的 nextsibling 域连续走 $i-1$ 步，便可找到 x 的 i 个孩子。如果为每个结点增设一个 PARENT 域，则同样能方便的实现 PARENT(T,x) 的操作。

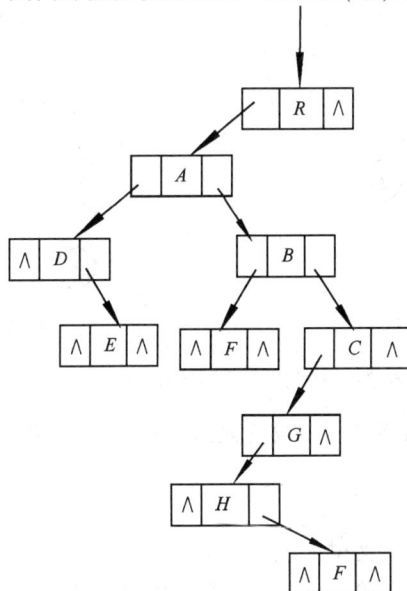

图 6-20　图 6-17 中树的孩子兄弟链表

6.4.2 森林与二叉树的转换

在树的多重链表存储方法中，结点的存储可采用定长的或不定长结构。如果采用不定长存储结构，存储空间的利用率较高，但给数据运算带来很大的困难；如果采用定长存储结构，虽然运算比较方便，但存储空间浪费很大。可以推算，如果树的度为 k，树中结点个数为 n，则固定长度的结点结构中有 $n \times (k-1)+1$ 个指针域是空的。在实际应用中，一般先将树结构转换成二叉树，再以二叉树的方式存储。

1. 树、森林转换成二叉树

（1）一般树转化为二叉树要考虑的问题

① 一般树与二叉树之间是否能一一对应，即一般树用二叉树表示是否唯一，反之，二叉树表示是否能还原为原来的一般树。

② 一般树的常用运算在二叉树表示中能否方便地实施。

由于二叉树和树都可用二叉链表作为存储结构，从物理存储结构上看，二叉链表实际上就是描述树与二叉树之间的一个对应关系，只不过在解释这种结构时的描述不同，从而产生了树及二叉树两个概念，而实际存储并没有不同。

（2）树与二叉树之间的关系

从树和二叉树的定义可知，树中每个结点可能有多个孩子，但二叉树中每个结点最多只能有两个孩子。要把树转换为二叉树，就必须找到一种结点与结点之间至多用两个量说明的关系。按照这种关系很自然地就能将树转换成对应的二叉树：

① 在所有兄弟结点之间加一条连线；

② 对每个结点，除了保留与其长子（即第一个孩子）的连线外，去掉该结点与其他孩子的连线。

使用上述变换法，图 6-21 直观地展示了树与二叉树之间的对应关系。

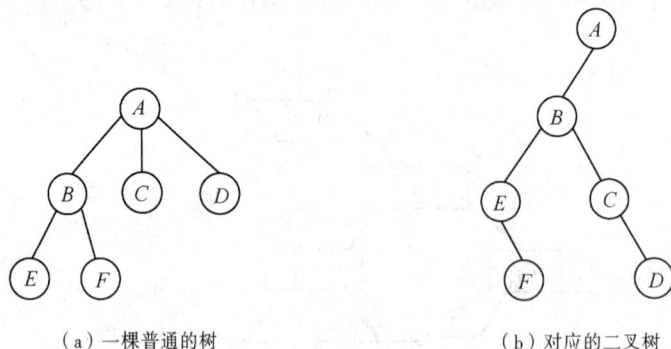

（a）一棵普通的树　　　　　　　　　（b）对应的二叉树

图 6-21　树与二叉树之间的关系

从树的二叉链表表示的定义，或者从树根没有兄弟可知，任何一棵树转换成对应的二叉树后，其二叉树的根结点的右子树必空。

（3）森林转换为二叉树的方法

① 将森林中的每一棵树变换成二叉树；

② 将各个二叉树的根结点视为兄弟结点连在一起，可以把一个森林转换成一棵二叉树。

图 6-22 展示了森林和二叉树之间的对应关系。在图 6-22 中，（b）是把（a）中的每棵树转换为二叉树的结果，图 6-22（c）是把图 6-22（b）中各个二叉树的根结点作为兄弟结点连在一起的最后结果。

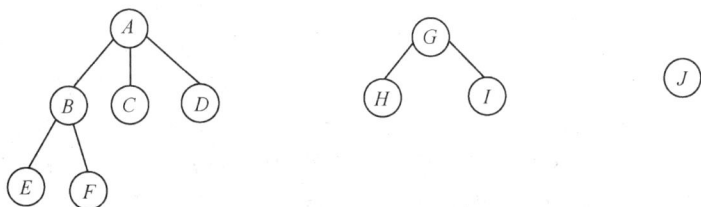

（a）一个森林

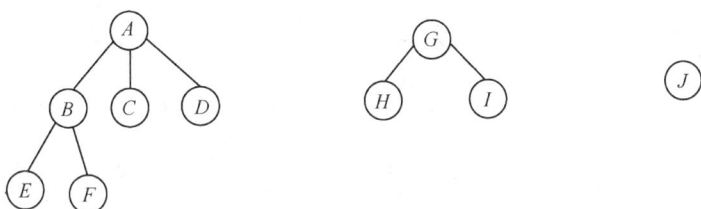

（b）森林中各个树所对应的二叉树

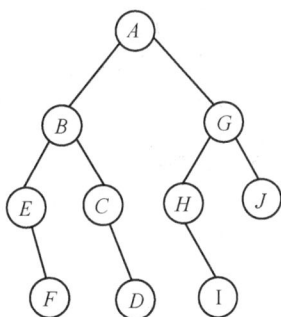

（c）森林对应的二叉树

图 6-22　森林与二叉树的关系

（4）森林转换为二叉树的过程

如果 $F=\{T_1,T_2,\cdots,T_m\}$ 是森林，可按如下规则将森林转换成一棵二叉树 $B = (root,LB,RB)$。

① 如果 F 为空，即 $m = 0$，则 B 为空树；

② 如果 F 非空，即 $m \neq 0$，则 B 的根 root 即为森林中第一棵树的根 $ROOT(T_1)$；B 的左子树 LB 是从 T_1 中根结点的子树森林 $F_1 = \{T_{11},T_{12},\cdots,T_{1n}\}$ 转换而成的二叉树 $B\{T_{11},T_{12},\cdots,T_{1n}\}$；其右子树 RB 是从森林 $F'=\{T_2,\cdots,T_m\}$ 转换而成的二叉树 $B\{T_2,\cdots,T_m\}$。

由于上述定义中的 $B\{T_{11},T_{12},\cdots,T_{1n}\}$ 和 $B\{T_2,\cdots,T_m\}$ 分别是森林 $F_1 = \{T_{11},T_{12},\cdots,T_{1n}\}$ 和 $F'=\{T_2,\cdots,T_m\}$ 所对应的二叉树，故可递归地应用①和②将其转换为二叉树。

以图 6-22（a）的森林 $F=\{T_1,T_2,T_3\}$ 为例，说明按此定义将 F 转换为二叉树的过程：$T_1 = \{A,B,C,D,E,F\}$，$T_2= \{G,H,I\}$，$T_3 = \{J\}$，取 T_1 的根 A 作为 B 的根，B 的左子树是以 A 的子树组成的森林 $F_1 = \{T_{11},T_{12},T_{13},T_{14},T_{15}\}$ 对应的二叉树 $B\{T_{11},T_{12},T_{13},T_{14},T_{15}\}$，其中，$T_{11}=\{B\}$，$T_{12}=\{C\}$，

$T_{13}=\{D\}$，$T_{14}=\{E\}$，$T_{15}=\{F\}$，B 的右子树是以森林 $F'=\{T_2,T_3\}$ 对应的二叉树 $B\{T_2,T_3\}$，如图 6-23（a）所示。

对 F_1 实施变换，取 ROOT(T_{11})=B 作为 $B\{T_{11},T_{12},T_{13},T_{14},T_{15}\}$ 的根。由于 B 的子树不为空，故 $B\{T_{11},T_{12},T_{13},T_{14},T_{15}\}$ 的左子树是 $B\{T_{14},T_{15}\}$，其右子树为 $B\{T_{12},T_{13}\}$，如图 6-23（b）所示。

同理，对 $\{T_{14},T_{15}\}$ 进行转换时，取 ROOT(T_{14})= E 作为根，$B\{T_{14},T_{15}\}$ 的左子树为空，右子树是 $B\{T_{15}\}$，如图 6-23（c）所示。然后对 $\{T_{15}\}$ 进行转换，取 ROOT(T_{15})=F 作为根，得到图 6-23（d）。然后，对 $\{T_{12},T_{13}\}$ 进行转换，取 ROOT(T_{12})= C 作为根，$B\{T_{12},T_{13}\}$ 的左子树为空，右子树是 $B\{T_{13}\}$，如图 6-23（e）所示。之后，对 $\{T_{13}\}$ 进行转换，取 ROOT(T_{13})=D 作为根，得到图 6-23（f）。对于 $\{T_2,T_3\}$，做同样的处理后，就可得到图 6-22（c）所示的二叉树。

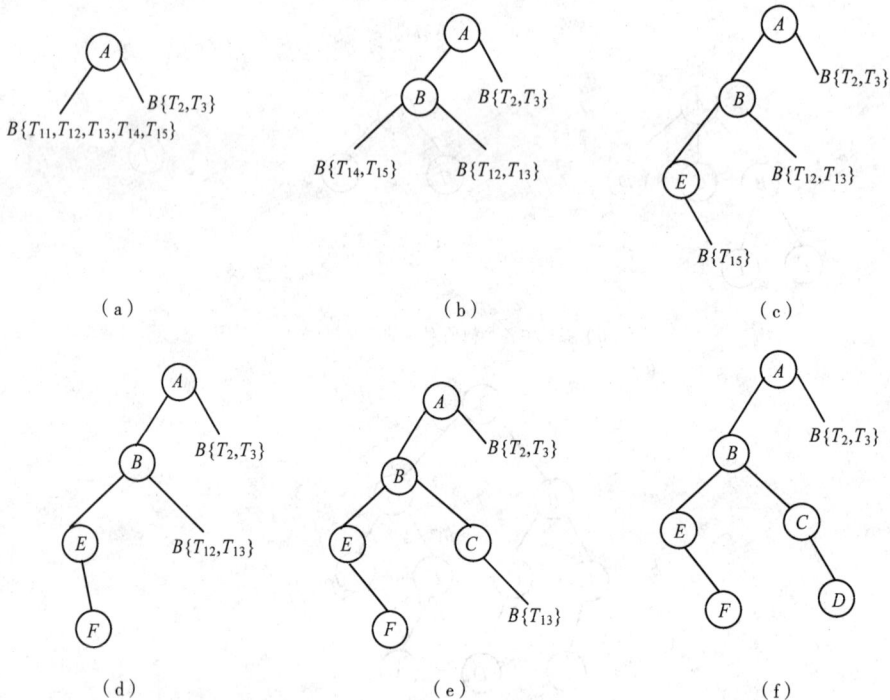

图 6-23　森林转换为二叉树的过程描述

2．二叉树转换成树、森林

如果 B=(root,LB,RB) 是一棵二叉树，则可按如下规则转换成森林 $F=\{T_1,T_2,\cdots,T_m\}$。

① 如果 B 为空，则 F 为空；

② 如果 B 非空，则 F 中第一棵树 T_1 的根 ROOT(T_1) 即为二叉树 B 的根 root；T_1 中根结点的子树森林 F_1 是由 B 的左子树 LB 转换而成的森林；F 中除 T_1 之外其余树组成的森林 $F'=\{T_1,T_2,\ldots,T_m\}$ 是由 B 的右子树 RB 转换而成的森林。

如果结点 x 是其父结点 y 的左孩子，则把 x 的右孩子，右孩子的右孩子，……，都与 y 用连线连起来，最后去掉所有父结点到右孩子的连线。图 6-24 就是用这种方法将图 6-22（c）的二叉树处理后得到的森林。

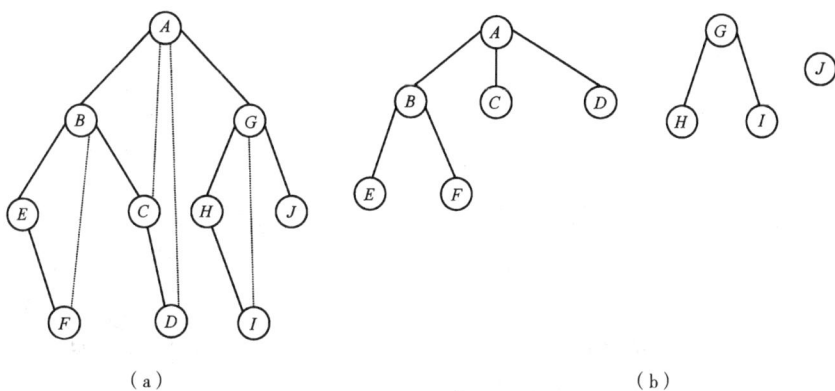

（a）

（b）

图 6-24　图 6-22（c）的二叉树转换为森林

6.4.3　树和森林的遍历

依据树的定义，若对树进行遍历，可以至少存在两种次序遍历树的方法：一种是先根（次序）遍历树，先访问树的根结点，然后依次先根遍历根的每棵子树；另一种是后根（次序）遍历，先依次后根遍历每棵子树，然后访问根结点。

如图 6-21（a）所示的树，若进行先根遍历，可得树的先根序列为

$$ABEFCD$$

如果对此树进行后根遍历，则得树的后根序列为：

$$EFBCDA$$

按照森林和树相互递归的定义，可以推出森林的两种遍历方法。

1. 前序遍历森林

如果森林非空，则按下面的规则遍历森林：

① 访问森林中第一棵树的根结点；

② 先序遍历第一棵树中根结点的子树森林；

③ 先序遍历除去第一棵树之后剩余的树构成的森林。

2. 后序遍历森林

如果森林非空，则按下面的规则遍历森林：

① 后序遍历森林中第一棵树的根结点的子树森林；

② 访问第一棵树的根结点。

如果对图 6-25（a）中的森林进行先根遍历和后根遍历，则分别得到森林的先根序列为

$$ABCDEFIGJH$$

后根序列为

$$BDCAIFJGHE$$

而图 6-25（b）所示二叉树的前序序列和中序序列也分别为 $ABCDEFIGJH$ 和 $BDCAIF$ $JGHE$。也就是说，先根遍历森林和前序遍历其相应的二叉树，遍历结果是相同的；后根遍历森林和中序遍历相应的二叉树结果一样。

由上述讨论可知，当用二叉链表作为树和森林的存储结构时，可利用二叉树的先序遍历和中序遍历的算法来实现树和森林的先根遍历和后根遍历。

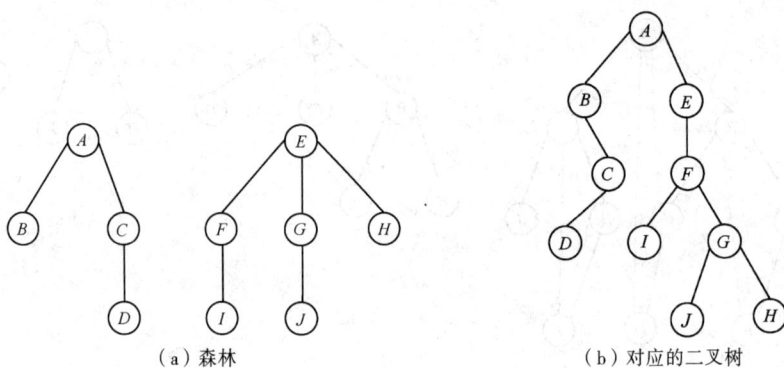

（a）森林　　　　　　　　　（b）对应的二叉树

图 6-25　森林和对应的二叉树

6.5　哈夫曼算法及其应用

哈夫曼（Huffman）树是一类带权路径长度最短的树，又名为最优树，应用广泛。下面先介绍最优二叉树，然后以哈夫曼编码为例说明哈夫曼树的应用。

6.5.1　哈夫曼树的定义

首先给出与哈夫曼树有关的几个概念。

1．路径

两个结点之间的路径是指树中一个结点到另一个结点之间的分支数。并不是树中任意两个结点之间都存在路径，如兄弟之间就不存在路径，例如图 6-26 中 A 与 B 结点间不存在路径，而根结点到树中任意结点之间都存在一条路径。

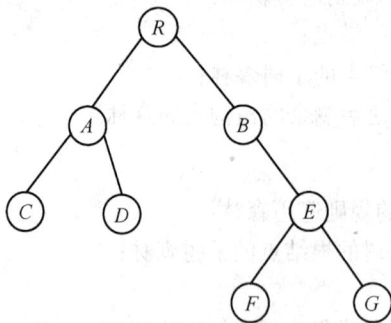

图 6-26　二叉树举例

2．路径长度

路径长度是指路径上的分支数目。例如图 6-26 中的 R 到 G 结点之间的路径长度为 3，R 到 D 结点之间的路径长度为 2。

3．树的路径长度

树的路径长度是指根结点到树中每一个结点的路径长度之和。图 6-26 所示二叉树的路径长度为 14。

4．树的带权路径长度

树的带权路径长度是指树中所有结点的带权路径长度之和。如果二叉树中的叶子结点都具有一定的权值，结点的带权路径长度为从该结点到树根之间的路径长度与结点上权的乘积。树的带权路径长度为树中所有叶子结点的带权路径长度之和，通常记作 $WPL = \sum_{k=1}^{n} \omega_k l_k$。其中 ω_k 为第 k 个叶子结点的权值，l_k 为第 k 个叶子结点的路径长度。

如果给定一组具有确定权值的叶子结点，可以构造出不同的带权二叉树。例如，给出 4 个叶子结点 k、l、m、n，其权值分别为 5、7、3、4，它们可以构造出形状不同的许多个二叉树。这些形状不同的二叉树的带权路径长度将各不相同。图 6-27 给出了其中 3 个不同形状的二叉树。它们的带权路径长度分别为

（a）$WPL_a = 5 \times 2 + 7 \times 2 + 3 \times 2 + 4 \times 2 = 38$

（b）$WPL_b = 5 \times 3 + 7 \times 3 + 3 \times 1 + 4 \times 2 = 47$

（c）$WPL_c = 5 \times 1 + 7 \times 2 + 3 \times 3 + 4 \times 3 = 40$

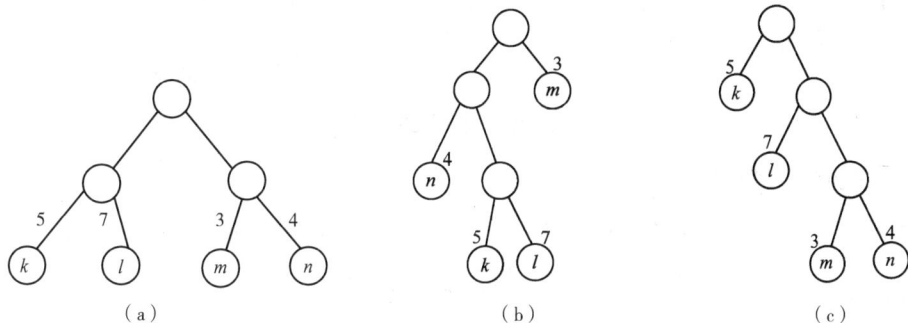

图 6-27　具有不同带权路径长度的二叉树

由此可见，对于一组带有确定权值的叶结点，构造出的不同二叉树的带权路径长度并不相同，其中带权路径长度 WPL 最小的二叉树称做最优二叉树或哈夫曼树。从上例可以看出，（a）树的带权路径长度 WPL 为最小，可以验证它为哈夫曼树，即其带权路径长度在所有带权为 5、7、3、4 的 4 个叶子结点的二叉树中为最小。

由上例可知，在叶子数目值相同的二叉树中，完全二叉树不一定是最优二叉树，最优二叉树也不一定是深度最小的二叉树。

6.5.2　哈夫曼二叉树的构造

根据哈夫曼树的定义，要使一棵树的 WPL 值最小，必须使权值越大的叶子结点越靠近根结点，而权值越小的叶子结点越远离根结点。哈夫曼提出的哈夫曼二叉树算法述如下所述。

① 根据给定的 n 个权值 $\{W_1, W_2, \cdots, W_n\}$ 构成 n 棵二叉树的集合 $F = \{T_1, T_2, \cdots, T_n\}$，其中每棵二叉树 T_i 中只有一个带权为 W_i 的根结点，其左右子树均空。

② 在 F 中选取两棵根结点的权值最小的树作为左右子树构造一棵新的二叉树，且置新的二叉树的根结点的权值为其左、右子树上根结点的权值之和。

③ 在 F 中删除这两棵树，同时将新得到的二叉树加入 F 中。

④ 重复②和③，直到 F 中只剩下一棵二叉树为止。这棵树便是所要的哈夫曼树。

图 6-28 展示了构造一棵哈夫曼树的过程。

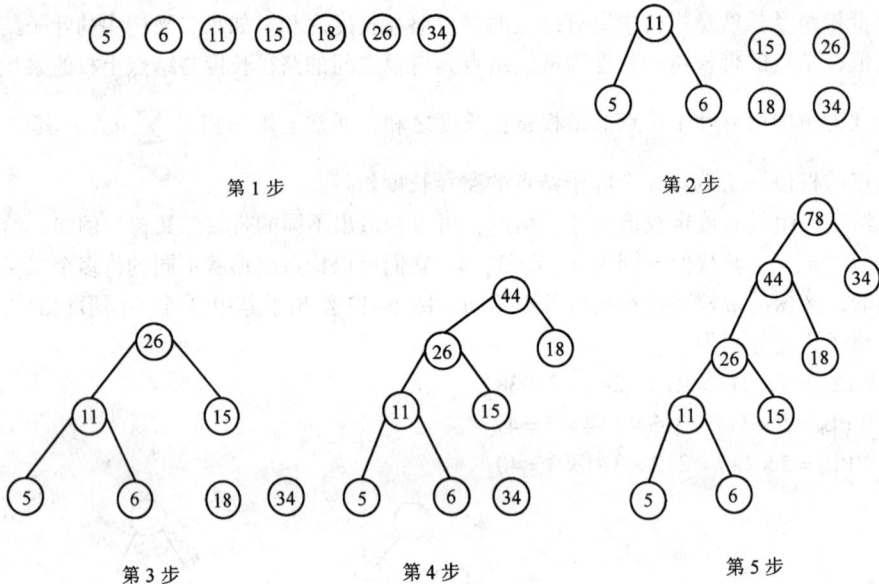

第 1 步　　　　　　　　　　　第 2 步

第 3 步　　　　　　　第 4 步　　　　　　　第 5 步

图 6-28　一棵哈夫曼树的构造过程

1．哈夫曼树的存储结构

用一个大小为 $2n-1$ 的向量来存储哈夫曼树中的结点，其存储结构为：

```
#define n 100              //叶子数目
#define m 2*n-1            //树中结点总数
typedef struct             //结点类型
{    float weight;         //权值，不妨设权值均大于零
     int lchild,rchild,parent;  //左右孩子及父结点指针
}HTNode;
typedef HTNode HuffmanTree[m];  //HuffmanTree 是向量类型
```

因为 C 语言数组的下界为 0，所以用-1 表示空指针。树中某结点的 lchild、rchild 和 parent 不等于-1 时，它们分别是该结点的左、右孩子结点和父结点在向量中的下标。设置 parent 域有两个作用：其一是使查找某结点的父结点变得简单；其二是可通过判定 parent 的值是否为-1 来区分根与非根结点。

2．构造哈夫曼树的算法的步骤

在上述存储结构上实现的哈夫曼算法可大致描述为（设 T 的类型为 HuffmanTree）：

（1）初始化

将 $T[0..m-1]$ 中 $2n-1$ 个结点中的 3 个指针均置为空（即置为-1），权值置为 0。

（2）输入

读入 n 个叶子的权值存于向量的前 n 个分量（即 $T[0..n-1]$）中。它们是初始森林中 n 个孤立的根结点上的权值。

（3）合并

对森林中的树共进行 $n-1$ 次合并，所产生的新结点依次放入向量 T 的第 i 个分量中（$n \leqslant i \leqslant m-1$）。每次合并分两步：

① 在当前森林 $T[0..i-1]$ 的所有结点中，选取权最小和次小的两个根结点 $T[p_1]$ 和 $T[p_2]$ 作为合并对象，这里 $0 \leqslant p_1$，$p_2 \leqslant i-1$。

② 将根为 $T[p_1]$ 和 $T[p_2]$ 的两棵树作为左右子树合并为一棵新的树，新树的根是新结点 $T[i]$。具体操作：

将 $T[p_1]$ 和 $T[p_2]$ 的 parent 置为 i；

将 $T[i]$ 的 lchild 和 rchild 分别置为 p_1 和 p_2；

新结点 $T[i]$ 的权值置为 $T[p_1]$ 和 $T[p_2]$ 的权值之和。

合并后 $T[p_1]$ 和 $T[p_2]$ 在当前森林中已不再是根，因为它们的父结点指针均已指向了 $T[i]$，所以下一次合并时不会被选中为合并对象。

算法如下：

```
void CreateHuffmanTree(HuffmanTree T)
{//构造哈夫曼树，T[m-1]为其根结点
    int,i,p1,p2;
    InitHuffmanTree(T);              //将 T 初始化
    InputWeight(T);                  //输入叶子权值至 T[0..n-1] 的 weight 域
    for(i=n;i<m;i++){                //共进行 n-1 次合并，新结点依次存于 T[i] 中
        SelectMin(T,i-1,&p1,&p2);
        //在 T[0..i-1] 中选择两个权最小的根结点，其序号分别为 p1 和 p2
        T[p1].parent=T[p2].parent=i;
        T[i].1child=p1;              //最小权的根结点是新结点的左孩子
        T[j].rchild=p2;              //次小权的根结点是新结点的右孩子
        T[i].weight=T[p1].weight+T[p2].weight;
    }//end for
}
```

6.5.3 哈夫曼树在编码问题中的应用

在数据通信中，经常需要将传送的文字转换成由二进制的 0、1 组成的字符串来传送。在发送端，需要将电文中的字符转换成二进制的 1、0（编码），在接收端，则将接收到的 0、1 串转换成对应的字符串。

在传送电文时，希望传送时间尽可能短，这就要求电文代码尽可能短。如果对每个字符设计长度不等的编码，且电文中出现次数较多的字符采用尽可能短的编码，则传送电文的总长度便可减少。如果设计 A、B、C、D 的编码分别为 0、00、1 和 01，则上述 6 个字符的电文可转换成总长度为 9 的字符串'000011010'。但是，这样的电文无法翻译，例如传送过去的字符串中前 4 个字符的子串'0000'就有多种翻译方法，或是'$AAAA$'，或是'ABA'，还可以是'BB'等。因此，如果要设计长短不等的编码，则必须使任何一个字符的编码都不是另一个字符的前缀，这样才能保证译码的唯一性，这种编码称做前缀编码。在哈夫曼树中，由于每个字符结点都是叶子结点，它们不可能在根结点到其他字符结点的路径上，所以任何一个字符的哈夫曼编码不可能是另一个字符的哈夫曼编码的前缀，从而保证了译码的非二义性。

可以利用二叉树来设计二进制的前缀编码。假设有一棵图 6-29 所示的二叉树，其 4 个叶子结点分别表示 A、B、C、D 四个字符，且约定左分支表示字符'0'，右分支表示字符'1'，则可以从根结点到叶子结点的路径上分支字符组成的字符串作为该叶子结点字符的编码。可以证明，这样

得到的编码一定是二进制前缀编码。由图 6-29 所得的 A、B、C、D 的二进制前缀编码分别为 0、10、110 和 111。

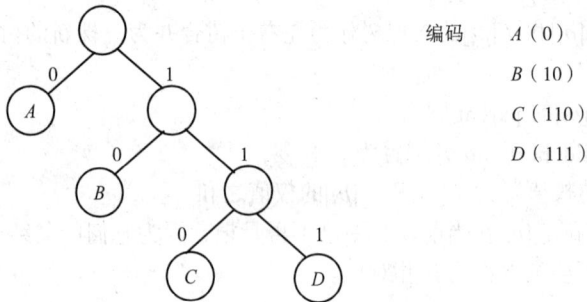

编码 $A(0)$
        $B(10)$
        $C(110)$
        $D(111)$

图 6-29　前缀编码示例

为了得到使电文总长最短的二进制前缀编码，设每种字符在电文中出现的次数或频率为 ω_i，其编码长度为 l_i，电文中只有 n 种字符，则电文总长为 $\sum_{i=1}^{n}\omega_i l_i$，对应到二叉树上，如果置 ω_i 为叶子结点的权，l_i 恰为从根到叶子的路径长度，则 $\sum_{i=1}^{n}\omega_i l_i$ 为二叉树上带权路径长度。由此可见，可以利用哈夫曼树构造使电文的编码总长度最短的编码方案，即以 n 种字符出现的次数或频率作为权值，这样就把问题转换为设计一棵哈夫曼树的问题，由此得到的二进制前缀编码称为哈夫曼编码。

由哈夫曼算法可知，初始森林中共有 n 棵二叉树，每棵二叉树中仅有一个孤立的结点，它们既是根，又是叶子。算法的第二步是将当前森林中的两棵根结点权值最小的二叉树，合并成一棵新二叉树，每合并一次，森林中就减少一棵树。显然，要进行 $n-1$ 次合并，才能使森林中的二叉树的数目，由 n 棵减少到剩下一棵最终的哈夫曼树。并且每次合并，都要产生一个新结点，合并 $n-1$ 次共产生 $n-1$ 个具有两个孩子的分支新结点。由此可见，最终求得的哈夫曼树中共有 $2n-1$ 个结点，其中 n 个结点是初始森林中的 n 个孤立结点，并且哈夫曼树中没有度为 1 的分支结点，实际上一棵具有 n 个叶子结点的哈夫曼树共有 $2n-1$ 个结点，可以存储在一个大小为 $2n-1$ 的一维数组中。由于在构成哈夫曼树之后，为求编码需从叶子结点出发寻找一条从叶子到根的路径；为求译码需从根出发寻找一条从根到叶子的路径。对每个结点而言，既需知道父结点的信息，又需知道孩子结点的信息。其存储结构及哈夫曼编码的算法如下：

```
typedef struct
{
    unsigned int weight;      /*weight 域保存结点的权值*/
    unsigned int parent;      /*parent 保存结点的父结点在数组中的序号*/
    unsigned int lchild;      /*lchild 域保存该结点的左孩子结点之间的关系*/
    unsigned int rchild;      /*rchild 域保存该结点的右孩子结点之间的关系*/
}HuffmTree;
typedef char **HuffmCode;
typedef struct
{
    unsigned ch;
    unsigned long fr;
}WD;
void select(HuffmTree *HT,int i,int *s1,int *s2);
/*w 存放 n 个字符的权值（都大于零），构造哈夫曼树 HT，并求出 n 个字符的哈夫曼编码 HC*/
```

```
void HuffmanCoding(HuffmTree *HT,HuffmCode *HC,WD w[256],int n)
{
    int m,i,j,s1,s2,l,k,start,f,cdlen;
    char *cd;
    if(n<=1)
        return;
    m=2*n-1;                                      /*求 n 个叶子结点的哈夫曼树共有的结点数*/
    HT=(HuffmanTree)malloc((m+1)*sizeof(HuffmTree));  /*0 号单元舍去不用*/
    for(i=1;i<=n;i++)
    {
        HT[i].weight=w[i-1].fr;
        HT[i].parent=0;
        HT[i].Lchild=0;
        HT[i].rchild=0;
    }/*赋初值*/
    for(;i<=m;i++)
    {
        HT[i].weight=0;
        HT[i].parent=0;
        HT[i].Lchild=0;
        HT[i].rchild=0;
    }
    for(i=n+1;i<=m;i++)                           /*构建哈夫曼树*/
    {/*在 HT[1..i-1]选择 parent 为 0 且权值最小的两个结点，序号为 s1,s2*/
        select(HT,i-1,&s1,&s2);
        HT[s1].parent=i;
        HT[s2].parent=i;
        HT[i].Lchild=s1;
        HT[i].rchild=s2;
        HT[i].weight=HT[s1].weight+HT[s2].weight;
    }
    /*从叶子结点到根逆向求每个字符的哈夫曼树编码*/
    HC=(HuffmCode)malloc((n+1)*sizeof(char *));   /*分配n个字符编码的头指针向量*/
    cd=(char *)malloc(n*sizeof(char));            /*分配所求编码的工作空间*/
    cd[n-1]='\0';                                 /*编码结束符*/
    for(i=1;i<=n;i++)
    {/*逐个字符求哈夫曼编码*/
        start=n-1;                                /*编码结束符的位置*/
        k=i;
        f=HT[k].parent;
        do
        {/*从叶子到根逆向求编码*/
            if(HT[f].Lchild==k)
                cd[--start]='0';
            else
                cd[--start]='1';
            k=f;
            f=HT[f].parent;
        }while(f!=0);
        for(j=start-1;j>=0;j--)
```

```
                    cd[j]=' ';
            HC[i]=(char *)malloc((n-start)*sizeof(char));
            m=0;
            for(j=0;j<n;j++)
            {
                if((cd[j]=='0')||(cd[j]=='1')||(cd[j]=='\0'))
                {
                    HC[i][m]=cd[j];
                    m++;
                }
                else
                    continue;
            }
    }
    free(cd);  /*释放工作空间*/
}
/*在HT[1..n]选择parent为0且权值最小的两个结点，其序号为s1,s2*/
void select(HuffmTree *HT,int n,int *s1,int *s2)
{
    int j;
    unsigned long min1,min2;
    min1=65535;
    /*选取两个根结点的权值最小的结点，s1、s2分别指向这两个结点*/
    /*找权值最小的结点过程*/
    for(j=1;j<=n;j++)
    {
        if((min1>HT[j].weight)&&(HT[j].parent==0))
        min1=HT[j].weight;
    }
    j=n;
    while((j>0))
    {
        if((min1==HT[j].weight)&&(HT[j].parent==0))
            break;
        else
            j--;
    }
    s1=j;
    /*找权值次小的结点过程*/
    min2=65535;
    for(j=1;j<=n;j++)
    {
        if((min2>HT[j].weight)&&(j!=*s1)&&(HT[j].parent==0))
        min2=HT[j].weight;
    }
    j=n;
    while((j>0))
    {
        if(j==*s1)
```

```
        {
            j--;
            continue;
        }
        else
            if((min2==HT[j].weight)&&(HT[j].parent==0))
                break;
            else
                j--;
    }
    s2=j;
}
```

向量 HT 的前 n 个分量表示叶子结点，最后一个分量表示根结点，各字符的编码长度不等，所以按实际长度动态分配空间。在算法中，求每个字符的哈夫曼编码是从叶子到根逆向处理的。也可以从根出发，遍历整棵哈夫曼树，求得各个叶子结点所表示的字符的哈夫曼编码。

小　　结

树和二叉树是一类具有层次或嵌套关系的非线性结构，广泛地应用于计算机领域，尤其是二叉树最重要、最常用。本章着重介绍了二叉树的概念、性质和存储表示；二叉树的三种遍历操作以及线索二叉树的有关概念和运算。同时介绍了树、森林和二叉树之间的转换；树的 3 种存储表示方法；树和森林的遍历方法。最后讨论了最优二叉树（哈夫曼树）的概念及其应用。

在学习本章内容时，应着重了解树和二叉树的定义和有关术语；熟练掌握二叉树的顺序存储结构和链式存储结构等基本概念；遍历二叉树的操作作为二叉树中各种运算的基础，要重点掌握各种次序的遍历算法，以及实现二叉树的其他运算的各种操作。对于二叉树的线索化，在加速遍历过程和有效利用存储空间有着非常显著的优势，要熟练掌握。对于树和二叉树之间的转换方法，存储树的父结点表示法、孩子表示法和孩子兄弟法，要能举一反三，熟练地将这些方法应用到实际中。

习　　题

1．判断题（判断下列各题是否正确，如果正确在（ ）内打"√"，否则打"×"）：

（1）二叉树是树的特殊形式。　　　　　　　　　　　　　　　　　　　（　　）

（2）由树转换成二叉树，其根结点的右子树总是空的。　　　　　　　　（　　）

（3）前序遍历树和前序遍历与该树对应的二叉树，其结果不同。　　　　（　　）

（4）后序遍历树和中序遍历与该树对应的二叉树，其结果不同。　　　　（　　）

（5）先根遍历森林和前序遍历与该森林对应的二叉树，其结果不同。　　（　　）

（6）后根遍历森林和中序遍历与该森林对应的二叉树，其结果不同。　　（　　）

（7）在二叉树中插入结点后，该二叉树就不是二叉树了。　　　　　　　（　　）

（8）哈夫曼树是带权路径长度最短的树，路径上权值较大的结点离根较近。（　　）

（9）用一维数组存放二叉树时，总是以前序遍历存储结点。　　　　　　（　　）

2．单选题：

（1）有一棵二叉树，如图 6-30 所示，该二叉树是（　　　　）。

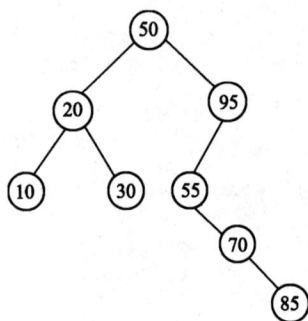

图 6-30　二叉树之一

　　　A．二叉平衡树　　　　　　　　B．二叉排序树　　　　　　　C．堆的形状

（2）线索化二叉树中某结点没有孩子的充要条件是（　　　　）。

　　　A．C.Lchild=null　　　　　　B．C.Ltag=1　　　　　　　C．C.Ltag=0

（3）如果结点 A 有 3 个兄弟，而且 B 是 A 的父结点，则 B 的度是（　　　　）。

　　　A．4　　　　　　　　　　　　B．5　　　　　　　　　　　C．1

（4）树 B 的层号表示 1a,2b,3d,3e,2c 对应于下面的（　　　　）。

　　　A．1a[2b[3d,3e],2c]　　　　B．a[b[d],e],c]　　　　C．a[b,d[e,c]]　　　　D．a[b[d,e],c]

（5）某二叉树 T 有 n 个结点，设按某种顺序对 T 中的每个结点进行编号，编号值为 1,2,…,n，且有如下性质：T 中任意结点 v，其编号等于左子树上的最小编号减 1，而 v 的右子树的结点中，其最小编号等于 v 左子树上结点的最大编号加 1，这是按（　　　　）编号的。

　　　A．中序遍历序列　　　　　　B．前序遍历序列　　　　　C．后序遍历序列

（6）设 F 是一个森林，B 是由 F 转换得到的二叉树，F 中有 n 个非终端结点，B 中右指针域为空的结点有（　　　　）个。

　　　A．n−1　　　　　　　　B．n　　　　　　　　C．n+1　　　　　　D．n+2

（7）前序遍历的顺序是（　　　　）。

　　　A．根结点，左子树，右子树

　　　B．左子树，根结点，右子树

　　　C．右子树，根结点，左子树

　　　D．左子树，右子树，根结点

（8）中序遍历的顺序是（　　　　）。

　　　A．根结点，左子树，右子树

　　　B．左子树，根结点，右子树

　　　C．右子树，根结点，左子树

　　　D．左子树，右子树，根结点

（9）后序遍历的顺序是（　　　　）。

　　　A．根结点，左子树，右子树

　　　B．左子树，根结点，右子树

　　　C．右子树，根结点，左子树

　　　D．左子树，右子树，根结点

（10）一棵非空的二叉树的前序序列和后序序列正好相反，则该二叉树一定满足（　　　　）。

　　　A．其中任意一个结点均无左孩子

B. 其中任意一个结点均无右孩子

C. 其中只有叶子结点

D. 是任意一棵二叉树

3. 分别画出具有 3 个结点的树和 4 个结点的二叉树的所有不同形态。

4. 采用顺序存储方法和链接存储方法分别画出图 6-31 所示的二叉树的存储结构。

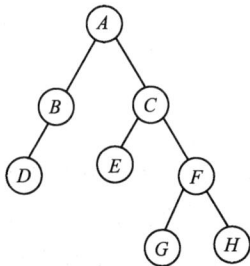

图 6-31　二叉树之二

5. 已知一棵二叉树的中序序列和后序序列分别为 *BDCEAFHG* 和 *DECBHGFA*。画出这棵二叉树。

6. 已知一棵度为 n 的树中有 n_1 个度为 1 的结点，n_2 个度为 2 的结点，……，n_m 个度为 m 的结点，问该树中有多少片叶子？

7. 对于图 6-32 中（a）、（b）、（c）所给的一般树，给出它们的二叉树形态。

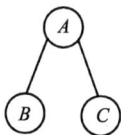 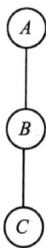 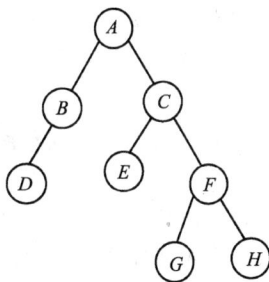

（a）　　　　　（b）　　　　　（c）

图 6-32　一般树

8. 将图 6-33 所示的森林转换成二叉树。

9. 写出图 6-33 中森林的先根序列和后根序列。

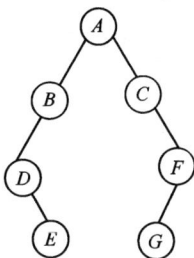 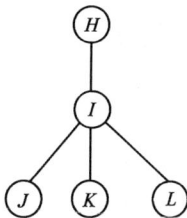 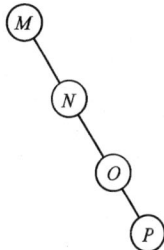

图 6-33　森林

10. 对于权值 $w=\{14,15,7,4,20,3\}$，试给出相应的哈夫曼树，并计算其带权长度。

11. 一个深度为 h 的满 k 叉树有如下性质：第 h 层上的结点都是叶子结点，其余各层上每个结点都有 k 棵非空子树。如果按层次顺序（同层自左至右）从 1 开始对全部结点编号，问：

（1）各层的结点数目是多少？

（2）编号为 i 的结点的父结点结点（如果存在）的编号是多少？

（3）编号为 i 的结点的第 j 个孩子结点（如果存在）的编号是多少？

（4）编号为 i 的结点有右兄弟的条件是什么？其右兄弟的编号是多少？

12. 设二叉树包含的结点数据为 1,3,7,12。

（1）画出两棵高度最大的二叉树。

（2）画出两棵完全二叉树，要求每个父结点的值大于其孩子结点的值。

13. 在具有 n 个结点的 k 叉树（$k \geq 2$）的 k 叉链表表示中，有多少个空指针？

14. 设计一个算法，以判断二叉树 T 是否为二叉排序树（假设 T 中任意两个结点的值均不相等）。

15. 以二叉树作存储结构，编写求二叉树高度的算法。

16. 一棵 n 个结点的完全二叉树以数组作为存储结构，编写非递归算法实现对该树进行前序遍历。

17. 算法判断两棵二叉树是否等价。如果 T_1 和 T_2 都是空的二叉树；或者 T_1 和 T_2 的根结点的值相同，并且 T_1 的左子树与 T_2 的左子树是等价的，T_1 和 T_2 的右子树是等价的，则称二叉树 T_1 和 T_2 是等价的。

18. 设计算法按后序序列打印二叉树 T 中所有叶子结点的值，并返回其结点个数。

19. 假设用于通信的电文仅由 8 个字母组成，字母在电文中出现的频率分别是 7,19,2,6,32,3,21,10。试为这 8 个字母设计哈夫曼编码并用程序实现。

20. 二叉链表为存储结构，分别写出求二叉树高度及宽度的算法。所谓宽度，是指二叉树的各层上具有结点数最多的那一层上的结点总数。

拓展实验：创建二叉树

实验目的：通过本实验可以理解二叉树的结构和基本遍历方法。

实验内容：根据先序序列、中序序列创建二叉树的程序。

实验要求：

1. 设计与选择算法与数据结构；

2. 用 C 语言程序实现；

3. 讨论程序的执行结果。

第 **7** 章

图

📖 本章知识结构图

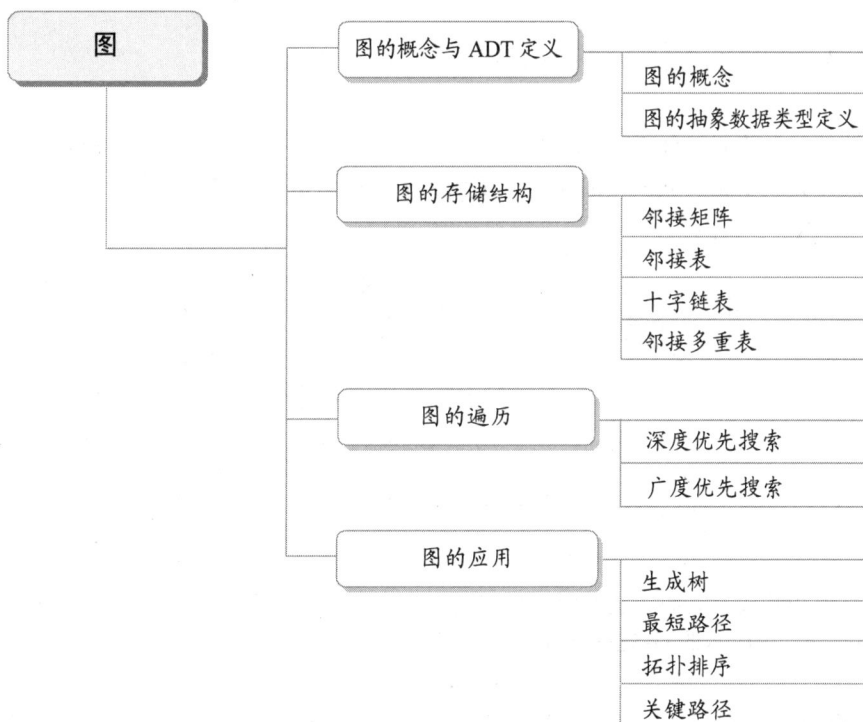

```
                        ┌─────────────────────┐
                        │ 图的概念与 ADT 定义  │
          ┌──────────┐  └─────────────────────┘
          │    图    │                          ┌──────────────────┐
          └──────────┘                          │ 图的概念         │
                                                └──────────────────┘
                                                ┌──────────────────┐
                                                │ 图的抽象数据类型定义 │
                                                └──────────────────┘

                        ┌─────────────────────┐
                        │    图的存储结构      │
                        └─────────────────────┘
                                                ┌──────────────────┐
                                                │ 邻接矩阵         │
                                                └──────────────────┘
                                                ┌──────────────────┐
                                                │ 邻接表           │
                                                └──────────────────┘
                                                ┌──────────────────┐
                                                │ 十字链表         │
                                                └──────────────────┘
                                                ┌──────────────────┐
                                                │ 邻接多重表       │
                                                └──────────────────┘

                        ┌─────────────────────┐
                        │    图的遍历          │
                        └─────────────────────┘
                                                ┌──────────────────┐
                                                │ 深度优先搜索     │
                                                └──────────────────┘
                                                ┌──────────────────┐
                                                │ 广度优先搜索     │
                                                └──────────────────┘

                        ┌─────────────────────┐
                        │    图的应用          │
                        └─────────────────────┘
                                                ┌──────────────────┐
                                                │ 生成树           │
                                                └──────────────────┘
                                                ┌──────────────────┐
                                                │ 最短路径         │
                                                └──────────────────┘
                                                ┌──────────────────┐
                                                │ 拓扑排序         │
                                                └──────────────────┘
                                                ┌──────────────────┐
                                                │ 关键路径         │
                                                └──────────────────┘
```

📋 学习目标

- 掌握图的基本概念和存储结构;
- 掌握图的遍历;
- 理解生成树和最短路径;
- 了解拓扑排序和关键路径。

在程序设计中，经常遇到复杂的非线性的数据元素关系，如集成电路设计、道路交通规划、作业调度等，这种元素之间的关系不只有一个直接前驱或直接后继，在数据结构中，将这种比线性表和树更为复杂的数据结构称做图，图是一种复杂的非线性数据结构。图和树的区别是：树描述的是数据元素（结点）之间的层次关系，每一层上的数据元素可与下一层中的多个元素相关，但只与上一层中一个元素相关，而图的结点之间的关系是任意的，图的任意两个数据元素之间都有可能相关。图以简单的方式来描述问题、系统和状况等。

本章介绍图的基本概念，重点介绍图的存储结构及其基本算法，并重点介绍最小生成树、最短路径和关键路径等图的应用。

7.1 图的概念与 ADT 定义

通过本节内容的学习，可以建立图的基本概念。

7.1.1 图的概念

1. 图

图是一种复杂的非线性数据结构，它的定义为

$$G=(V,E)$$

其中 V 是图的结点的非空有限集，E 是图的边的有限集。图由有限个结点（Vertices）的集合 V 及结点与结点间相连的边（Edges）的集合 E 组成，图 7–1 列举了 4 种典型图。

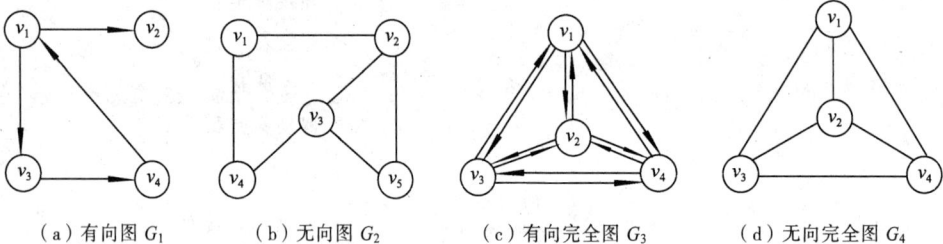

（a）有向图 G_1　　（b）无向图 G_2　　（c）有向完全图 G_3　　（d）无向完全图 G_4

图 7–1　4 种典型图

2. 无向图

无向图的每条边都没有方向，边的两个顶点没有次序关系，即两个顶点对 (v_1,v_2) 和 (v_2,v_1) 代表同一边，图 7–1（b）中所示的 G_2 是一个无向图。

$$G_2=(V,E)$$

其中，$v=\{v_1,v_2,v_3,v_4,v_5\}$，$E=\{(v_1,v_2),(v_1,v_4),(v_2,v_3),(v_2,v_5),(v_3,v_4),(v_3,v_5)\}$。

对于无向图，E 的取值范围是 $0\sim n(n-1)/2$。有 $n(n-1)/2$ 条边的无向图称为无向完全图，如图 7–1（d）所示的 G_4 图。

3. 有向图

有向图中的每条边都是有方向的，边的两个顶点有次序关系，即 (v_1,v_2) 和 (v_2,v_1) 代表两条边。图 7–1（a）所示的 G_1 是一个有向图：

$$G_1=(V,E)$$

其中，$v=\{v_1,v_2,v_3,v_4\}$，$E=\{<v_1,v_2>,<v_1,v_3>,<v_3,v_4>,<v_4,v_1>\}$

用 n 表示图的顶点数目，用 e 表示边或弧的数目。如果不考虑顶点到其自身的弧或边，即若 $<v_i,v_j>\in E$，则 $v_i\neq v_j$。那么，对于有向图，E 的取值范围是 $0\sim n(n-1)$。有 $n(n-1)$ 条弧的有向图称为有向完全图，如图 7-1（c）所示的 G_3 图。

4．权

将与图的边或弧相关的数称为权，权反应了这条边或弧的某种特征的数据，实际上是两点之间属性的体现。例如可以表示两点之间的距离、时间或某种代价等。

5．网

通常将带权的图称之为网，图 7-2 所示的图就是一个网。

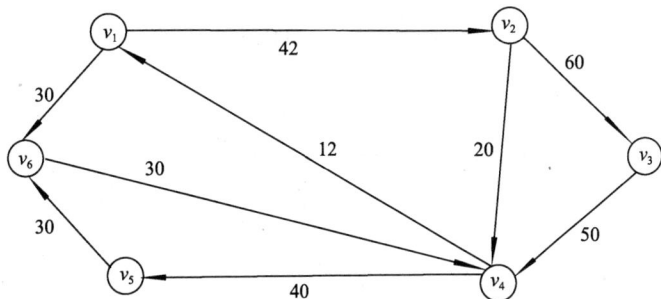

图 7-2　网的示例

6．子图

假如有两个图 $G=(V,E)$ 和 $G'=(V',E')$，如果 $V'\in V$ 且 $E'\in E$，则称 G' 为 G 的子图。图 7-3 是子图的一些例子。

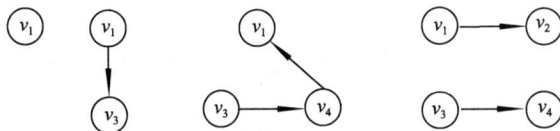

（a）图 7-1 中 G_1 的子图

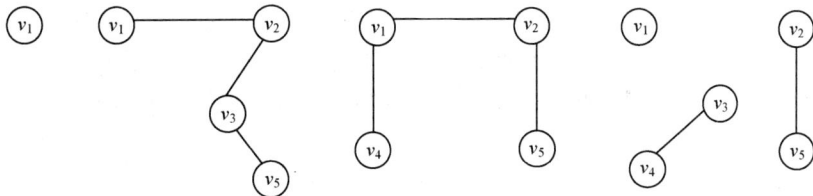

（b）图 7-1 中 G_2 的子图

图 7-3　子图的示例

7．弧头和弧尾

若有向图中存在 $<v_i,v_j>$，则称弧的始点 v_i 为弧尾，弧的终点 v_j 为弧头。

8．出边和入边

若有向图中存在 $<v_i,v_j>$，则称该弧为始点 v_i 的出边，终点 v_j 的入边。

9．入度

以顶点 v 为头的弧的数目，称为 v 的入度，记为 $ID(v)$。

10. 出度

以顶点 v 为尾的弧的数目称为 v 的出度，记为 $OD(v)$。

11. 顶点的度

对于无向图 $G=(V,E)$，如果边 $(v,v')\in E$，则称顶点 v 和 v' 互为邻接点，即 v 和 v' 相邻接。边 (v,v') 和顶点 v 与 v' 相关联。顶点 v 的度是指与顶点 v 相关联的边的数目，记为 $TD(v)$。例如 G_2 中 V_3 的度是 3。对于有向图 $G=(V,E)$，顶点的度 $TD(v)=ID(v)+OD(v)$。例如，图 7-1（a）中顶点 v_1 的入度 $ID(v_1)=1$，出度 $OD(v_1)=2$，度 $TD(v_1)=ID(v_1)+OD(v_1)=3$。如果顶点 v_i 的度记为 $TD(v_i)$，那么一个有 n 个顶点、e 条边或弧的图，满足如下关系：

$$e = \frac{1}{2}\sum_{i=1}^{n} TD(v_i)$$

12. 路径

无向图 $G=(V,E)$ 中从顶点 v 到顶点 v' 的路径是一个顶点序列 $(v,v_{i,0},v_{i,1},v_{i,2},\cdots,v_{i,m},v')$，其中 $(v_{i,j-1},v_{i,j})\in E$，$1\leqslant j\leqslant m$。如果 G 是有向图，则路径也是有向的顶点序列，应满足 $<v_{i,j-1},v_{i,j}>\in E$，$1\leqslant j\leqslant m$。

13. 路径的长度

路径的长度是指路径上的边或弧的数目。

14. 回路或环

回路或环是指第一个顶点和最后一个顶点相同的路径。

15. 简单路径

简单路径是指序列中顶点不重复出现的路径，即不存在回路的路径。

16. 简单回路

简单回路是指路径的长度 ≥2，且路径的起始点和终止点是同一顶点的路径，简单回路中只有一条回路。例如在图 7-1 的 G_3 中，(v_3,v_1,v_2,v_4,v_1) 是一条从 v_3 到 v_1 的路径，其长度为 4；(v_1,v_2,v_4,v_1) 是一条从 v_1 到 v_1 的简单路径，其长度为 3，也是一条简单回路。

17. 连通图

在无向图中，如果从顶点 v 到顶点 v' 有路径，则称 v 和 v' 是连通的。如果图中任意两个顶点 $v_i,v_j\in V$，v_i 和 v_j 都是连通的，则称 G 是连通图，否则称为非连通图。无向图 G 的极大连通子图称为 G 的连通分量。图 7-1（d）中 G_4 就是一个连通图，而图 7-4（a）中的 G_5 则是非连通图，但 G_5 有 3 个连通分量，如图 7-4（b）所示。

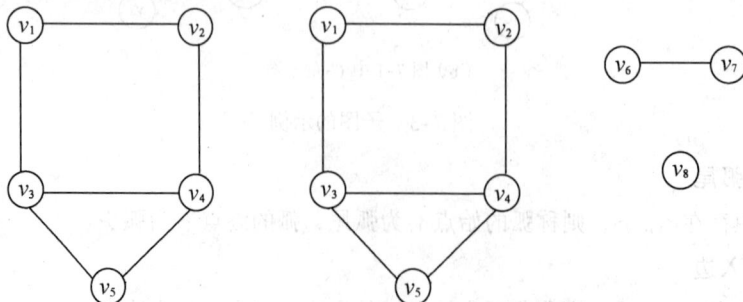

（a）无向图 G_5　　　　　　（b）G_5 的 3 个连通分量

图 7-4　无向图及其连通分量

18．连通分量

连通分量是指无向图中极大连通子图。

19．强连通图

在有向图 G 中，如果对于每一对顶点 $v_i,v_j \in V$，$v_i \neq v_j$，从 v_i 到 v_j 和从 v_j 到 v_i 都存在路径，则称 G 是强连通图。换而言之，强连通图中任意两个顶点之间都至少存在一条某种意义上的通路。

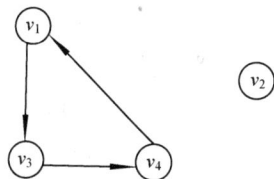

图 7-5　G_1 的两个强连通分量

20．强连通分量

有向图中的极大连通子图称为有向图的强连通分量。例如，图 7-1（a）中的 G_1 不是强连通图，但它有两个强连通分量，如图 7-5 所示。

21．生成树

一个连通图的生成树是一个极小连通子图，该子图是以图中的所有顶点作为树结点，并从图中顶点之间的全部弧中进行选择构成一棵树的 $n-1$ 条边来构建的该连通图的生成树。图 7-6 是 G_5 中最大连通分量的一棵生成树。如果在树的两个结点之间添加一条边，这棵生成树就将构成了一个环，因为两个结点之间有了两条路径。一棵有 n 个顶点的生成树有且仅有 $n-1$ 条边，如果一个图有 n 个顶点和小于 $n-1$ 条边，那么就是非连通图。如果它多于 $n-1$ 条边则一定有环。但是，有 $n-1$ 条边和 n 个顶点的图不一定是生成树。

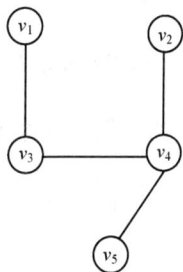

图 7-6　G_5 的最大连通分量的一棵生成树

22．有向树

如果一个有向图有一个顶点入度为 0，其余顶点入度为 1，则是一棵有向树。

23．生成森林

一个有向图的生成森林由若干棵有向树组成，含有图中全部顶点，但是足以构成若干棵不相交的有向树的弧，如图 7-7 所示。

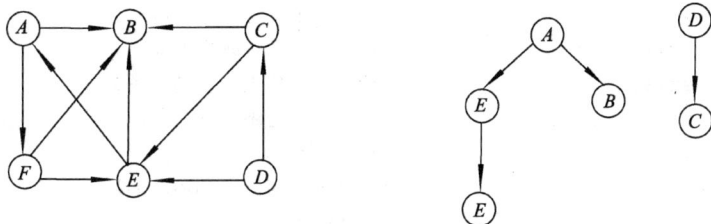

图 7-7　一个有向图及其生成森林

【例】设图 $G=(V,E)$，$V=\{a,b,c,d,e\}$，$E=\{<a,b>,<a,c>,<b,d>,<c,e>,<d,c>,<e,d>\}$。求解下列问题：

① 写出与顶点 b 相关联的弧。

② 是否存在从顶点 c 到 b 的路径？

③ 写出 ID(d)、OD(d)、TD(d)。

④ 该有向图是否为强连通图？

⑤ 画出各个强连通分量。

解：

① 与顶点 b 相关联的弧有两条：$<a,b>$ 和 $<b,d>$。

② 不存在从顶点 c 到 b 的路径。

③ ID(d)=2，OD(d)=1，TD(d)=3。

④ 不是强连通图。

⑤ 有 3 个强连通图分量，如图 7-8 所示。

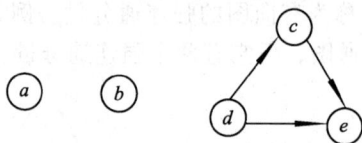

图 7-8   3 个强连通图

7.1.2   图的抽象数据类型定义

图的抽象数据类型定义为：

```
ADT Graph{/*
    /*数据对象V：V是具有相同特性的数据元素的集合，称为顶点集*/
    /*数据关系R：*/
    R={VR}
    VR={<v,w>|v,w∈V且P(v,w)}        /*<v,w>表示从v到w的弧，P(v,w)定义了弧<v,w>的
                                        意义或信息*/

    /*基本操作P：*/
    CreatGraph(&G,V,VR);            /*按V和VR的定义建造图G*/
    DestroyGraph(&G);               /*销毁图G*/
    LocateVex(G,u);                 /*如果图G中存在顶点u,则返回该顶点在图中的位置;
                                        否则返回其他信息*/
    GetVex(G,v);                    /*返回顶点v的值*/
    PutVex(&G,v,value);             /*对v赋值value*/
    InsertVex(&G,v);                /*在图G中增添新顶点v*/
    DeleteVex(&G,v);                /*删除G中顶点v极其相关的弧*/
    InsertArc(&G,v,w);              /*在图G中增添弧<v,w>,如果G是无向图，则还增添
                                        对称弧<w,v>*/
    DeleteArc(&G,v,w);              /*删除图G的弧<v,w>,如果G是无向图，则还删除
                                        对称弧<w,v>*/
}ADT Graph
```

7.2   图的存储结构

图是一种复杂的非线性数据结构，它的各个顶点的度差别很大，顶点之间的逻辑关系也很复杂，任意两个顶点之间都可能存在特定的通路。图的信息包括顶点信息和描述各顶点之间关系的边的信息。因此在存储图的时候，要完整、准确地反映这两方面的信息。图的存储结构又称为图的存储表示

或图的表示，主要有 4 种常用的存储方法：邻接矩阵、邻接表、十字链表和邻接多重表。在进行图的
存储时，要综合分析数据的性质和操作，以及图本身的结构特点来选择合适的存储方式。

7.2.1 邻接矩阵

邻接矩阵是表示图中顶点之间相邻关系的矩阵。邻接矩阵存储结构是指将图的顶点信息存储
在二维数组中，各个顶点之间的关系（图的各个边或弧）存储在矩阵中。

设图 $G=(V,E)$ 具有 n 个顶点，则 G 的邻接矩阵是 n 阶方阵，性质如下：

$$A[i][j]=\begin{cases} 1 & \text{当顶点 } v_i \text{ 与顶点 } v_j \text{ 之间有边时} \\ 0 & \text{当顶点 } v_i \text{ 与顶点 } v_j \text{ 之间无边时} \end{cases}$$

图 7-1 中 G_1 和 G_2 的邻接矩阵如图 7-9 所示。通常来说，图在使用二维数组的形式表示时，需要
存储 n 个顶点的信息和 n^2 条边的信息。因为无向连通图的邻接矩阵对称，所以在存储图时可以采用只
存储矩阵的下三角（或上三角）元素的压缩存储方式。这种方式只需要 $n(n-1)/2$ 个存储单元。

$$G_1=\begin{pmatrix} 0 & 1 & 1 & 0 \\ 0 & 0 & 0 & 0 \\ 0 & 0 & 0 & 1 \\ 1 & 0 & 0 & 0 \end{pmatrix} \qquad G_2=\begin{pmatrix} 0 & 1 & 0 & 1 & 0 \\ 1 & 0 & 1 & 0 & 1 \\ 0 & 1 & 0 & 1 & 1 \\ 1 & 0 & 1 & 0 & 0 \\ 0 & 1 & 1 & 0 & 0 \end{pmatrix}$$

图 7-9 图的邻接矩阵

图用邻接矩阵的方法表示有两个优点，一是可以判定任意两个顶点之间是否有边（或弧）相
连，二是可以求得各个顶点的度。对于无向图而言，顶点 v_i 的度是邻接矩阵中第 i 行（或第 i 列）
的元素之和，即

$$TD(v_i)=\sum_{j=1}^{n} A[i][j]$$

对于有向图而言，它的顶点之间的连线（弧）是具有方向性的，所以它的邻接矩阵一般是一
个非对称矩阵。因此，它需要用 $n \times n$ 个存储单元来存储。当有向图采用邻接矩阵存储结构时，根
据图的邻接矩阵可以确定图中各顶点的出度和入度，其关系为：第 i 行的元素之和为顶点 v_i 的出
度 $OD(v_i)$，第 j 列的元素之和为顶点 v_j 的入度 $ID(v_j)$。

由上述邻接矩阵的定义，可以给出网的邻接矩阵的定义。如果网 $G=(V,E)$ 含有 n（$n \geq 1$）个顶
点 $V=(v_1,v_2,\cdots,v_n)$，则元素为

$$A[i][j]=\begin{cases} W_{ij} & \text{当顶点 } v_i \text{ 与顶点 } v_j \text{ 之间有边时，且边的权值为 } W_{ij} \\ \infty & \text{当顶点 } v_i \text{ 与顶点 } v_j \text{ 之间无边时} \end{cases}$$

其中，W_{ij} 表示边上的权值，∞ 表示一个计算机允许的、大于所有边上的权值的数。

例如，图 7-10 列出了一个有向网和它的邻接矩阵。

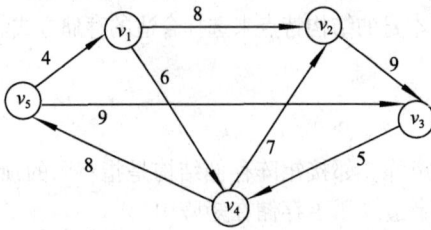

（a）

$$\begin{pmatrix} \infty & 8 & \infty & 6 & \infty \\ \infty & \infty & 9 & \infty & \infty \\ \infty & \infty & \infty & 5 & \infty \\ \infty & 7 & \infty & \infty & 8 \\ 4 & \infty & 9 & \infty & \infty \end{pmatrix}$$

（b）

图 7-10　网及其邻接距阵

在用邻接矩阵表示图时，有两部分内容需要存储。一是存储用于表示顶点间相邻关系的邻接矩阵，二是通过顺序表的形式来存储顶点信息。其形式描述如下：

```
#define maxnode 15          /*最大的顶点数*/
typedef struct
{
    elemtype Vertex;        /*顶点信息*/
}vertextype;

typedef struct
{
    int adj;                /*顶点之间相关的信息 若顶点相邻 则adj=1; 否则adj=0*/
}arctype;
typedef struct
{
    vertextype vexs[maxnode]
    arctype arcs[maxnode][maxnode]
}graph;
```

建立邻接矩阵的算法比较简单，只需定义一个 $n \times n$ 的数组，输入数据即可。下面给出建立一个无向网络的算法。

```
#define maxnode 15                  /*最大的顶点数*/
#define e 8                         /*图的边数*/
typedef struct
{
    elemtype Vertex;                /*顶点信息*/
}vertextype;
typedef struct
{
    int adj;
}arctype;
typedef struct
{
    vertextype vexs[maxnode]
    arctype arcs[maxnode] [maxnode]
}Graph;
/*建立无向网络*/
CreatGraph(ga)
Graph *ga;
{
```

```
int i,j,k,n;
float w;
n=maxnode;                          /*图中顶点个数*/
for(i=0;i<n;i++)
    ga->vexs[i]=getchar();          /*读入顶点信息,建立顶点表*/
for(i=0;i<n;i++)
    for(j=0;j<n;j++)
        ga->arcs[i][j]=0;           /*邻接矩阵初始化*/
for(k=0;k<e;k++)                    /*读入 e 条边*/
{
    scanf("%d%d%f",&i,&j,&w);       /*读入边(vi,vj)上的权 w*/
    ga->arcs[i][j]=w;
    ga->arcs[j][i]=w;
}
}
```

该算法的执行时间是 $O(n+n^2+e)$,其中 $O(n^2)$ 的时间消耗在邻接矩阵的初始化操作上,因为 $e < n^2$,所以算法的时间复杂度为 $O(n^2)$。

7.2.2 邻接表

利用邻接矩阵存储图需要知道图中顶点的个数,所以这种方法是静态的。但是当图的结构是在解决问题的过程中动态产生的时候,则每增加或删除一个顶点都需要改变邻接矩阵的大小,邻接矩阵方法的效率就很低了。除此之外,当图的邻接矩阵为一个稀疏矩阵时,由于邻接矩阵占用的存储单元数目只与图中顶点的个数有关,而与边(弧)的数目无关,所以造成存储空间的浪费。

为了解决上述问题,可以采用顺序存储结构和链式存储结构相结合的邻接表的存储方法。具体存储方法是,图中顶点的信息采用顺序存储,而图中边的信息采用链式存储方法。在邻接表中,用一个一维数组,其中每个数组元素包含两个域,其结构如图 7-11 所示。

Vertex	FirstArc

图 7-11 一维数组元素的结构

其中 Vertex 域用来存储顶点信息,FirstArc 是存放与该结点相邻接的所有顶点组成的单链表头指针的指针域;邻接单链表中每个结点表示依附于该顶点的一条边,称做边结点,边结点的结构如图 7-12 所示。

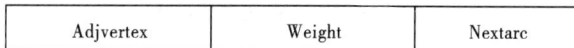

Adjvertex	Weight	Nextarc

图 7-12 边结点的结构

边结点由 3 个域组成,其中邻接点域(Adjvertex)存放依附于该边的另一个顶点在一维数组中的序号,对于有向图,存放的是该边结点所表示的弧的弧头顶点在一维数组中的序号。Weight 域存放边和该边(或弧)有关的信息,如权值等,当图中边(或弧)不含有信息时,该域可省略。Nextarc 域为指向依附于该顶点的下一个边结点的指针。图 7-13(a)和(b)所示分别为图 7-1 中 G_1 和 G_2 的邻接表。

在无向图的邻接表中,顶点的 v_i 度恰为第 i 个链表中的结点数;而在有向图中,第 i 个链表中的结点个数只是顶点 v_i 的出度,为了求入度必须遍历整个邻接表。在所有链表中,其邻接点域

的值为 i 的结点的个数是顶点 v_i 的入度。有时为了便于确定顶点的入度或以顶点 v_i 为头的弧，可以建立一个有向图的逆邻接表，即对每一个顶点 v_i 建立一个链接以顶点 v_i 为头的弧的表。例如，图 7-13（c）所示为有向图 G_1 的逆邻接表。

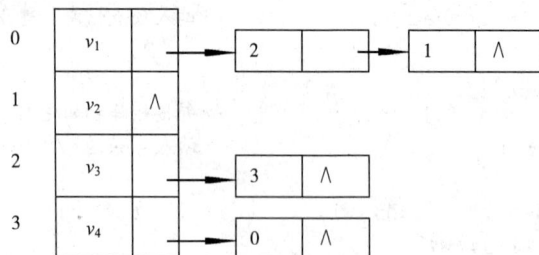

（a）G_1 的邻接表

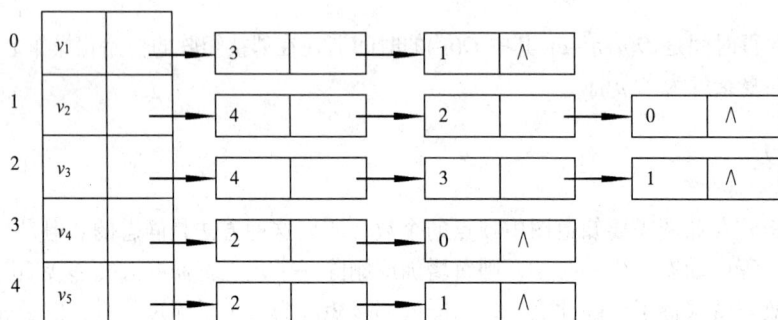

（b）G_2 的邻接表

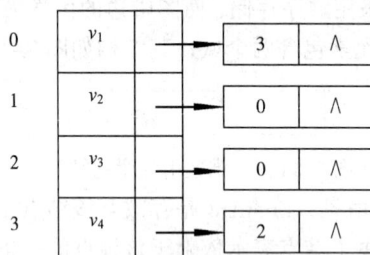

（c）G_1 的逆邻接表

图 7-13　邻接表和逆邻接表

一个图的邻接表存储结构的描述形式说明如下：

```c
#define maxnode 256          /*图中顶点最大数*/
typedef struct arc
{
    int adjvertex;           /*弧头结点在数组中的序号*/
    int weight;              /*当为网时有此项*/
struct arc *nextarc;
}arctype;
typedef struct
{
    elemtype vertex;         /*顶点信息*/
```

```
    arctype *firstarc;
}vertextype;
typedef vertextype adjlisttype[maxnode];
```

若无向图中有 n 个顶点、e 条边，则它的邻接需 n 个头结点和 $2e$ 个表结点。显然在边稀

疏（$e \leqslant \frac{1}{2}n(n-1)$）的情况下，用邻接表表示图比邻接矩阵节省存储空间，当和边相关的信息

较多时，更是如此。

寻找图中任意顶点的第一个邻接点和下一个邻接点在邻接表中容易实现。而确定任意两个

顶点 v_i 和 v_j 之间是否有边或弧相连，由于需搜索第 i 个和第 j 个链表，因此邻接矩阵更为方便。

建立无向图的邻接表存储结构的程序如下（在该程序中，假设顶点信息为整型数值）：

```
#define maxnode 30
#include <stdio.h>
typedef int elemtype
typedef struct arc
{
    int adjvertex;
    struct arc *nextarc;
}arctype;
typedef struct
{
    elemtype vertex;
    arctype *firstarc;
}vertextype;
typedef vertextype adjlisttype[maxnode];
/*主函数*/
main()
/*建立无向图 graph 的邻接表存储结构*/
{
    int i,j,n,e,k;
    int v1,v2;
    arctype *p,*q;
    adjlisttype graph;
    /*输入图中顶点的个数 n 和边数 e*/
    printf("\n 输入图中顶点的个数 n 和边数 e:\n");
    scanf("%d%d",&n,&e);
    /*输入图中顶点的数据*/
    printf("\n 输入图中顶点的数据:\n");
    for(k=0;k<n;k++)
    {
        scanf("%d",&graph[k].vertex);
        graph[k].firstarc=null;
    }
    /*输入各边并将相应的边结点插入到链表中*/
    printf("\n 输入图中的各边，次序为弧尾编号，弧头编号:\n")
    for(k=0;k<e;k++)
    {
        scanf("%d%d",&v1,&v2);
        i=locvertex(graph,v1);
        i=locvertex(graph,v2);
        q=(arctype *)malloc(sizeof(arctype));
```

```
                q->adjvertex=j;
                q->nextarc=graph[i].firstarc;
                graph[i].firstarc=q;
                p=(arctype *)malloc(sizeof(arctype));
                p->adjvertex=i;
                p->nextarc=graph[j].firstarc;
                graph[j].firstarc=p;
            }
        /*显示图的邻接表结构*/
        printf("\n 图的邻接表结构为:\n");
        for(i=0;i<n;i++)
        {
            printf("i=%d",i);
            v1=graph[i].vertex;
            printf("Vertex:%d",v1);
            p=graph[i].firstarc;
            while(p!=null)
            {
                v2=p->adjvertex;
                printf("-->%d",v2);
                p=p->nextarc;
            }
            printf("\n")
        }
    }
    /*求顶点 v 在图 graph 中的序号*/
    int LocVertex(adjlisttype graph,int v)
    {
        int k;
        for(k=0;k<maxnode;k++)
        {
            if(graph[k].vertex==v)
                return(k);
        }
    }
```

在建立邻接表或逆邻接表时，建立邻接表的时间复杂度要分为两种情况求出，一种是如果输入的顶点信息即为顶点的编号，那么建立邻接表的时间复杂度为 $O(n+e)$，另一种是需要通过查找才能得到顶点在图中位置，那么时间复杂度为 $O(n \times e)$。

7.2.3　十字链表

十字链表是一种将有向图的邻接表和逆邻接表结合起来存储有向图结点的一种链式存储结构。在十字链表中，有向图的每一个顶点和每一条弧都对应于十字链表中的一个结点。这些结点的结构如图 7-14 所示。

其中，弧结点中共有 5 个域，头域（ headvex ）存放该弧的弧头顶点在图中的位置，尾域（ tailvex ）存放该弧的弧尾顶点在图中的位置，链域 hlink 指向与该弧具有相同弧头的下一条弧的边结点，而链域 tlink 指向与该弧具有相同弧尾的下一条弧的边结点，info 域指向该弧的相关信息（ 如权值 ）。从上面的解释很容易看出，图中弧头相同的弧在同一链表上，弧尾相同的弧在同一链表上。

弧结点

tailvex	headvex	info	hlink	tlink

顶点结点

data	firstin	firstout

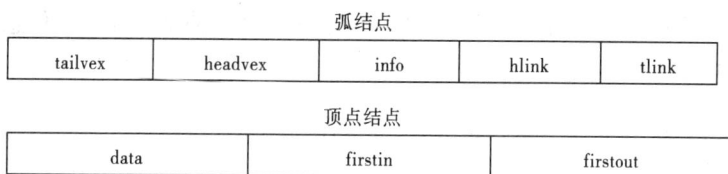

图 7-14　十字链表的结点结构

头结点即为顶点结点，它由 3 个域组成：data 域存放与顶点有关的信息（如顶点的名称等）；firstin 和 firstout 域为两个链域，firstin 域存放以该顶点为弧头的单链表的头指针，firstout 域存放以该结点为弧尾的单链表的头指针。例如，图 7-15（a）所示图的十字链表如图 7-15（b）所示。

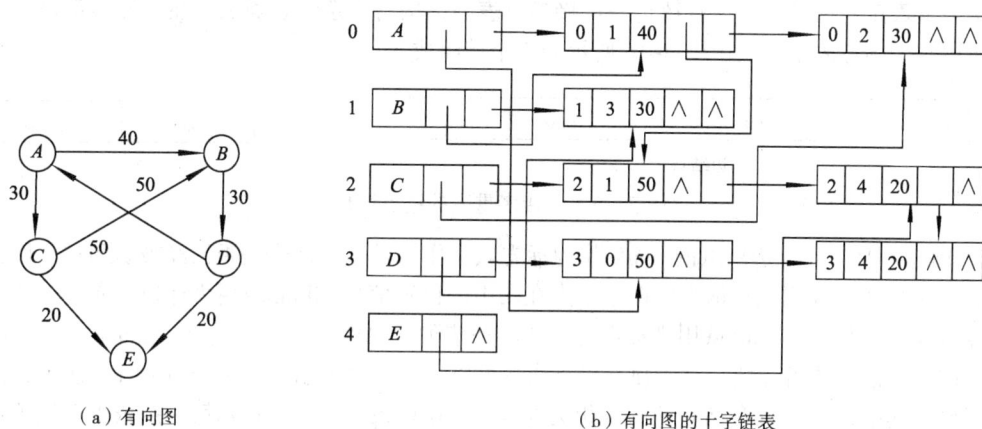

（a）有向图　　　　　　　　（b）有向图的十字链表

图 7-15　有向图及其十字链表

从图 7-15 中很容易找出以 v_i 为尾的弧，也可以很容易找出以 v_i 为头的弧，因而也就容易计算顶点的出度和入度。有向图的十字链表存储表示形式说明如下：

```
#define vtxnum 256          /*图中顶点的最大数*/
struct arctype
{
    int tailvex;             /*该弧的尾顶点位置*/
    int headvex;             /*该弧的头顶点位置*/
    struct arctype *hlink;   /*弧头相同的弧的链域*/
    struct arctype *tlink;   /*弧尾相同的弧的链域*/
    infotype *info;          /*该边信息指针*/
}arctype;
struct vertextype
{
    elemtype vertex;
    struct arctype *firstin;    /*指向该顶点的第一条入弧*/
    struct arctype *firstout;   /*指向该顶点的第一条出弧*/
}vertextype;
struct
{
    vertextype xlist[vtxnum];   /*表头向量*/
    int vexnum;                 /*有向图的当前顶点数*/
    int arcnum;                 /*有向图的当前弧数*/
}
```

　　十字链表是有向图的一种有效的存储结构。在输入 n 个顶点和 e 条弧的信息之后就可以建立该有向图所对应的十字链表。

7.2.4　邻接多重表

　　邻接多重表是另一种常见的链式存储无向图的方法。在使用邻接表存储无向图时，可以较容易地得到顶点和边的相关信息，但是，在对图进行一些操作时表现出很多不便，例如删除边的操作，因为在邻接表中每一条边(v_i,v_j)有两个结点，分别在第 i 个和第 j 个链表中，若要删除这条边，就需要对邻接表进行两次扫描，找到表示同一条边的两个边结点并进行删除，显然该操作很烦琐。而邻接多重表是对邻接表的一种改进，邻接多重表的结构与十字链表类似。在邻接多重表中，每一条边用一个结点表示，它由图 7-16 所示的 6 个域组成。

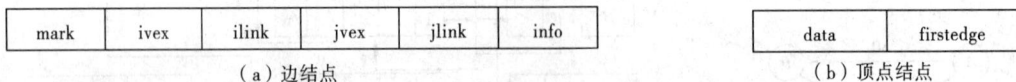

mark	ivex	ilink	jvex	jlink	info

（a）边结点

data	firstedge

（b）顶点结点

图 7-16　邻接多重表的结点结构

　　对于图 7-16（a），边结点的 mark 作为标志域，作用是标识该边是否已经被访问过；而 ivex 和 jvex 两个域用来标识该边依附的两个顶点在图中的位置信息；ilink 域用来标识指向下一条依附于顶点 ivex 的边结点；jlink 域用来标识指向下一条依附于顶点 jvex 的边结点；info 域作为指向和边相关的各种信息的指针域。对于顶点信息依然可以用结点来表示，如图 7-16（b）所示，由两个域组成。其中，data 域存储和该顶点相关的信息，firstedge 域保存指示第一条依附于该顶点的边。如图 7-17 所示，在邻接多重表中，以顶点的异同作为区分，所有依附于该顶点的边串联在同一个链表中；但是，由于每条边都依附于两个顶点，所以每个边结点都至少同时链接在两个不同顶点对应的链表中。因此，无向图的邻接多重表和邻接表两种存储方式的差别在于对边的存储方式上：在邻接表中用两个结点表示一条边，而在邻接多重表中只用一个边结点来表示。因此，在使用邻接多重表来存储无向图时，除了在边结点中增加一个标志域外，其他各种基本操作的实现和邻接表相似。下面给出邻接多重表的类型说明。

```
/*无向图的邻接多重表存储表示*/
#define maxvex 256
typedef emnu{unvisit,visit} visitif;
typedef struct EdgeBox
{
    visitif mark;                /*访问标记*/
    int ivex;                    /*依附该边的一个顶点的位置*/
    int jvex;                    /*依附该边的另一个顶点的位置*/
    struct EdgeBox *ilink;       /*指向依附该顶点的下一条边*/
    struct EdgeBox *jlink;       /*指向依附该顶点的下一条边*/
    infotype *info;              /*该边信息指针*/
};
typedef struct VexBox
{
    vertextype data;
    EdgeBox *firstedge;          /*指向依附该顶点的第一条边*/
```

```
};
typedef struct
{
    VexBox adjmulist[maxvex];
    int vexnum;                    /*无向图的当前顶点数*/
    int edgenum;                   /*无向图的当前边数*/
};
```

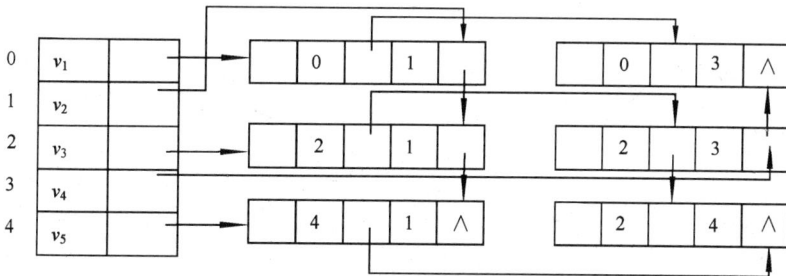

图 7-17　图 7-1（b）中 G_2 的邻接多重表

7.3　图 的 遍 历

图的遍历就是从图中任意一个顶点出发访遍图中其余顶点，且使每一个顶点仅被访问一次的过程。图的遍历和树的遍历操作功能相似。图的遍历是一种基本操作，是以后研究图的生成树问题、拓扑排序和求关键路径等的基础。

由于图的任何一对顶点都可能存在通路，所以在沿着某条路径搜索时，很有可能存在重复访问顶点的情况。例如图 7-1（b）中的 G_2，由于图中存在回路，因此在访问了 v_1、v_2、v_3、v_4 之后沿着边 (v_4, v_1) 又访问到 v_1。为了避免在图顶点的重复访问情况的出现，在遍历图的过程中需要记录下已访问的顶点，可为每次遍历建立一个相应的辅助数组 visited[1..n]，n 为顶点数，将数组的每个元素的初始值设置为 0，表示未被访问，当遍历时访问到了顶点 v_i，则将 visited[i] 置 1，表示 i 结点已被访问过。同时，在图结构中，一个顶点可以和其他多个顶点相连，当某个顶点访问过后，存在着如何选取下一个要访问的顶点问题。

图的遍历是指按照图的存储结构访问图中的各个结点，在遍历时不能只按照图对应的存储结构中各个顶点的存储顺序对顶点进行遍历，还要考虑图本身的结构特点，按照一定的规则进行。遍历图的规则一般分为两种，即深度优先搜索和广度优先搜索。

7.3.1　深度优先搜索

深度优先搜索（depth_first search）遍历与树的先序遍历非常类似。遍历开始前的初始状态是图中所有顶点未曾被访问过，深度优先搜索遍历图的过程如下：首先访问指定的起始顶点 v_0，从 v_0 出发在访问了任意一个和 v_0 邻接的顶点 w_1 之后，再从 w_1 出发，访问和 w_1 邻接且未被访问过的任意顶点 w_2，然后从 w_2 出发，重复上述过程，直到图中所有和 v_0 有路径相通的顶点都被访问过。如若仍存在未被访问过的顶点，则选择一个未曾被访问过的顶点作为起始点，重复采用深度优先搜索遍历图中顶点，直至图中所有顶点都被访问到，结束遍历。

由于在这种遍历的过程中，尽可能地沿"前进"的方向搜索，所以称为深度优先搜索。

对图 7-18（a）用深度优先搜索法遍历，假设从顶点 v_1 出发，在访问 v_1 之后选择邻接点 v_2，则从 v_2 出发进行搜索。依次类推，接着从 v_4、v_8、v_5 出发进行搜索。在访问了 v_5 之后，由于 v_5 的邻接点都已被访问，则搜索到 v_8，于是访问 v_6，依次类推，访问 v_3 和 v_7。可得到顶点的访问顺序如下：

$$v_1 \rightarrow v_2 \rightarrow v_4 \rightarrow v_8 \rightarrow v_5 \rightarrow v_6 \rightarrow v_3 \rightarrow v_7$$

又如对于图 7-18（b）用深度优先搜索法遍历，可得到一种顶点的访问顺序如下：

$$v_5 \rightarrow v_7 \rightarrow v_6 \rightarrow v_2 \rightarrow v_4 \rightarrow v_3 \rightarrow v_1$$

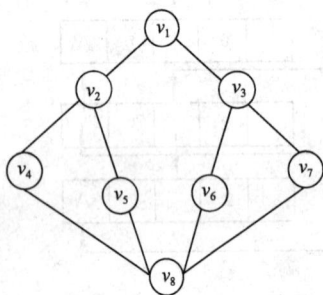

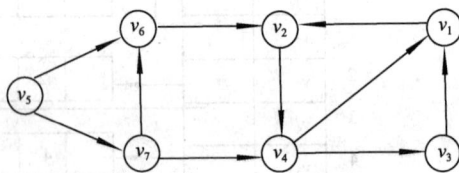

（a）　　　　　　　　　　　　　　　（b）

图 7-18　无向图和有向图

显然，这是一个递归的过程，借助于访问标志数组 visited[i]，图的深度优先搜索算法如下：

```
#define maxnode 256              /*图中顶点最大数*/
typedef struct arc
{
    int adjvertex;               /*弧头结点在数组中的序号*/
    int weight;                  /*当为网时有此项*/
    struct arc *nextarc;
}arctype;
typedef struct
{
    elemtype vertex;             /*顶点信息*/
    arctype *firstarc;
}vertextype;
typedef vertextype adjlisttype[maxnode];
/*遍历有 n 个结点的图 g*/
void depthtraver(adjlisttype g,int n)
{
    int v;
    int visited[maxnode]
    /*标志数组初始化*/
    for(v=1;v<=n;v++)
        visited[v]=0;
    /*用循环方法控制非连通图的所有顶点均可被访问到*/
    for(v=1;v<=n;v++)
    {
        if(visited[v]==0)
        dfs(g,v,visited);
```

```
        }
    }
/*深度优先搜索图 g 的递归算法，v 为出发顶点的下标序号*/
/*visited 为顶点是否访问过的标志数组*/
void dfs(adjlisttypeg,intv,intvisited[])
{
    arctype *p;
    intw;
    visited[v]=1;                    /*标记第 v 个结点已被访问*/
    printf("%5d",g[v].vertex);
    p=g[v].firstarc;
    w=p->adjvertex ;
    while(p!=null)
    {
        if(visited[w]==0)
            dfs(g,w,visited);
        p=p->nextarc;
        w=p->adjvertex;
    }
}
```

也可以将上述 dfs 算法改成非递归形式。方法是：设置一个栈结构，在遍历时，每访问一个顶点 w，就将 w 压入栈中，然后访问 w 的一个未被访问的邻接点……，如果在遍历的过程中，某顶点 w 的所有邻接点都已被访问过，那么就从栈顶删去该顶点。然后继续访问当前栈顶元素的一个未被访问过的邻接点，当栈为空时，遍历操作结束。

深度优先搜索遍历图的时间耗费取决于所采用的存储结构。对于具有 n 个顶点 e 条边的连通图，可以证明，当用二维数组表示邻接矩阵作图的存储结构时，搜索一个顶点的所有邻接点需花费 $O(n)$，故从 n 个顶点出发搜索需花费 $O(n^2)$，其时间复杂度为 $O(n^2)$；当用邻接表作图的存储结构时，找邻接点所需时间为 $O(e)$，其中 e 为无向图中边的数或有向图中弧的数。因此，当以邻接表作为存储结构时，深度优先搜索遍历图的时间复杂度为 $O(n+e)$。

7.3.2 广度优先搜索

广度优先搜索（breadth_firstsearth）遍历与树的按层次遍历的过程相类似，是对图进行遍历的另一种常用方法。

其规则是：首先访问指定的起始顶点 v_0，从 v_0 出发，访问 v_0 的所有未被访问过的邻接顶点 $w_1, w_2, \cdots$，然后再依次从 $w_1, w_2, \cdots$ 出发，访问他们的所有未被访问过的邻接顶点……如此下去，直到图中所有被访问过的顶点的邻接顶点都被访问过。若此时图中还有未被访问过的顶点，则从一个未被访问过的顶点出发，重复上述过程，直到图中所有的顶点都被访问过为止。实际上广度优先搜索的实质是从指定顶点出发，按照到该顶点路径长度由短到长的顺序访问图其余的所有顶点。

广度优先搜索遍历图的过程以 v_0 起始点，由近及远，顺次访问和 v_0 有路径相通且路径长度不为 0 的顶点。例如，对图 7-19 进行广度优先搜索法遍历，首先访问 v_1 和 v_1 的邻接点 v_2、v_3，然后依次访问 v_2 的邻接点 v_4、v_5 及 v_3 的邻接点 v_6、v_7，最后访问 v_4 的邻接点 v_8。由于这些顶点的邻接点均已被访问，并且图中所有顶点都被访问了，由此完成了图的遍历，得到顶点的访问序列为：

$$v_1 \rightarrow v_2 \rightarrow v_3 \rightarrow v_4 \rightarrow v_5 \rightarrow v_6 \rightarrow v_7 \rightarrow v_8$$

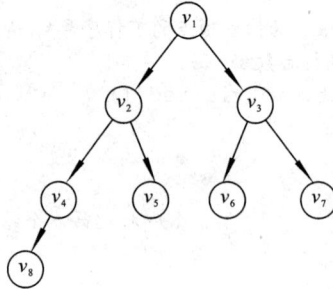

图 7-19　有向图

对图 7-18（b）用广度优先搜索法遍历，得到的顶点的访问序列为：

$$v_5 \rightarrow v_6 \rightarrow v_7 \rightarrow v_2 \rightarrow v_4 \rightarrow v_1 \rightarrow v_3$$

在使用广度优先搜索遍历图的过程中，采用与深度优先搜索相似的方式建立一个访问标志数组，同时建立一个队列来存储已经被访问过的顶点，然后顺序访问路径长度为 2、3……的顶点。图的广度优先遍历的算法如下所示。

```c
#define maxnode 256                    /*图中顶点最大数*/
typedef struct arc
{
    int adjvertex;                     /*弧头结点在数组中的序号*/
    int weight;                        /*当为网时有此项*/
    struct arc *nextarc;
}arctype;
typedef struct
{
    elemtype vertex;                   /*顶点信息*/
    arctype *firstarc;
}vertextype;
typedef vertextype adjlisttype[maxnode];
/*广度优先搜索图 g 的非递归算法，k 为出发点的下标序号*/
/*visited 为顶点是否访问过的标志数组*/
void breathtraver(graph g,int k,int visited[])
{
    arctype *p;
    qqtype *qqueue;
    int w;
    InitQueue(&qqueue);                /*初始化顺序队列*/
    /*访问顶点 k 并把它加入队列*/
    visited[k]=1;
    printf("%d\n",g[k].vertex);
    Enqueue(qqueue,k);                 /*顶点 k 入队列*/
    /*当队列不为空时，取出队头元素并访问队头元素的所有邻接点*/
    while(queueempty(qqueue)!=0)       /*判断队列是否为空*/
    {
        w=Dequeue(qqueue);             /*队头元素出队并置为 w*/
        p=g[w]firstarc;
        while(p!=null)
        {
            if(visited[p->adjvertex]==0)
```

```
            {
                visited[p->adjvertex]=1;
                printf("%d\n",g[p->adjvertex].vertex);
                Enqueue(qqueue,p->adjvertex); /*将被访问的顶点入队*/
            }
            p=p->nextarc;
        }
    }
}
```

算法中用到了对队列操作的几个函数，可参看队列一章中的相关内容。遍历函数 BFS( )与深度优先搜索中给出的相同，这里不再给出。

分析算法的实质，每个顶点至多只能有一次机会进入队列。遍历图的过程实际上就是以边或弧为线索，寻找邻接点的过程。图的广度优先遍历算法的时间复杂度和深度优先搜索相同，采用邻接矩阵存储结构时，其时间复杂度为 $O(n^2)$，而采用邻接表存储结构时，其时间复杂度为 $O(n+e)$，e 为图中边的个数。

值得注意的一点是，无论采用深度优先搜索法，还是广度优先搜索法进行图的遍历，如果选定的出发点不同或者是所建立的存储结构不一致，则可能得到不同的遍历结果。只有当选取的出发点、采用的存储结构以及遍历图的方式都是确定的，遍历的结果才是唯一的。

7.4 图 的 应 用

本节从生成树、最短路径、拓扑排序和关键路径方面介绍图的应用。

7.4.1 生成树

7.1 节中介绍了生成树的概念。设 $G(V,E)$ 是一个连通的无向图，从图中任意一个顶点出发，可以访问到全部顶点。在遍历的过程中，所经过的边集设为 $T(G)$，没有经过的边集设为 $B(G)$。显然，$T \cup B=E$，且 $T \cap B=\varnothing$。考虑一个新图 $G'=(V,T)$，由于 $V(G')=V(G)$，$E(G') \subset E(G)$，则 G' 是 G 的连通子图，且 G' 中含有 G 的全部顶点。把图中的顶点加上遍历时经过的所有边所构成的子图称为生成树。如 G' 是 G 的生成树。显然，n 个顶点的连通图至少有 $n-1$ 条边。由于生成树有 $n-1$ 条边，所以生成树是连通图的极小连通子图。对于一个非连通图和不是强连通的有向图，从任意一点出发，不能访问到图中所有顶点，只能得到连通分量的生成树，所有连通分量的生成树组成生成森林。

一个连通图的生成树并不是唯一的，这是因为遍历图时选择的起始点不同，遍历的策略不同，因此遍历所经过的边也就不同，故而产生不同的生成树。如图 7-20 所示就是几种不同的生成树。

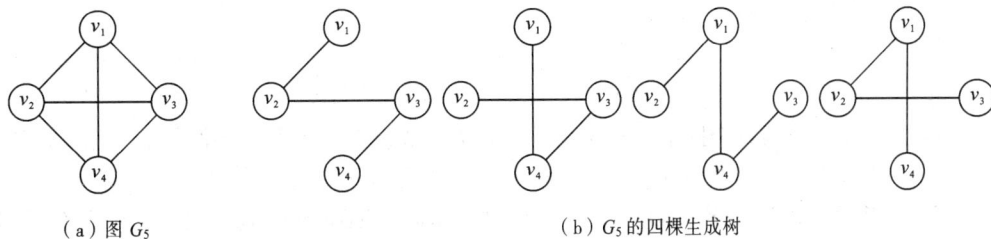

（a）图 G_5 （b）G_5 的四棵生成树

图 7-20   图 G_5 及其 4 棵生成树

因为网的边带权，而生成树不唯一，于是就产生了这样一个问题：如何找到一个各边的权数总和最小的生成树，这对于实际生活有很大的意义。例如，如果想在几个城市之间进行通信联络，首先需要建设一个基础通信网络，如果城市数量是 n 个，要想实现各个城市间的通信则至少需要 $n-1$ 条线路。当选择具体的通信线路时，首先应该考虑通信经费问题。任意两个城市之间的通信线路都相应地存在通信代价权值。n 个城市，如果任意两个城市之间均有线路，则最多可设置 $n(n-1)/2$ 条线路，如何在这 $n(n-1)/2$ 条线路中选择 $n-1$ 条，使得总的耗费最低，这是一个需考虑的问题。

对于 n 个城市之间的基础通信网络可以用连通网来表示，其中网的顶点表示城市，边表示两城市之间的线路，边的权值表示相应线路上的通信代价。依据这个连通网可以建立多棵生成树，每一棵生成树都可以形成一个通信网方案。生成树的代价是各个边的代价之和，如果选择生成树的目标是使总体的通信费用最小，这个问题就是构造连通网的最小代价生成树，简称为最小生成树的问题。

利用最小生成树的一种简称 MST 的性质可以建立多种构造最小生成树的算法。若 $N=(v,E)$ 是一个连通网，U 是顶点集 v 的一个非空子集。假设边 (u,v) 具有的权值最小，即代价最小，其中 $u \in U$，$v \in v-U$，则必定存在一棵包含边 (u,v) 的最小生成树。可以用反证法证明之。

假设网 N 中的任何一棵最小生成树都不包含最小权值的边 (u,v)。设 T 是连通网上的一棵最小生成树，当将边 (u,v) 加入到 T 中时，由生成树的定义，最小生成树 T 中必然存在一条包含 (u,v) 的回路。另一方面，由于 T 是生成树，则 T 上存在另一条边 (u',v')，其中 $u' \in U$，$v' \in v-U$，且 u 和 u' 之间、v 和 v' 之间均有路径相通。若将边 (u',v') 删除，就可以消除上述回路，同时得到另一棵生成树 T'。因为 (u,v) 的权小于等于 (u',v') 的权，故 T' 的权也不高于 T 的权，因此 T' 也是包含 (u,v) 的一棵最小生成树。这与前提假设矛盾。

下面介绍的普里姆（Prim）算法和克鲁斯卡尔（Kruskal）算法可以利用 MST 性质来构造最小生成树。

1. 普里姆算法

设 $N=(V,E)$ 为一个无向连通网，其中 V 是网中所有顶点的集合，E 是网中所有带权边的集合。设置两个新的集合 U 和 T，其中集合 U 用于存放 N 的最小生成树中的顶点，集合 T 存放 G 的最小生成树中的边。令集合 U 的初值为 $U=\{u_1\}$（假设构造最小生成树时，从顶点 u_1 出发），集合 T 的初值为 $T=\{\}$。普里姆算法的思想是，从所有 $u \in U$，$v \in V-U$ 的边中，选取具有最小权值的边 (u,v)，将顶点 v 加入集合 U 中，将边 (u,v) 加入集合 T 中，如此不断重复，直到 $U=V$ 时，最小生成树构造完毕，这时集合 T 中包含了最小生成树的所有边。

可用下述过程描述普里姆算法：

```
① U={u1},T={};
② while(U!=V) do
(u,v)=min{Wuv;u∈U,v∈V-U}
T=T+{(u,v)}
U=U+{v}
③ 结束
```

图 7-21（a）所示为一个网络，按照普里姆方法，从顶点 v_1 出发，该网的最小生成树的产生过程如图 7-21（b）～图 7-21（h）所示。

为了实现普里姆算法，需要设置一个辅助数组 closedge[vtxnum]，该数组记录从 U 到 V-U 具有最小代价的边。数组的每个元素包含两个域：lowcost 和 vex，其中 lowcost 存储该边上的权，vex 存储该边依附在 U 中的顶点。普里姆构造最小生成树算法的实现如下：

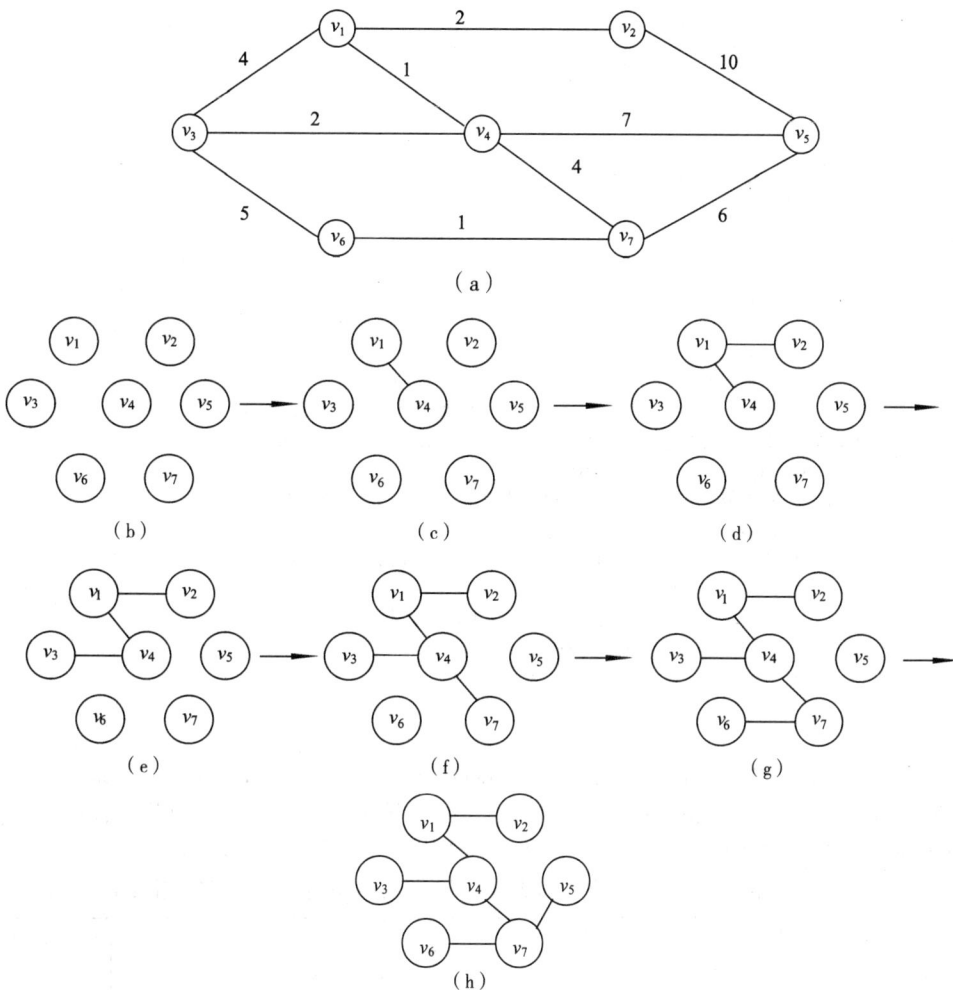

图 7-21　用普里姆算法构造最小生成树的过程

```
#define maxnode 256 /*定义顶点的最大个数*/
/*记录从顶点集 U 到 V-U 的代价最小的边的辅助数组定义*/
struct
{
    vertextype vex;
    Vrtype lowcost;
}closedge[maxnode];
/*用普里姆算法从序号为 0 的顶点出发构造有 vtxnum 个顶点的邻接矩阵存储结构的网 gn 的最小生成
树 T，并输出 T 的各条边*/
void  prim(int gn[][maxnode],int vtxnum)
{
    int v,i,j,k;
    float min;
    /*初始化*/
    for(v=1;v<vtxnum;v++)
    {
        closedge[v].vex=0;
        closedge[v].lowcost=gn[0][v];
    }
```

```
/*从序号为 0 的顶点出发生成最小生成树*/
closedge[0].lowcost=0;
closedge[0].vex=0;
for(i=1;i<vtxnum;i++)
{
    /*寻找当前最小权值的边的顶点*/
    min=closege[i].lowcost;
    k=i;
    for(j=1;j<vtxnum;j++)
        if(closedge[j].lowcost<min&&closedge[j].lowcost!=0)
        {
            min=closege[j].lowcost;
            k=j;
        }
    printf("<%i,%i>",closedge[k].vex,k);
    closedge[k].lowcost=0;
    /*修改其他顶点的边的%权值和最小生成树顶点的序号*/
    for(v=1;v<vtxnum;v++)
        if(gn[k][v]<closedge[v].lowcost)
        {
            closedge[v].lowcost=gn[k][v];
            closedge[v].vex=k);
        }
}
}
```

在普里姆算法函数中，第一个 for 循环的执行次数为 vtxnum（设 n=vtxnum，即 n 为图的顶点数），第二个 for 循环中又包括了两个 for 循环，执行次数为 $2(n-1)^2$，由此可见，普里姆算法的时间复杂度是 $O(n^2)$，与网中的边数无关。因此，它适用于求稠密的网的最小生成树。

使用普里姆算法构造最小生成树的过程中，辅助数组中各分量值的变化如图 7-22 所示。

vex *closedge*	*2*	*3*	*4*	*5*	*6*	*7*	*U*	*V-U*
vex lowcost	(1)2	(1)4	(1)1				$\{v_1\}$	$\{v_2,v_3,v_4,v_5,v_6,v_7\}$
vex lowcost	(1) 2	(4) 2	0	(4) 7		(4) 4	$\{v_1,v_4\}$	$\{v_2,v_3,v_5,v_6,v_7\}$
vex lowcost	0	(4) 2	0	(4) 7		(4) 4	$\{v_1,v_4,v_2\}$	$\{v_3,v_5,v_6,v_7\}$
vex lowcost	0	0	0	(4) 7	(3) 5	(4) 4	$\{v_1,v_4,v_2,v_3\}$	$\{v_5,v_6,v_7\}$
vex lowcost	0	0	0	(4) 7	(7) 1	0	$\{v_1,v_4,v_2,v_3,v_7\}$	$\{v_5,v_6\}$
vex lowcost	0	0	0	(4) 7	0	0	$\{v_1,v_4,v_2,v_3,v_7,v_6\}$	$\{v_5\}$
vex lowcost	0	0	0	0	0	0	$\{v_1,v_4,v_2,v_3,v_7,v_6,v_5\}$	$\varnothing$

图 7-22　对图 7-21（a）用普里姆算法构造最小生成树的过程中辅助数组 closedge 各分量的值

2. 克鲁斯卡尔算法

克鲁斯卡尔算法是指在遍历图的每一条边时，按照它的权值递增顺序依次判断它是否和已选择的边构成回路。如果构成回路，那么跳过这条边，否则选择这条边，重复这个过程，直到构造出生成树为止。

设 T 是无向连通网 $N=(V,E)$ 的最小生成树，$E(T)$ 是它的边集，则构造最小生成树的步骤如下：

① $E(T)$ 初态为空集，T 中只有 n 个顶点，每个顶点都自成一个分量。

② 当 E 中的边数小于 $n-1$ 时，重复执行下列操作：

a. 在无向连通网 N 的边集 E 中选择并删除权值最小的边 $<v_i,v_j>$。

b. 如果 v_i、v_j 落在 T 中不同的连通分量上，则将此边加入到 T 中，否则丢掉该边，继续在 E 中选择一条权值最小的边。

在克鲁斯卡尔算法的构造前，T 是一个由许多单顶点的树组成的森林。随着算法的进行，被选择进 T 的边越来越多。每加入一条边，就使得两棵树合并为一棵树。当构造过程结束时，T 中就只有一棵树了，这就是所求的最小生成树。

对于图 7-21（a）所示的网，按照克鲁斯卡尔算法构造最小生成树的过程如图 7-23 所示。在构造过程中，按照网中边的权值由小到大的顺序，不断选当前未被选取的边集中权值最小的边，直到网中所有的顶点都加入生成树为止。根据最小生成树的定义，也可用选取边数为 $n-1$ 作为构成最小生成树结束的条件。

为了实现克鲁斯卡尔算法，设置一个结构数组 Edges 存储网中所有的边。边的结构类型包括构成边的顶点信息和边权值，定义如下：

```
#define maxnode 256
typedef struct
{
    elemtype v1;
    elemtype v2;
    int cost;
}edgetype;
edgetype Edges[maxnode];
```

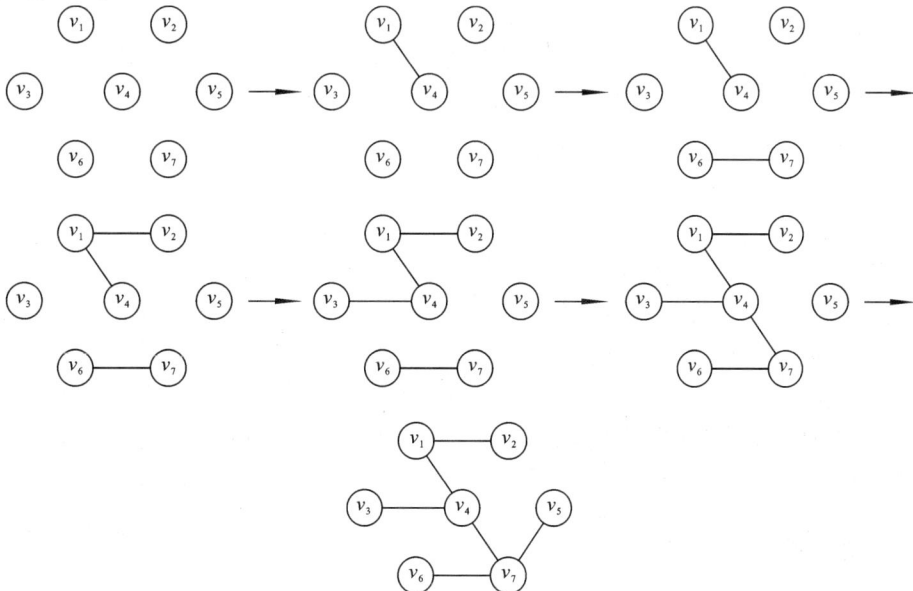

图 7-23　克鲁斯卡尔算法构造图 7-21（a）的最小生成树的过程

在结构数组 Edges 中，每个分量 Edges[i] 代表网中的一条边，其中 Edges[i].v1 和 Edges[i].v2 表示该边的两个顶点，Edges[i].cost 表示这条边的权值。为了方便选取当前权值最小的边，事先把数组 Edges 中的各元素按照其 cost 域值由小到大的顺序排列。对于有 n 个顶点的网，设置一个数组 Vex[n+1]（0 号单元不用），其初值为 Vex[i]=0（i=1,2,…,n），表示各个顶点在不同的连通分量上，然后依次取出 Edges 数组中的每条边的两个顶点，查找它们所属的连通分量，假设 vex1 和 vex2 为两顶点所在树的根结点在 Vex 数组中的序号，若 vex1 不等于 vex2，表明这条边的两个顶点不属于同一分量，则将这条边作为最小生成树的边输出，并合并它们所属的两个连通分量。

克鲁斯卡尔算法的实现如下所述。因为函数中有输出语句，所以需要具体定义出顶点元素类型 ElementType 的数据类型。

```c
#define maxnode 256
typedef int ElementType
typedef struct
{
    ElementType v1;
    ElementType v2;
    int cost;
}ElementType;
ElementType Edges[maxnode];
/*用克鲁斯卡尔(Kruskal)方法构造有 n 个顶点的图 Edges 的最小生成树*/
void Kruskal(edgetype Edges[],int n)
{
    int Vex[maxnode];
    int i,vex1,vex2;
    for(i=1;i<n+1;i++)
        Vex[i]=0;
    for(i=1;i<n+1;i++)
    {
        vex1=find(Vex,Edges[i].v1);
        vex2=find(Vex,Edges[i].v2);
        if(vex2!=vex1)
        {
            Vex[vex2]=vex1;
            Printf("%6d%6d\n",Edges[i].v1,Edges[i].v2);
        }
    }
}
/*实现寻找图中顶点所在树的根结点在数组 Vex 中的序号*/
int find(int Vex[],int v)
{
    /*寻找顶点 v 所在树的根结点*/
    Int t;
    t=v;
    while(Vex[t]>0)
        t=Vex[t];
    return(t);
}
```

显然，克鲁斯卡尔算法的时间复杂度是 $O(e\log_2 e)$（e 为网中边的数目）。因此，克鲁斯卡尔算法适合于求稀疏网的最小生成树。

7.4.2 最短路径

除了连通网的最小生成树之外，更多的是需要确定两个城市之间的最小权值的通路，权值可以是时间、费用、路程长短等。仍然用顶点表示城市，带权的边表示城市之间的通路，权值表示两城市之间的距离或者表示从一个城市到另一个城市所花费的时间、代价等。这些问题就引出了本节要讨论的带权图中求最短路径的问题。求最短路径时，所求的路径长度为路径上各边的权植总和。路径开始的顶点称为源点，最后的顶点称为终点。

求最短路径有两类，第一类就是从一个顶点到其他各个顶点的最短路径，第二类就是求每一对顶点间的最短路径。

1. 单源最短路径

单源最短路径问题是指将一个确定的顶点 v 作为源点，求该源点到其余各顶点的最短路径问题。

设 $G=(V,E)$ 是一个带权有向图，v 是图 G 中指定的源点，要在 G 中找到从 v 到其他顶点的最短路径。

例如，对于图 7-24（a）所示的 G_7 带权有向图，从 v_1 到其余各顶点之间的最短路径如图 7-24（b）所示。从图中可以看出，从 v_1 到 v_6 有 4 条不同路径：$<v_1,v_3,v_4,v_5,v_6>$、$<v_1,v_5,v_6>$、$<v_1,v_7,v_6>$、$<v_1,v_2,v_6>$，其长度分别是 21、32、49、22。因此 $<v_1,v_3,v_4,v_5,v_6>$ 是 v_1 到 v_6 的最短路径。

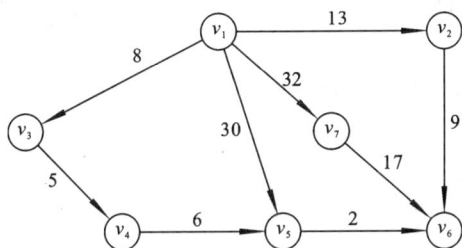

最短路径	长度
$<v_1,v_2>$	13
$<v_1,v_3>$	8
$<v_1,v_3,v_4>$	13
$<v_1,v_3,v_4,v_5>$	19
$<v_1,v_3,v_4,v_5,v_6>$	21
$<v_1,v_2,v_7>$	20

（a）G_7　　　　　　　　　　　（b）

图 7-24　有向网 G_7 及从顶点 v_1 到各顶点的最短路径

为了求得这些最短路径，迪杰斯特拉（Dijkstra）提出了一个按路径长度递增的顺序产生最短路径的算法。它的基本思想是：把图中的所有顶点集 v 分为两组，一组是已经计算出从源点到目标顶点的最短路径的顶点集合 S；另外一组是还没有计算出最短路径的顶点集合 T。初始状态时，将源点 v 放入集合 S，而其他的顶点放入 T，而源点到各顶点的当前最短路径长度为源点到该结点的弧上的权值。遍历集合 T，按路径长度最短优先的方式选择其中目前最短路径的顶点 u 加入到集合 S 中，并从 T 中将顶点 u 删除。S 中每增加一个新的顶点，都需重新计算源点 v 到集合 T 中剩余顶点的最短路径值。而计算 T 中剩余顶点的最短路径值就需要综合考虑两种情况，一种是源点到剩余顶点的直接通路路径值，另外一种是源点到新加入 S 中的顶点 u 的路径再加上 T 中每一个顶点到顶点 u 的值。最后选择两种情况中路径值最短的顶点加入集合 S。重复此过程，直到所有顶点到源点 v 的最短路径都求出来为止。

在求最短路径的过程中，集合 S 中的源点 v 到各个其余顶点的最短路径长度都不大于从集合 T 中所有顶点到源点 v 的最短路径长度。此外，集合 T 中任意顶点到源点的最短路径就是从源点 v 到此顶点的只包括 S 中的顶点为中间顶点的最短路径长度。

为了实现上述算法，声明一个存储最短路径长度的数组 minDistance，它的每个分量 minDistance[i] 表示当前所找到的从源点到每个终点 v_i 的最短路径的长度。minDistance 的初值为以下两种情况：

① 若从源点到 v_i 存在边（弧），则

$$\text{minDistance}[i] = 边（弧）上的权值$$

② 若从源点到 v_i 没有边（弧），则

$$\text{minDistance}[i] = \infty$$

S 的初态只包含源点 v，minDistance[1]=0，第二组包含其他所有顶点。然后，从第二组的顶点中选取一个其距离值为最小的顶点 v_i 加入到 S 中，并对第二组中各顶点的距离值进行一次修改：若源点 v 到 T 中的顶点 v_i 的路径长度 minDistance[i]大于加进中间点 v_j（v_j 为 S 中的一个顶点）后的路径（$v \rightarrow v_j \rightarrow v_i$）长度，即 minDistance[$i$]>minDistance[$j$]+<$v_j \rightarrow v_i$>的权值，则 minDistance[$i$]=minDistance[$j$]+<$v_j \rightarrow v_i$>。反复进行上述运算，直到再也没有可加入到 S 中的顶点为止。

求从某个源点到其他各个顶点的最短路径的 Dijkstra 算法的步骤为：

① 设用带权的邻接矩阵 cost 来表示带权的有向图，cost[i][j]为弧<v_i,v_j>上的权值（<v_i,v_j>存在）或为∞（弧<v_i,v_j>不存在，即 v_i 和 v_j 之间没有弧，在计算机实现算法时，通常取计算机允许的最大值来代替∞）。S 为找到从源点 v 出发的最短路径的终点集合，其初态只含有源点 v，从 v 出发到图中其余各顶点 v_i 可能达到的最短路径的初值为：

$$minDistance[i]=cost[v][v_i], \quad v_i \in V$$

② 选择 v_j，使得

$$minDistance[j]=min\{minDistance[i] \mid v_i \in V{-}S\}$$

v_j 即当前求得的一条从 v 出发的最短路径的终点。令

$$S=S \cup \{v_j\}$$

③ 修改从 v 出发到集合 $V{-}S$ 上任意顶点 v_k 可达的最短路径长度。

如果

$$minDistance[j]+cost[j][k]<dist[k]$$

则

$$minDistance[k]= dist[j]+cost[j][k]$$

④ 重复执行②、③，直到再也没有可加入到 S 中的顶点为止。

Dijkstra 算法描述如下：

```
#define Maxnode 20                      /*定义图中最大顶点数*/
#define Maxcost 99999                   /*定义邻接矩阵对应的一个极大整数*/
/*用 Dijkstra 方法求有 n 个结点的网 cost 中从顶点 v0 到其他顶点的最短路径*/
/*minDistance 中存放顶点 v0 到其他顶点的最短路径*/
void  dijkstra(int cost[][Maxnode],intn,int v0,int minDistance[])
{/*s 用于标记已找到最短路径的顶点，已找到源点到顶点 vi 的最短路径时, s[i]=1, 否则 s[i]=0*/
    int s[Maxnode];
    int mindis,dis;
    int i,j,u;
    for(i=0;i<n;i++)
    {/*赋初值*/
        minDistancedist[i]=cost[v0][i];
        s[i]=0;
    }
    s[v0]=1;                            /*标记源点 v0*/
    /*在当前还未找到最短路径的顶点集中选取具有最短距离的顶点*/
    for(i=1;i< n;i++)
    {
        mindis=Maxcost ;
        for(j=1;j<n;j++)
        if(s[j]==0&&minDistancedist[j]<mindis)
        {
            u=j;
            mindis=minDistancedist[j];
        }
        s[u]=1;/*标记 u*/
```

```
/*修改从 v0 到其他顶点的最短距离*/
for(j=1;j<n;j++)
    if(s[j]==0)
    {
        dis=minDistancedist[u]+cost[u][j];
        if(minDistancedist[j]>dis)
            minDistancedist[j]=dis;
    }
}
```

2. 求每一对顶点之间的最短路径

在一个顶点到其他顶点的最短路径的基础上，解决一对顶点之间最短路径的问题，可以将每个顶点都当做一次源点，利用迪杰斯特拉算法求最短路径，执行 n 次就能得到每对顶点之间的最短路径。这个算法的时间复杂度为 $O(n^3)$。除此之外，还有一种更为简便的算法，称为弗洛伊德（Floyd）算法。

弗洛伊德算法中采用带权邻接矩阵 cost 表示有向网，当顶点 v_i 到顶点 v_j 不存在边（弧）时，cost$[i][j]$=max，当 $i=j$（即顶点到自身）时，cost$[i][j]$=0，即对角线上的元素为 0。设置一个二维数组 A 用于存放当前顶点之间的最短路径长度，分量 $A[i][j]$ 表示当前顶点 v_i 到顶点 v_j 的最短路径长度。

弗洛伊德算法的基本思想是：递推产生一个矩阵序列 $A_0,A_1,\cdots,A_k,\cdots,A_n$，其中 $A_k[i][j]$ 表示从顶点 v_i 到顶点 v_j 的路径上所经过的顶点序号在 0 至 k 之间的所有顶点的最短路径长度。初始时，有 $A_0[i][j]$=cost$[i][j]$，A_0 等于图的邻接矩阵 cost，$A_0[i][j]$ 表示从 i 到 j 不经过任何中间顶点的直接连通（存在边）的最短路径长度。当求从顶点 v_i 到顶点 v_j 的路径上所经过的顶点序号不大于 $k+1$ 的最短路径长度时，要分两种情况考虑。一种情况是该路径不经过顶点序号为 $k+1$ 的顶点，此时该路径长度与从顶点 v_i 到顶点 v_j 的路径上所经过的顶点序号不大于 k 的最短路径长度相同；另一种情况是从顶点 v_i 到顶点 v_j 的最短路径上经过序号为 $k+1$ 的顶点，那么，该路径可分为两段，一段是从顶点 v_i 到顶点 v_{k+1} 的最短路径，另一段是从顶点 v_{k+1} 到顶点 v_j 的最短路径，此时最短路径长度等于这两段路径长度之和。这两种情况中的较小值，就是所要求的从顶点 v_i 到顶点 v_j 的路径上所经过的顶点序号不大于 $k+1$ 的最短路径。

可用如下数学表达式描述弗洛伊德算法：
$$A_0[i][j]=\text{cost}[i][j]$$
$$A_{k+1}[i][j]=\min\{A_k[i][j],A_k[i][k+1]+A_k[k+1][j]\}\ (0\leqslant k\leqslant n-1)$$

该式是一个迭代表达式，每迭代一次，在从顶点 v_i 到顶点 v_j 的最短路经上就多考虑了一个顶点，经过 n 次迭代后所得的 $A_n[i][j]$ 值，就是从顶点 v_i 到顶点 v_j 的最短路径。对矩阵 A_0 中的全部元素进行 n 次同样的迭代，所得的最后结果矩阵 A_n 中就保存了任意一对顶点之间的最短路径长度。

假设有向网的邻接矩阵存储在二维数组 cost 中，另设两个二维数组 weight 和 path，其中二维数组 weight 用于存储矩阵 A_k（k=0,1,2,$\cdots$,$n-1$）的值，二维数组 path 用于存放每个顶点之间最短路径上所经过的顶点的序号。弗洛伊德算法描述如下：

```
#define max 256
/*求有 n 个顶点的图中每对顶点之间的最短路径*/
/*weight 为顶点之间的最短路径的权值之和*/
/*path 为顶点之间的最短路径所经过顶点的序号*/
void Floyd(int cost[][max],int n,int weight[][max],int path[][max])
{
    int i,j,k;
    /*初始化*/
    for(i=0;i<n;i++)
    for(j=0;j<n; j++)
```

```
            {
                weight[i][j]=cost[i][j];
                path[i][j]=0;
            }
        for(k=0;k<n;k++)
            for(i=0;i<n;i++)
                for(j=0;j<n;j++)
                    if(weight[i][j]>(weight[i][k]+weight[k][j]))
                        {
                            weight[i][j]=weight[i][k]+weight[k][j];
                            path[i][j]=k;
                        }
}
```

7.4.3　拓扑排序

在实际生活中，几乎所有的工程项目都可以分为若干个称做活动的子工程，而这些子工程之间，通常受到一定条件的约束，如某些子工程的开始必须在另一些子工程完成之后。对整个工程和系统，人们关心的是两个方面的问题：一是工程能否顺利进行，二是估算整个工程完成所必需的最短时间。对应于有向图，即为进行拓扑排序和求关键路径的操作。本小节和下一小节将就这两个问题分别加以讨论。

在讨论拓扑排序之前，先介绍几个有关拓扑排序的概念。

设 S 是一个集合，R 是 S 上的一个关系，a 和 b 是 S 中的元素。

若 $(a,b) \in R$，则称 a 是 b 关于 R 的前驱元素，b 是 a 关于 R 的后继元素。

若 a、b、c 是 S 中的元素，$(a,b) \in R$，$(b,c) \in R$，则必有 $(a,c) \in R$，那么，称 R 是 S 上的一个传递关系。

若对于 S 中任意元素 a，不存在 $(a,a) \in R$，则称 R 是 S 上的一个非自反关系。

若 S 上的一个关系 R 是传递关系且是非自反的，则称 R 是 S 上的一个半序关系。在任何一个具有半序关系 R 的有限集合中，至少有一个元素没有前驱，也至少有一个元素没有后继。

若 R 是集合 S 上的一个半序关系，$A=(a_i,a_j)$，A 是 S 中元素的一个序列，且当 $(a_i,a_j) \in R$ 时，有 $i<j$，则称 A 是相对于 R 的一个拓扑序列。构造拓扑序列的过程，称为拓扑排序。若 a_i 和 a_j 关于 R 毫无关系，那么 a_i 和 a_j 在 A 中的排列次序不受限制。

有向图 G 往往可以用来表示某工程的施工图或者产品的生产流程图或者某系统的执行图，有向边则表示子工程或子系统之间的先后关系。在一个有向图 G 中，若用顶点表示活动或任务，用边表示活动（或任务）之间的关系，则称此有向图 G 为用顶点表示活动的网络，即 AOV 网络（Activity On Vextex Network）。

对于 AOV 网络的顶点进行拓扑排序，就是对各个活动排出一个线性的顺序关系。如果有条件限制这些活动必须串行，就应该按拓扑序列中安排的顺序执行。

并不是任何有向图的顶点都可以排成拓扑序列，具有有向回路的有向图的顶点不能排成拓扑序列。这是因为在具有有向回路的有向图中，有向边之间有先后顺序不是非自反的，因而不是半序关系。对于给定的 AOV 网络应首先判定网络是否存在环。检测的办法是对有向图构造其顶点的拓扑有序序列；若网中所有顶点都在它的拓扑有序序列中，则该 AOV 网中必定不存在环。例如，图 7-25 的有向图的如下两个拓扑有序序列：

$$v_1 \rightarrow v_2 \rightarrow v_3 \rightarrow v_4 \rightarrow v_5 \rightarrow v_6 \rightarrow v_7 \qquad v_1 \rightarrow v_3 \rightarrow v_2 \rightarrow v_5 \rightarrow v_6 \rightarrow v_4 \rightarrow v_7$$

可见，一个有向图的顶点的拓扑序列不是唯一的。

对 AOV 网进行拓扑排序算法的基本步骤如下：

① 在网络中选取一个没有前驱的顶点，且把它输出。

② 从网络中删除该顶点和以它为尾的所有出边。

③ 重复执行上述两个步骤，直到所有顶点都被输出，或者直到遗留在网络上的顶点都有前驱顶点为止。后一种情况说明有向图中存在环。

例如，图 7-26 中的 AOV 网的拓扑有序序列产生的过程如图 7-27 所示。

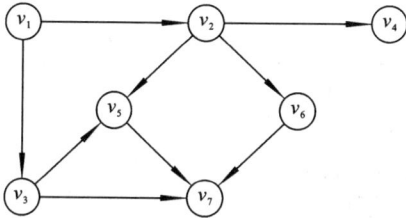

图 7-25　有向图 G_8

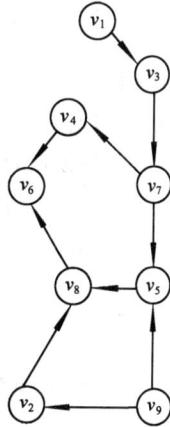

图 7-26　一个 AOV 网络

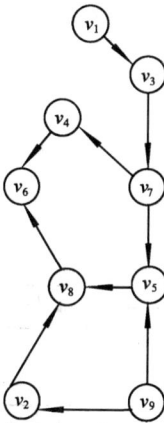

（a）初始状态

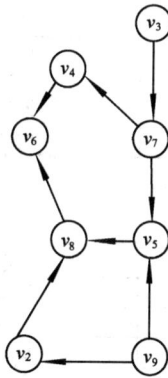

（b）输出 v_1 之后

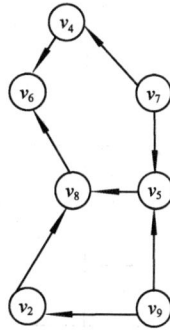

（c）输出 v_3 之后

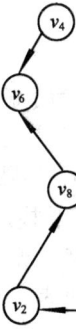

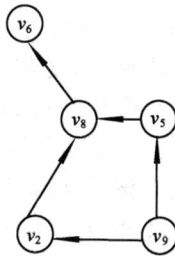

（d）输出 V_7 之后

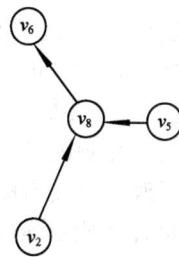

（e）输出 V_4 之后

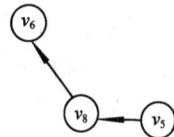

（f）输出 V_9 之后

（g）输出 V_2 之后

图 7-27　一个 AOV 网的拓扑有序序列产生过程

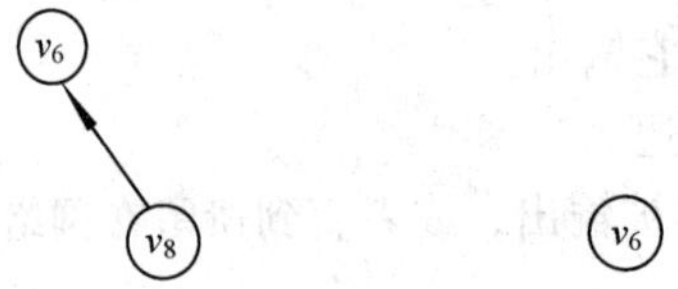

（h）输出 v_5 之后　（i）输出 v_8 之后　（j）输出 v_6 之后

图 7-27　一个 AOV 网的拓扑有序序列产生过程（续）

其拓扑有序序列为 $v_1 \to v_3 \to v_7 \to v_4 \to v_9 \to v_2 \to v_5 \to v_8 \to v_6$。

拓扑排序方法的实现，需要用一种特殊的邻接表作为有向图的存储结构。在这种邻接表中，表头结点中增加一个存储相应顶点的入度值的域。图中没有邻接表中入度为 0 的前驱顶点，而删除以该顶点为尾的所有弧的操作转化为将相应弧头顶点的入度值减 1 来实现。邻接表的结构如图 7-28 所示。

图 7-26 的邻接表如图 7-29 所示。

vertex	indgree	link

图 7-28　邻接表的结构

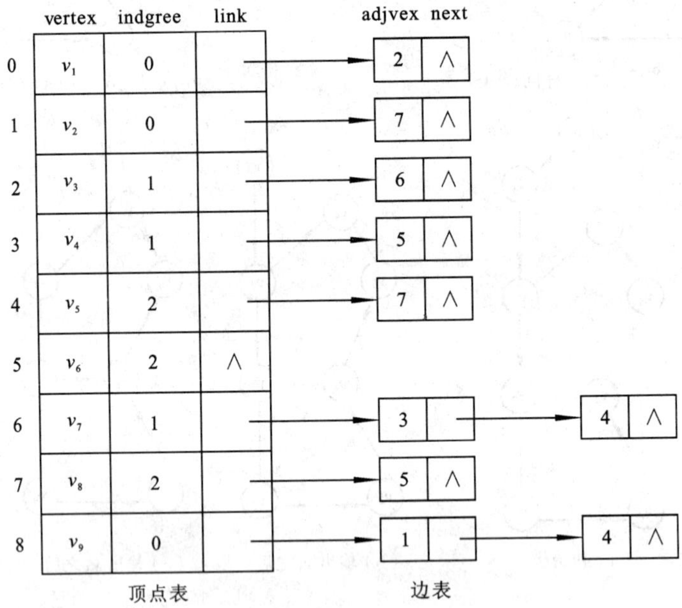

图 7-29　图 7-26 中 AOV 网的邻接表

在算法中，需要通过对顶点表的入度域进行扫描来寻找入度为零的顶点。但是，为了避免重复检测入度为零的顶点，还需要单独设一个临时栈用于存放所有入度为零的顶点。在进行拓扑之前，要对顶点表扫描一遍，选择出所有入度为零的顶点，将其都推入栈中，以后在拓扑过程中，如果遇到新的入度为零的顶点，也同样将其推入栈中。这样，每次选入度为零的顶点时，可以直接从栈顶取出。

算法中的第二步，为了改变已输出的顶点及以该顶点为起点的出边的入度，删去该顶点及出边。因此，只要通过检查从栈顶弹出的顶点（相当于删去此顶点）的出边表，把每条出边的终点所对应的入度域的值减为 1（相当于删去出边），就完成第二步操作。下面给出拓扑排序算法。

```
typedef int datatype;
typedef int vextype;
typedef struct node
{
    int adjvex;                         /*邻接点域*/
    struct node *next;                  /*链域*/
}edgenode;                              /*边表结点*/
typedef struct
{
    vextype vertex;                     /*顶点信息 */
    int indgree;                        /*入度*/
    edgenode *link;                     /*边表头指针*/
}vexnode;                               /*顶点表结点*/
vexnode dig[n]                          /*全程量邻接表*/
Toposort(vexnode dig[])                 /*dig 为 AOV 网的邻接表*/
{
    int i,j,m,top;
    edgenode *p;
    m=0;                                /*赋初值，m 为输出顶点个数计数器*/
    top=-1;                             /*赋初值，top 为栈指针*/
    for(i=0;i<n;i++)                    /*建立入度为零的顶点链栈*/
    if(dig[i].indgree==0)
    {
        dig[i].indgree=top;
        top=i;
    }
    while(top!=-1)                      /*栈非空*/
    {
        j=top;
        top=dig[top].indgree;           /*第 j+1 个顶点退栈*/
        printf("%d\t",dig[j].vertex+1); /*输出退栈顶点*/
        m++;                            /*为输出顶点计数*/
        p=dig[j].link;                  /*p 指向 v_{j+1} 的出边表结点的指针*/
        while(p)                        /*删去所有以 v_{j+1} 为起点的出边*/
        {
            k=p->adjvex;                /*k 为边<v_{j+1},v_{k+1}>的终点 v_{k+1} 在 dig 中的
                                          下标序号*/
            dig[k].indgree--;           /*v_{k+1} 入度减 1 */
            if(dig[k].indgree==0)       /*将新入度为零的顶点入栈*/
            {
                dig[k].indgree=top;
                top=k;
            }
            p=p->next;                  /*找 v_{j+1} 的下一条边 */
        }
}
```

```
    }
    if(m<n)                                    /* 输出顶点数小于 n，有回路存在*/
        printf("\nThe network has a cycle!\n");
}
```

分析上面的算法，对有 n 个顶点和 e 条弧的有向图而言，求各顶点的入度的时间复杂度为 $O(e)$，建立零入度顶点栈的时间复杂度为 $O(n)$。在拓扑排序的过程中，若有向图无环，则每个顶点进一次栈，出一次栈，入度值减 1 的操作在 while 语句中总共执行 e 次，所以，总的时间复杂度为 $O(n+e)$。这种拓扑排序的算法是下一小节讨论关键路径的基础。

7.4.4 关键路径

上一小节中借助于拓扑排序来考虑活动开始的顺序，本小节从另一个方面来考虑。设每个活动都有其起始点（开始工作点）和终结点（结束工作点），每个阶段的里程碑，即每个阶段的完成期限。在整个工程内部，只有当一些活动完成之后，另一些活动才能开始。这时，除了考虑各活动开始的顺序之外，还关心：完成整个工程至少需要多少时间，哪些活动是影响工程进度的关键。这就是本小节要研究的关键路径问题。

在带权的有向图中，用顶点表示事件，用弧表示活动，权表示活动持续的时间，这样组成的网称为以边表示活动的网（Activity On Edge），简称 AOE 网。顶点所表示的事件实际上就是它的入边所表示的活动均已完成，它的出边所表示的活动可以开始这样一种状态。

在 AOE 网中，通常只有一个入度为 0 的顶点和一个出度为 0 的顶点，这是因为一个工程只有一个开始点和一个终止点。入度为 0 的顶点称为起始点或源点，出度为 0 的顶点称为结束点或汇点。一个工程中的某些子工程是可以并行进行的。从源点到汇点最长路径的长度，即该路径上所有活动持续时间之和，就是完成整个工程所需的最少时间。把从源点到汇点具有最大长度的路径称为关键路径。关键路径上的活动称为关键活动。

具体地说，关键路径就是路径长度（指的是路径上各活动持续的时间之和）最长的路径。假设开始点是 v_1，汇点为 v_n。事件 v_i 可能的最早发生时间 VE(i)，是从源点 v_1 到顶点 v_i 的最长路径长度。因为 v_i 的发生表明了以 v_i 为起点的各条出边表示的活动可以立即开始，所以事件 v_i 的最早发生时间 VE(i)也是所有以 v_i 为起点的出边<v_i,v_k>所表示的活动 a_i 的最早开始时间 E(i)，即 VE(i)=E(i)。在图 7–30 中事件 v_4 的最早发生时间是 13，故以 v_4 为起点的 3 条出边所表示的活动 a_6、a_7、a_8 的最早开始时间也是 13，即 E(8)=E(6)=E(7)=13。

在不推迟整个工程完成的前提下，一个事件 v_k 允许的最迟发生时间 VL(k)，应该等于汇点 v_n 的最早发生时间 VE(n)减去 v_k 到 v_n 的最长路径长度。因为事件 v_k 的最迟发生时间 VL(k)也是所有以 v_k 为终点的入边<v_j,v_k>所表示的活动 a_i 可以最迟完成的时间。显然，在不推迟整个工程完成的前提下，活动 a_i 的最迟开始时间 L(i)应该是 a_i 的最迟完成时间再减去 a_i 的持续时间，即 L(i)=VL(k) –<v_j,v_k>的权。把 L(i)=E(i)的活动叫做关键活动。显然，关键路径上的活动都是关键活动。L(i)–E(i)表示完成 a_i 的时间余量，它就是在不延误整个工程的工期下，活动 a_i 可以延迟的时间。例如，图 7–30 中 E(3)=5，L(3)=10，这意味着如果 a_3 推迟 5 天完成也不会延迟整个工程的进度。显然，缩短或延迟关键活动的持续时间，都将提前或推迟整个工程的完成时间，而提前完成非关键活动并不能加快整个工程的进度。因此，为了加快工程的进度，应分析关键路径，辨别哪些是关键活动，以便争取提高关键活动的工效，缩短整个工期。

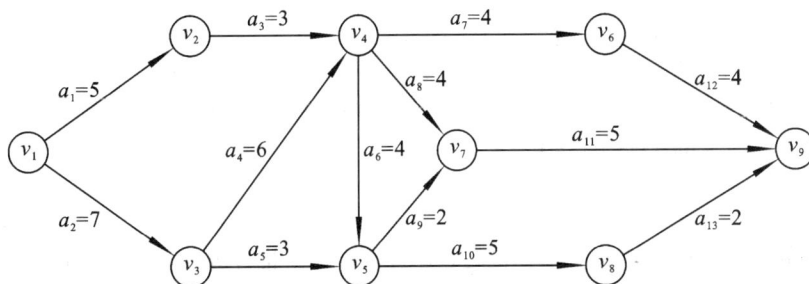

图 7–30　AOE 网

由以上分析可以得出，辨别关键活动就是要找 $L(i)=E(i)$ 的活动。为了求得 AOE 网中活动的最早开始时间 $E(i)$ 和最迟发生时间 $L(i)$，首先应求事件的最早开始时间 $VE(i)$ 和最迟发生时间 $VL(i)$。如果活动 a_i 由弧 $<j,k>$ 表示，其持续时间记为 $dut<j,k>$，则有如下关系：

$$E(i)=VE(j)$$
$$L(i)=VL(k)-dut(<j,k>)$$

下面分两步求 $VE(j)$ 和 $VL(j)$。

① $VE(j)$ 的计算是从源点 v_1 开始。自左到右对每个事件向前计算，直至计算到汇点 v_n 为止。通常将源点事件 v_1 的最早发生时间定义为零。对于事件 v_j，仅当其所有前驱事件 v_i 均已发生，且所有边 $<v_i,v_j>$ 表示的活动均已完成才可能发生。因此 $VE(j)$ 可用递推公式表示为：

$$VE(1)=0$$
$$VE(j)=Max\{VE(i)+dut(<i,j>)\} \quad <v_i,v_j>\in T,\ j=2,3,\cdots,n$$

其中，T 是所有以 v_j 为终点的入边的集合。按该递推公式可计算出图 7–30 中各个事件的最早发生时间为：

$$VE(1)=0$$
$$VE(2)=VE(1)+dut(<1,2>)=0+5=5$$
$$VE(3)=VE(1)+dut(<1,3>)=0+7=7$$
$$VE(4)=Max\{VE(2)+dut(<2,4>),VE(3)+dut(<3,4>)\}$$
$$=Max\{5+3,7+6\}$$
$$=Max\{8,13\}$$
$$=13$$
$$VE(5)=Max\{VE(3)+dut(<3,5>),VE(4)+dut(<4,5>)\}$$
$$=Max\{7+3,13+4\}$$
$$=Max\{10,17\}$$
$$=17$$
$$VE(6)=VE(4)+dut(<4,6>)$$
$$=13+4$$
$$=17$$
$$VE(7)=Max\{VE(4)+dut(<4,7>),VE(5)+dut(<5,7>)\}$$
$$=Max\{13+4,17+2\}$$
$$=Max\{17,19\}$$
$$=19$$
$$VE(8)=VE(5)+dut(<5,8>)$$

$$=17+5$$
$$=22$$
$$VE(9)=Max\{VE(6)+dut(<6,9>),VE(7)+dut(<7,9>),VE(8)+dut(<8,9>)\}$$
$$=Max\{17+4,19+5,22+2\}$$
$$=Max\{21,24\}$$
$$=24$$

② VL(j)的计算是从汇点 v_n 开始，自右到左逐个事件逆推计算，直至计算到源点 v_1 为止。为了尽量缩短工程的工期，通常把汇点事件 v_n 的最早发生时间（即工程的最早完工时间）作为 v_n 的最迟发生时间。显然，事件 v_j 的最迟发生时间不得迟于其后继事件 v_k 的最迟发生时间 VL(k)与活动<v_j,v_k>的持续时间之差。因此 v_j 的最迟发生时间 VL(j)可用递推公式表示：

$$VL(n)=VE(n)$$
$$VL(j)=Min\{VL(k)-dut(<j,k>)\} \qquad <v_j,v_k>\in S, \ j=n-1,n-2,\cdots,1$$

其中，S 是所有以 v_j 为起点的出边的集合。按该递推公式可计算出图 7-30 中各个事件的最迟发生时间为：

$$VL(9)=VE(9)=24$$
$$VL(8)=VL(9)-dut(<8,9>)$$
$$=24-2=22$$
$$VL(7)=VL(9)-dut(<7,9>)$$
$$=24-5=19$$
$$VL(6)=VL(9)-dut(<6,9>)$$
$$=24-4=20$$
$$VL(5)=Min\{VL(7)-dut(<5,7>),VL(8)-dut(<5,8>)\}$$
$$=Min\{19-2,22-5\}$$
$$=17$$
$$VL(4)=Min\{VL(6)-dut(<4,6>),VL(7)-dut(<4,7>),VL(5)-dut(<4,5>)\}$$
$$=Min\{20-4,19-4,17-4\}$$
$$=13$$
$$VL(3)=Min\{VL(5)-dut(<3,5>),VL(4)-dut(<3,4>)\}$$
$$=Min\{17-3,13-6\}$$
$$=7$$
$$VL(2)=VL(4)-dut(<2,4>)$$
$$=13-3=10$$
$$VL(1)=Min\{VL(2)-dut(<1,2>),VL(3)-dut(<1,3>)\}$$
$$=Min\{10-5,7-7\}$$
$$=0$$

这两个递推公式表明，计算 VE 时，从事件一开始，向前递推；计算 VL 时，从最后一个事件开始，向后递推。两者的计算必须分别在拓扑有序和逆拓扑有序的前提下进行（求拓扑逆有序的过程和求拓扑有序的过程类似：检查所有入度为 0 的点，并删除这些点及以这些点为头的弧，继续这个过程，直至结束。如果已经得到了拓扑序列，那么求逆拓扑序列只需将拓扑序列倒排一下即可）。在事件 v_j 的所有前驱事件的最早开始时间确定之后，才能计算 v_j 的最早开始时间 VE(j)；同样地，在事件 v_j 的所有后继事件的最迟开始时间确定之后，才能计

算 v_j 的最迟开始时间 VL(j)。

利用 VE 和 VL 的值及 $E(i)=VE(j)$，$L(i)= VL(k)-dut(<j,k>)$这两个公式，就可以计算出各活动 a_i 的最早开始时间 $E(i)$ 和最迟开始时间 $L(i)$，计算结果如图 7-31 所示。从表中可以看出关键活动为 a_2、a_4、a_6、a_9、a_{10}、a_{11}、a_{13}，关键路径如图 7-32 所示。

	j	k	E	L	$L-E$
a_1	1	2	0	5	5
a_2	1	3	0	0	0
a_3	2	4	5	10	5
a_4	3	4	7	7	0
a_5	3	5	7	14	7
a_6	4	5	13	13	0
a_7	4	6	13	16	3
a_8	4	7	13	15	2
a_9	5	7	17	17	0
a_{10}	5	8	17	17	0
a_{11}	7	9	19	19	0
a_{12}	6	9	17	20	3
a_{13}	8	9	22	22	0

图 7-31 AOE 网中各事件的最早开始时间 $E(i)$ 与最迟开始时间 $L(i)$

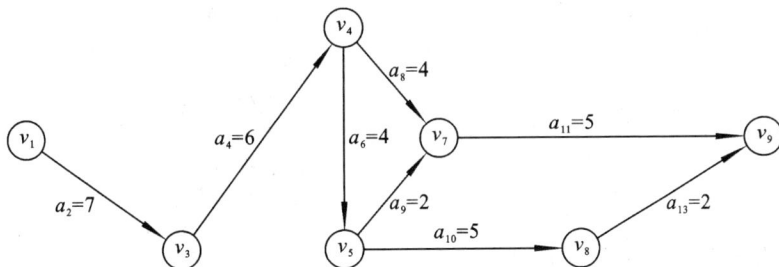

图 7-32 AOE 网的关键路径

值得指出的是，并不是加快任何一个关键活动都可以缩短整个工程的工期，只有加快那些包括在所有关键路径上的关键活动才能达到这个目的，例如，加快图 7-31 中关键活动 a_{10} 的速度，使之由 5 天完成变为 3 天完成，则不能使整个工程的工期由 24 天变为 22 天，这是因为另一条关键路径 v_1,v_3,v_4,v_5,v_7,v_9 中不包括活动 a_{10}。而活动 a_2,a_4,a_6 是包括在所有的关键路径中的，若将活动 a_2 由 7 天完成变为 3 天完成，则整个工程的工期可以由 24 天缩短为 20 天。另一方面，关键路径是可以变化的，提高某些关键活动的速度可能使原来的非关键路径变为新的关键路径，因而，提高关键活动的速度是有限度的。

由上述的讨论可知，求关键活动算法的步骤为：

① 输入 e 条弧$<j,k>$，建立 AOE 网的存储结构。

② 从源点 v_0 出发，令 VE(0)=0，然后按拓扑有序求其余各顶点最早发生时间 VE(i)（$1 \leqslant i \leqslant n-1$）。如果得到的拓扑有序序列中顶点个数小于网中的顶点数 n，则说明网中存在环，不能求关键路径，算法终止；否则执行步骤③。

③ 从汇点出发，令 $V(n)=VE(n)$，按逆拓扑有序求其余各顶点最迟发生时间 $VL(i)$（$n-1 \geqslant i \geqslant 2$）；

④ 根据各顶点的 VE 和 VL 值，求每条弧 s 的最早开始时间 $E(s)$ 和最迟开始时间 $L(s)$。若某条弧满足条件 $E(s)=L(s)$，则为关键活动。

显然，为了便于第③步求 VL 的值，需要在第①步拓扑排序时保持拓扑序列。在拓扑排序一节中，拓扑排序算法是利用栈来保存入度为零的顶点，排序结束时，栈中没有保存拓扑序列。因此，必须对拓扑排序算法做如下修改：用顺序队列 tpord[n] 保存入度为零的顶点，将原算法中的有关栈操作改为相应的队列操作。在排序过程中，当删去以 v_j 为起点的出边 $<v_j,v_k>$ 时，可根据 v_j 的 $VE(j)$ 值，用递推公式 $VE(1)=0$，$VE(j)=Max\{VE(i)+dut(<i,j>)\}$ 对 v_k 的 $VE(k)$ 值进行修改。为此必须在排序前将各顶点的 VE 值均置初值零。如果 $VE(k)$ 值已对 v_k 的所有前驱顶点 v_j 修改过，则 $VE(k)$ 值就是最终求得的 v_k 的最早发生时间。一旦排序结束，tpord[n] 中就保存了拓扑序列。在求关键路径时，AOE 网既可以采用邻接表作为存储结构，也可以采用十字链表作为存储结构。

因为求出网中所有关键活动后，只要删去网中所有的非关键活动即可得到网的关键路径，所以，下面的求关键活动的算法也就是求关键路径的算法。在此算法中，数组下标均从 0 开始，例如 $VE(k)$ 在算法中为 $VE[k-1]$。

```
#define Maxsize 256
typedef int datatype;
typedef int vextype;
typedef struct node
{
    int adjvex;                          /*邻接点域*/
    int dut;                             /*权值*/
    struct node *next;                   /* 链域*/
}edgenode;                               /* 边表结点*/
typedef  struct
{
    vextype vertex;                      /*顶点信息 */
    int indgree;                         /*入度*/
    edgenode *link;                      /*边表头指针*/
}vexnode;                                /*顶点表结点*/
vexnode dig[n]                           /*全程量邻接表*/
CriticalPath(vexnode dig[])              /*dig 为 AOV 网的邻接表*/
{
    int i,j,m,k;
    int front,rear;                      /*顺序队列的首尾指针*/
    int tpord[n],VL[n],VE[n];
    int L[Maxsize],E[Maxsize];
    edgenode*p ;
    front=-1;                            /*赋初值为-1*/
    rear=-1;                             /*赋初值为-1*/
    for(i=0;i<n;i++)
        VE[i]=0;                         /*各事件 vᵢ₊₁ 的最早发生时间均置初值零*/
    for(i=0;i<n;i++)                     /*扫描顶点表，将入度为零的顶点入队*/
        if(dig[i].indgree==0)
            tpord[++rear]=i;
    m=0;                                 /*计数器初始化*/
    while(front!=rear)                   /*队非空*/
    {
        front++;
        j=tpord[front];                  /*vⱼ₊₁ 出队，即删去顶点 vⱼ₊₁*/
```

```
m++;                            /*计算出队的顶点个数*/
p=dig[j].link;                  /*p指向v(j+1)为起点的出边表中表结点的下标*/
while(p)                        /*删去所有以 v(j+1)为起点的出边*/
{/*k 为边<v(j+1),v(k+1)>的终点 v(k+1)在 dig 中的下标序号*/
    k=p->adjvex;
    dig[k].indgree--;           /*v(k+1)入度减 1 */
    if(VE[j]+p->dut>VE[k])
        VE[k]=VE[j]+p->dut;     /*修改 VE[k]*/
    if(dig[k].indgree==0)
    {
        tpord[++rear]=k;        /*将新入度为零的顶点 v(k+1)入队*/
        p=p->next;              /*找 v(k+1)的下一条边*/
    }
}
if(m<n)                         /*输出顶点数小于 n, 有回路存在*/
{
    printf("\nThe network has a cycle!\n");
    return(0);
}
for(i=0;i<n;i++)                /*为各事件 v(i+1)的最迟发生时间 VL[i]置初值*/
    VL[i]=VE[n-1];
for(i=n-2;i>=0;i--)             /*按拓扑序列的逆序取顶点*/
{
    j=tpord[i];
    p=dig[j].link;             /*取 v(j+1)的出边表上第一个表结点*/
    while p)
    {
        k=p->adjvex;           /*k 为<v(j+1),v(k+1)>的终点 v(k+1)的下标*/
        if((VL[k]-p->dut)<VL[j])
            VL[j]=VL[k]-p->dut; /*修改 VL[j]*/
        p=p->next;              /*找 v(j+1)的下一条边*/
    }
}
i=0;                            /*边计数器置初值*/
for(j=0;j<n;j++)                /*扫描顶点表，依次取顶点 v(j+1)*/
{
    p=dig[j].link;
    while(p)                    /*扫描顶点 v(j+1)的出边表*/
    {/*计算各边<v(j+1),v(k+1)>所代表的活动 a(i+1)的 E[i]和 L[i]*/
        k=p->adjvex;
        E[++i]=VE[j] ;
        L[i]=VL[k]-p->dut;
        /*输出活动 a(i+1)的有关信息*/
        printf("%d\t%d\t%d\t%d\t%d\t",
                dig[j].vertex+1,dig[k].vertex+1,E[i],L[i],L[i]-E[i]);
        if(L[i]==E[i])          /*关键活动*/
                printf("Critical activity");
        printf("\n");
        p=p->next;
    }
}
}
}
}
```

很容易看出，上述算法的时间复杂度为 $O(n+e)$。

小　结

图是一种复杂的非线性结构，具有广泛的应用前景。本章介绍了图的有关基本概念和 4 种常用的存储结构，对图的遍历、最小生成树、最短路径、拓扑排序及关键路径等问题做了较详细的讨论，并给出了相应的求解算法，有的算法采用自顶向下、逐步求精的方法加以介绍，便于读者更好地理解。

与其他章节相比，图这一章内容较难，需要有较好的离散数学基础。通过理解本章所介绍的算法实质，可掌握图的有关概念和存储结构表示。在分析实际问题时，学会运用本章的有关内容。

习　题

1. 判断题（判断下列各题是否正确，若正确在（　）内打"√"，否则打"×"）：

（1）用相邻接矩阵法存储一个图时，在不考虑压缩存储的情况下，所占用的存储空间大小只与图中结点个数有关，而与图的边数无关。（　　）

（2）对任意一个图，从它的某个顶点出发进行一次深度优先或广度优先搜索遍历可访问到该图的每个顶点。（　　）

（3）若从某顶点开始对有向图 G 进行深度遍历,所得的遍历序列唯一,则可断定其弧数为 $n-1$。（　　）

（4）邻接表法只能用于有向图的存储，而相邻矩阵法对于有向图和无向图的存储都适用。（　　）

（5）任何有向图网络（AOV 网络）拓扑排序的结果是唯一的。（　　）

（6）有回路的图不能进行拓扑排序。（　　）

（7）存储无向图的相邻矩阵是对称的，因此只要存储相邻矩阵的下（或上）三角部分就可以了。（　　）

（8）用相邻矩阵 A 表示图，判定任意两个结点 v_i 和 v_j 之间是否有长度为 m 的路径相连，则只要检查 A_m 的第 i 行第 j 列的元素是否为 0 即可。（　　）

（9）在 AOV 网中一定只有一条关键路径。（　　）

（10）连通分量是有向图的极小连通子图。（　　）

（11）强连通分量是有向图中的极大强连通子图。（　　）

（12）若图 G 的最小生成树不唯一，则 G 的边数一定多于 $n-1$，并且权值最小的边有多条（其中 n 为 G 的顶点数）。（　　）

（13）图 G 的一棵最小代价生成树的代价未必小于 G 的其他任何一棵生成树的代价。（　　）

2. 单选题：

（1）n 个顶点的强连通图至少有（　　）条边。

　　A. n　　　　B. $n+1$　　　　C. $n-1$　　　　D. $n(n-1)$

（2）如果带权有向图 G 采用邻接矩阵存储结构来存储，设其邻接矩阵为 A，那么顶点 i 的入度等于 A 中（　　）。

　　A. 第 i 行非无穷的元素之和　　　　B. 第 i 列非无穷的元素之和

C. 第 i 行非无穷且 0 的元素个数　　　　D. 第 i 列非无穷且 0 的元素个数

（3）对于含有 n 个顶点 e 条边的无向连通图，利用 prim 算法生成最小代价生成树其时间复杂度为（　　　）。

　　A. $O(n)$　　　　　B. $O(n \times n)$　　　　　C. $O(n \times e)$　　　　　D. $O(e\log_2 e)$

（4）设有向图有 n 个顶点和 e 条边，进行拓扑排序时，总的计算时间为（　　　）

　　A. $O(en)$　　　　　B. $O(n+e)$　　　　　C. $O(n\log_2 e)$　　　　　D. $O(e\log_2 n)$

（5）关键路径是事件结点网络中（　　　）。

　　A. 从源点到汇点的最长路径

　　B. 从源点到汇点的最短路径

　　C. 最长的回路

　　D. 最短的回路

（6）任何一个无向连通图的最小生成树（　　　）。

　　A. 只有一棵　　　　　　　　　　　　B. 有一棵或多棵

　　C. 一定有多棵　　　　　　　　　　　D. 可能不存在

（7）图的生成树（　　　），一个连通图的生成树是一个（　　　）连通子图，n 个顶点的生成树有（　　　）条边，最小代价生成树（　　　）。

　　A. 是唯一的、最大、n、不是唯一的

　　B. 不是唯一的、最小、$n+1$、唯一性不能确定

　　C. 唯一性不能确定、最小、$n-1$、是唯一的

　　D. 不是唯一的、最小、$n-1$、不是唯一的

（8）对于含有 n 个顶点 e 条边的无向连通图，利用 Kruskal 算法生成最小代价生成树其时间复杂度为（　　　）

　　A. $O(\log_2 n)$　　　　B. $O(n\log_2 n)$　　　　C. $O(e\log_2 e)$　　　　D. $O(n\log_2 e)$

（9）设无向图 G 中顶点数为 n，则图最少有（　　　）条边，最多有（　　　）条边。

　　A. $n(n+1)/2$　　　B. $n(n-1)$　　　C. $n(n-1)/2$　　　D. $n(n+1)$

（10）n 个顶点的无向完全图的边数为（　　　）。

　　A. $n(n-1)$　　　B. $n(n+1)$　　　C. $n(n+1)/2$　　　D. $n(n-1)/2$

（11）设 T 是树图，则 T 中最长路径的起点和终点的度数为（　　　）。

　　A. 1　　　　　B. 2　　　　　C. n　　　　　D. 不确定

3. 对于图 7-33 的有向图，给出：

（1）各个顶点的出度和入度；

（2）它的强连通分量；

（3）将该图改造为一个有向完全图。

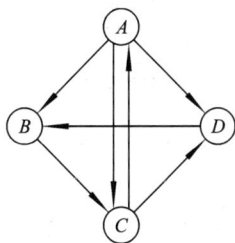

图 7-33　有向图之一

4. 对于图 7-33 所示的有向图，给出（不带权值）：

（1）它的邻接矩阵；

（2）它的邻接表；

（3）它的逆邻接表；

（4）它的十字链表。

5. 图 7-34 中的有向图是连通图吗？分别用深度优先搜索法和广度优先搜索法，列出遍历图中顶点的次序。

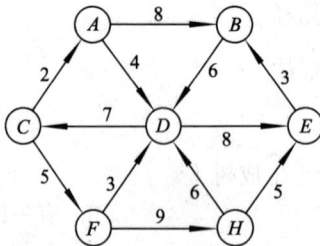

图 7-34　有向图之二

6. 对于无向图（见图 7-35），给出：

（1）用普里姆算法构造其最小生成树的过程；

（2）用克鲁斯卡尔算法构造其最小生成树的过程。

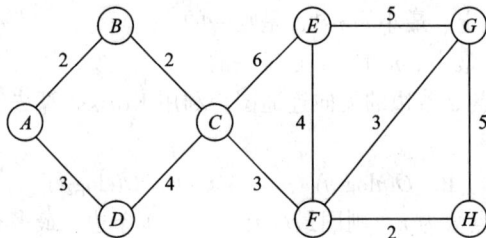

图 7-35　无向图

7. 对于图 7-36 中的有向网，求：

（1）各活动的最早开始时间和最迟开始时间；

（2）完成工程的最短时间；

（3）网中的关键活动。

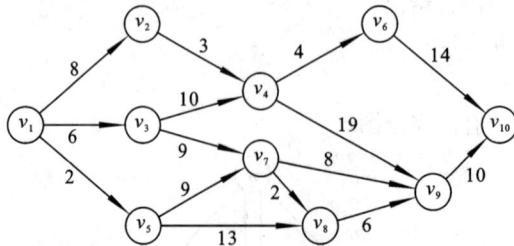

图 7-36　有向网

8. 给出建立有向图的邻接表的算法。

9. 给出建立有向图的十字链表的算法。

10. 若有向图采用邻接表作为存储结构，试给出计算图中各个顶点的入度的算法。

11. 试给出求有向图的强连通分量的算法。

12. 以邻接表为存储结构，写一个基于 DFS 遍历策略的算法，求图中通过某顶点 v_k 的简单回路（若存在）。

13. 利用拓扑排序算法的思想写一个算法判别有向图中是否存在有向环，当有向环存在时，输出构成环的顶点。

拓展实验：图的深度优先搜索

实验目的：熟悉图的存储结构及邻接矩阵和邻接表等有关概念，掌握图的深度优先搜索方法。

实验内容：建立一个包含 6 个结点的图，并实现该图的深度优先搜索遍历。图采用邻接表作为存储结构。

实验要求：

1. 设计与选择算法与数据结构；

2. 用 C 语言程序实现；

3. 讨论程序的执行结果。

第 **8** 章　查找

本章知识结构图

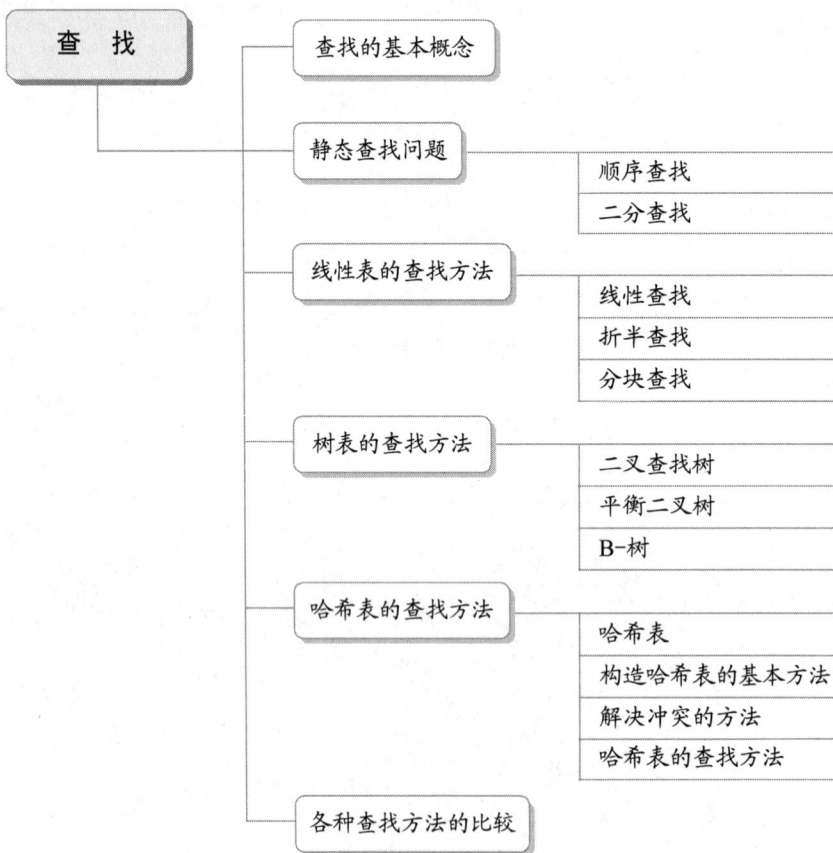

查找

- 查找的基本概念
- 静态查找问题
  - 顺序查找
  - 二分查找
- 线性表的查找方法
  - 线性查找
  - 折半查找
  - 分块查找
- 树表的查找方法
  - 二叉查找树
  - 平衡二叉树
  - B-树
- 哈希表的查找方法
  - 哈希表
  - 构造哈希表的基本方法
  - 解决冲突的方法
  - 哈希表的查找方法
- 各种查找方法的比较

学习目标

- 了解查找的基本概念；
- 了解线性表的查找方法；
- 理解哈希表的查找方法；
- 理解各种查找方法的比较。

查找又称检索，就是从一个数据元素集中找出某个特定的数据元素。它是数据处理中经常使用的一种重要操作，尤其是当涉及的数据量较大时，查找算法的优劣对整个软件系统的效率影响是很大的。

本章首先介绍关于查找的基本概念，然后讨论线性表、树表和哈希表查找的各种方法，最后对各种查找方法做简单的比较。

8.1 查找的基本概念

1．查找表

查找表是一种使用灵便的数据结构，由同一类型的数据元素（或记录）构成。数据元素之间是完全松散的关系。

对查找表进行的操作有以下 4 种：

① 查询某个特定的数据元素是否在查找表中。
② 检索某个特定的数据元素的各种属性信息。
③ 在查找表中插入一个同类型的数据元素。
④ 从查找表中删除某个特定的数据元素。

2．静态查找表

若只对查找表做前两种操作，统称为查找操作，则称此查找表为静态查找表。

3．动态查找表

若在查找过程中同时插入查找表中不存在的数据元素，或者从查找表中删除已存在的某个数据元素，则称此类表为动态查找表。

4．关键字

标志数据元素（或记录）中某个数据项的值，用它可以定位一个数据元素（或记录）。主关键字是可以唯一标志一个记录的关键字，记录不同，关键字也不同。反之，把用于识别若干个记录的关键字称为次关键字。当数据元素只有一个数据项时，其关键字即为该数据元素的值。

5．查找

在查找表中根据给定预查找内容与数据元素的关键字是否匹配来确定是否存在目标记录或数据元素的过程就是查找。如果表中找到了匹配记录，则查找成功，查找返回的结果需包含整个记录的位置和属性等信息；若表中没有查到匹配记录，那么查找不成功，此时查找的结果应该给出相应的提示信息，例如一个空记录或空指针。

查找算法的优劣对系统的效率影响很大，好的查找方法可以极大地提高程序的运行速度。由于查找运算的主要操作是关键字的比较，所以通常把查找过程中对关键字需要执行的平均比较次数（也称平均查找长度）作为衡量一个查找算法效率的标准。平均查找长度 ASL（Average Search Length）定义为：

$$ASL = \sum_{i=1}^{n} P_i C_i$$

其中，n 是结点的个数；P_i 是查找第 i 个结点的概率，若无特别说明，则认为各结点的查找概率是相同的，即 $P_1 = P_2 = \cdots = P_n = 1/n$；$C_i$ 是找到第 i 个结点所需要的比较次数。

8.2　静态查找问题

计算机的一个重要应用就是查找数据。如果数据不允许更改（如存在 CD-ROM 中），就称这个数据是静态的。静态查找到的问题不可以被更改。静态查找问题表示如下：

静态查找问题给出一个整数 X 和一个数组 A，返回 X 在 A 中的位置，或给出不存在的信息。如果 X 出现不止一次，则返回任意一个位置，但数组不会被改变。

静态查找的一个例子是从电话号码本上寻找一个人。静态查找算法的效率取决于被查找的数组是否有序。在这个例子中，通过名字来查找是比较快的，通过电话号码查找到的希望非常小（对人工而言）。这一节将介绍一些静态查找问题的解决办法。

8.2.1　顺序查找

当输入数组无序时，没有其他选择，只能进行线性顺序查找，逐步按顺序查找数组，直到找到与之匹配的项。分析其复杂性有下述 3 种方法：① 给出查找不成功的时间代价；② 给出一个成功查找的最坏情况下的时间代价；③ 找出一次成功查找的平均时间代价。通常情况下，不成功查找用的时间较多。

一次不成功的查找要检测到数组中的每一项，所以时间为 $O(n)$。在最坏情况下的一次成功查找也要检测数组中的每一项，因为直到最后才能找到与之匹配的项。所以在最坏情况下，一次成功查找的时间代价也是线性的。

8.2.2　二分查找

如果输入数组有序，用二分查找代替顺序查找。二分查找从数组的中部开始，而不是尾部，限制了数组的一部分。如果一个项存在，则一定在里面。最初范围为 0～n-1，如果低项大于高项，则所查找项不在数组中，返回 NOT_FOUND；否则，便使 mid 为数组范围的中点（如果数组元素个数为偶数，则取不大于中点的整数），并且比较要查找的元素和 mid 位置的元素，如果匹配，则完成，并返回。如果所要查找的元素小于 mid 位置的元素，则一定在下界和 mid-1 的范围中，反之则在 mid+1 至上界的范围中。在下面的算法中，用到 3 次比较的基本的二分查找，第 13～17 行改变了可能的范围，基本上是从当中截断，通过反复使用充分减半原则，可知重复次数为 $O(\log_2 n)$。

```
/*
Performs the standard binary search
using two comparisons per level.
```

```
@return index where item is found,or NOT_FOUND.
*/
int BinarySearch(keytype a[],keytype x)         /*keytype 为假定的关键字类型*/
{
    int low=0;
    int high=n-1;                               /*n 为数组 a[]的长度*/
    int mid;
    while(low<=high)
    {
        mid=(low+high)/2;
        if(a[mid]<x)
            {low=mid+1;}
        else if(a[mid]>x)
            {high=mid-1;}
        else
            {return mid;}
    }
    return NOT_FOUND;
}
```

对于一个不成功的查找，在循环中的重复次数为 $\lfloor \log_2 n \rfloor +1$，因为在每次重复中取其范围的一半（如果元素个数为奇数，则减 1）。因为最后范围内所指示的元素个数为 0，所以加 1。对于一次成功的查找，最坏情况下重复 $\log_2 n$ 次。因为在最坏情况下，只将范围减少 1。因为一半元素的查找为最坏情况查找，所以平均情况下只少一次，1/4 的元素节省一次重复。在最坏情况下，2^i 个元素仅有一个元素节省 i 次重复。通过计算有限级数的和来计算平均值。每次查找的运行时间的复杂度为 $O(\log_2 n)$。

对于相当大的 n 来说，二分查找优于顺序查找。例如：$n=1\,000$ 时，在平均情况下，一次成功的查找大约要求比较 500 次，在平均情况下的二分查找利用先前的公式需比较 $\lfloor \log_2 n \rfloor -1$ 次，或一次成功查找重复 8 次，每次重复平均比较 1.5 次（有时是 1，有时是 2）。所以，每次成功查找比较的次数为 12 次。当查找不成功时，二分查找在最坏情况下效率更高。

如果想使二分查找法更快，需要使内部循环更紧密。一个可能的策略就是将一次成功查找的测试从循环中移出来，并在任何情况下将下限缩减到一次，然后仅用一次循环外的测试来决定查找项是否在数组中或没有发现。如果查找项不大于中间位置上的项，则它在包含中间位置的范围中。当跳出循环时，子范围为 1，可以测试是否有匹配项。

在修改的算法中，总是缩减范围的一半，所以重复的次数为 $\lfloor \log_2 n \rfloor$，可以通过减少下限，使比较次数总为 $\lfloor \log_2 n \rfloor +1$。用到两次比较的二分查找的算法如下：

```
/*Performs the standard binary search*/
/*using two comparisons per level. */
/*@return index where item is found,or NOT_FOUND. */
int BinarySearch(keytype a[],keytype x)         /*keytype 为假定的关键字类型*/
{
    if(n==0)
        return NOT_FOUND;
    int low=0;
    int high=n-1;
    int mid;
    while(low<high)
    {
        mid=(low+high)/2;
        if(a[mid]<x)
```

```
            { low=mid+1; }
        else
            { high=mid;   }
    }
    if(a[low]==x)
        return low;
    return NOT_FOUND;
}
```

对于较小的 n，如小于 6，不提倡使用二分查找。对于一个典型的成功查找大致使用相同的比较次数，但每次比较都有上面的程序段。二分查找的最后几个循环确实很慢。一个混合策略就是当范围很小的时候不用二分查找循环，而使用顺序查找来完成。同样，不按顺序查找法查找电话号码本，当范围较小时，才采用顺序浏览。因此，浏览电话号码本不是顺序查找，也不是二分查找。

8.3　线性表的查找方法

线性表是最简单的一种表的组织方式，一个线性表含有若干个记录（结点），各记录由若干个数据项组成。

例如，表 8-1 是职工名册，其中存放着全体职工的记录，每个职工记录包括职工号、姓名、年龄、性别、籍贯 5 个数据项。其中，"职工号"是主关键字，因为一个职工有且仅有一个与众不同的职工号，是唯一标志一个记录的数据项；"姓名"是次关键字，因为不能排除重名的可能性；同样，"年龄"、"性别"和"籍贯"也是次关键字。

表 8-1　职工名册

职 工 号	姓 名	年 龄	性 别	籍 贯
20001	张明	35	男	山东济南
20002	李力	22	女	河北沧州
20003	赵兰	31	女	北京
20004	王威	47	男	上海
⋮	⋮	⋮	⋮	⋮

若在线性表中找到关键字值与给定值相同的记录，称为查找成功，否则称为查找失败。一般的，查找成功时返回该记录在线性表中的位置，查找失败时返回一个失败标志。当查找作为插入、删除、修改的前驱工作时，查找返回的信息由其后继工作决定。

本节将介绍 3 种在线性表中进行查找的方法，分别是顺序查找、折半查找和分块查找。

8.3.1　线性查找

线性查找也称顺序查找，是一种最简单的查找方法，它属于静态查找。它的基本思想是：从表的一端开始，顺序扫描线性表，依次用待查找的关键字值与线性表中各结点的关键字值比较，若在表中找到了某个记录的关键字与待查找的关键字值相等，表明查找成功；如果找遍所有结点也没有找到与待查找的关键字值相等的关键字，则表明查找失败。执行顺序查找时存储方式可以是顺序存储结构，也可以是链式存储结构。顺序查找的算法非常简单，查找前对结点并没有排序要求，因此在实际中经常使用顺序查找。顺序查找的算法描述如下：

```
typedef struct
{
    keytype key;                    /*关键项*/
    elemtype other;                 /*其他域*/
    int length                      /*表长度*/
}SSTable;
/*在 ST 中顺序查找关键字为 key 的结点*/
int Search-Seq(SSTable ST,Keytype key)
{
    ST.elem[0].key=key;             /*设置监视哨*/
    for(i=ST.length; ST.ELEM[i].key!=key; --i);
    /*若找到，返回元素的位置；若找不到，则返回 0*/
        return i;
    if(i==0 )
        printf("Searching Fail!\n");
    else
        printf("Searching Success!\n");
}
```

分析上述算法，将 key 的值赋予 ST.elem[0].key，目的在于免除查找过程中每一步都要检测整个表是否查找完毕，起到了监视哨的作用。若整个向量 ST.elem[n]（n 为顺序表的长度）扫描完之后，都没有找到关键字为 key 的结点，则最后终止于 ST.elem[0]，即返回 $i=0$，若找到了关键字等于 key 的结点，则返回结点的位置 i。若查找每个结点的概率是相等的，即 $P_i=1/n$，显然，若找到的是 ST.elem[n]，比较次数为 $C_n=1$；若找到的是 ST.elem[i]（$n>i>0$），比较的次数为 $C_i=n-i+1$，则顺序查找的平均查找长度为

$$\text{ASLsp} = \sum_{i=1}^{n} P_i C_i = \sum_{i=1}^{n} (n-i+1)/n = (n+1)/2$$

这就是说，查找成功的平均查找长度约为表长的一半。若 key 值不在表中，则必须进行 $n+1$ 次比较之后才能确定查找是否失败。在实际情况下，有时表中各结点的查找概率并不相同，这时应将表中结点按查找概率由大到小的顺序存放，以便提高顺序查找的效率。例如，在职工记录中，有些人会经常被查询，而有的人却很少被问津，因此，在设计线性表的过程中，把访问概率高的记录尽量排在访问概率低的记录前面，将会大大提高顺序查找的效率。

在不等概率的情况下，顺序查找的平均查找长度为

$$\text{ASLsq} = n \times P_1 + (n-1) \times P_2 + \cdots + 2 \times P_{n-1} + P_n$$

顺序查找的优点是算法简单，且对表的结构没有任何要求，无论是用向量还是用链表存储结点，也无论结点之间是否有序，它都适用。它的缺点是查找效率低，因此，当表的结点数目比较多时，不宜采用顺序查找。

8.3.2　折半查找

折半查找也称二分查找，是一种效率较高的查找方法，采用折半查找的前提是要求表中的结点按关键字的大小排序，并且要求线性表顺序存储。以下说明都假设顺序表按照从小到大的顺序存放结点。

折半查找的基本思想：首先用要查找的关键字值与中间位置结点的关键字值相比较（这个中间结点把线性表分成了两个子表）。如果比较结果相等，则查找成功；若不相等，再根据要查找的

关键字值与该中间结点关键码值的大小来确定下一步查找在哪个子表中进行：如果待查关键字大于中间结点的关键字值，则应查找中间结点以后的子表，否则，查找中间结点以前的子表。这样递归地进行下去，直到找到满足条件的结点，或者确定表里没有这样的结点。可以看出，搜索范围成指数缩小，因此折半查找的速度明显要快于顺序查找。

算法开始时，数组 table 中顺序存放被查找的线性表，并已按关键码值从小到大排序。变量 k 中存放要查找的关键码。算法结束时，i 给出查找结果。若 $i = 0$，则表示查找失败，否则 i 为查找到的结点的下标。

例如，已知如下 11 个数据元素的有序表（关键字即为数据元素的值）：

$$(5,14,19,22,37,56,64,75,80,89,92)$$

现要查找关键字为 22 和 86 的数据元素。

假设指针 low 和 high 分别指示待查元素所在范围的下界和上界，指针 mid 指示区间的中间位置，即 mid=[(high+low)/2]。在此例中，low 和 high 的初值分别为 1 和 11，即[1,11]为待查范围。

下面先看给定值 key=22 的查找过程：

5	13	19	22	37	56	64	75	80	88	92
↑low						↑ mid				↑ high

首先令查找范围中间位置的数据元素的关键字 ST.elem[mid].key 与给定值 key 相比较，因为 ST.elem[mid].key>key，说明待查元素若存在，必在区间[low,mid−1]的范围内，则令指针 high 指向第 mid−1 个元素，重新求得 mid=[(1+5)/2]=3。

5	14	19	22	37	56	64	75	80	88	92
↑low		↑ mid		↑ high						

仍以 ST.elem[mid].key 和 key 相比，因为 ST.elem[mid].key<key，说明待查元素若存在，必在[mid+1,high]范围内,则令指针 low 指向第 mid+1 个元素,求得 mid 的新值为 4,比较 ST.elem[mid].key 和 key，因为相等，表明查找成功，所查元素在表中序号等于指针 mid 的值。

5	14	19	22	37	56	64	75	80	88	92
			↑ low	↑ high						
			↑ mid							

再看查找 86 的过程：

5	14	19	22	37	56	64	75	80	88	92
↑low						↑ mid				↑ high

ST.elem[mid].key<86，则 low=mid+1。

5	14	19	22	37	56	64	75	80	88	92
							↑ low		↑ mid	↑ high

ST.elem[mid].key<86，则 low=mid+1。

5	14	19	22	37	56	64	75	80	88	92
									↑ low	↑ high
									↑ mid	

ST.elem[mid].key>86，则 high=mid−1。

5	14	19	22	37	56	64	75	80	88	92
								↑ high	↑ low	

此时，因为下界 low 大于上界 high，则说明表中没有关键字等于 86 的元素，查找失败。

从上面的两个例子更明了地看到，折半查找过程是将处于区间中间位置记录的关键字和给定值比较，若相等，则查找成功，若不等，则缩小范围，直至新的区间中间位置记录的关键字等于给定值，或者查找区间的大小小于零时（表明查找不成功）为止。读者很容易理解"折半"、"二分"的意义，以及此种方法只适用于顺序存储结构的含义。具体算法描述如下：

```c
#include "str.h"
typedef struct
{
    keytype key;                      /*关键项*/
    elemtype other;                   /*其他域*/
    int length                        /*表长度*/
}SSTable;
/*在有序表 ST 中进行二分查找，成功时返回结点的位置，失败时返回 0*/
int Search_Bin(SSTable ST,int key)
{
    int low,high,mid;
    low=1;
    high=ST.length;                   /*置区间初值*/
    while(low<=high)
    {
        mid=(low+high)/2;
        if(key==ST.elem[mid].key)
            return mid;                /*找到了待查的结点，返回其所在位置*/
        else
        if(key<ST.elem[mid].key)
            high=mid-1;                /*继续在前半区间进行查找*/
        else
            low=mid+1;                 /*继续在后半区间进行查找*/
    }
    return 0;                          /*查找不成功，返回 0 值 */
}
```

折半查找过程可用二叉树来形象地描述，把当前查找区间的中间位置上的结点作为根，左子表和右子表中的结点分别作为根的左子树和右子树，由此得到的二叉树，称为描述折半查找的判定树，如图 8-1 所示。

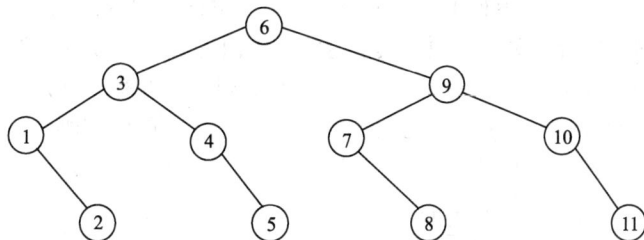

图 8-1 一棵二分查找的判定树

在前述 11 个元素的表中可以看到，找到第 6 个元素，仅需要比较 1 次；找到第 3 个和第 9 个元素需要比较 2 次；找到第 1 个、第 4 个、第 7 个和第 10 个需比较 3 次；找到第 2 个、第 5 个、第 8 个和第 11 个元素需要比较 4 次。于是，这 11 个结点的有序表可用图 8-1 所示的判定树表示，树中结点内的数字表示该结点在有序表中的位置，查找树中的结点所在的层数恰巧与在表中折半查找该结点比较的次数相同。由此可见，折半查找过程恰好是走一条从判定树的根到被查结点的一条路径，经历比较的关键字个数恰为该结点在判定树中的层次。

根据二叉树的性质，折半查找在查找失败的情况下，所需比较的次数不会超过判定树的深度，因此它的查找效率较高。尤其在记录量很大时，它的优越性很明显。可以证明，折半查找的平均查找长度是：

$$ASLbs = (n+1)/n\log_2(n+1)-1$$

需要指出的是，折半查找虽然有较高的查找速度，但是要求被查表要按关键字排序，而排序也是一种很费时间的运算。另外，折半查找只适用于顺序存储结构，为保持表的有序性，在进行插入和删除操作时，都必须移动大量的结点。因此，折半查找的高查找率是以牺牲排序为代价的，它特别适合于那种一经建立就很少移动、而又经常需要查找的线性表。而对于较少查找但经常需要改动的线性表，适宜采用链式存储，使用顺序查找。

8.3.3 分块查找

分块查找又称索引顺序表，它是一种性能介于顺序查找和二分查找之间的查找方法。如果要处理的线性表既希望较快的查找速度又需要动态变化，则可以采用分块查找的方法。

这一方法在实际生活中的应用非常广泛，例如词典的编排及查找，对一本含量巨大的厚厚的词典，把其中的词汇按 a,b,c,d,…,z 的顺序进行分块，以便在查找单词时能根据其第一个字母直接确定查找的子范围，在每一个字母的子范围中，再按照顺序进行查找，这样就是一个分块查找的过程。

分块查找要求把线性表分成若干块，在每一块中结点的存放是任意的，但是，块与块之间必须排序。假设这种排序是按关键字值递增排序的，也就是说第一块中任意结点的关键字值都小于第二块中所有结点的关键字值，第二块中任意结点的关键字值都小于第三块中所有结点的关键字值……。另外，还要求建立一个索引表，把每块中最大的关键字值，按块的顺序存放在一个辅助数组中，显然这个数组也是按升序排列。查找时首先用要查的关键字值在索引表中查找，确定如果满足条件的结点存在，它应在哪一块中，查找方法可以采用折半查找法，也可以采用顺序查找法，然后到相应的块中查找，就可以得到要查找的结果。

例如，图 8-2 所示为一个表及其索引表，表中含有 15 个记录，可分成 3 个块（子表）：（R1，R2，…，R6）、（R7，R8，…，R12）、（R13，R14，…，R18），对每个子表（或称块）建立一个索引项，其中包括两项内容：关键字项（其值为该子表内的最大关键字）和指针项（指示该子表的第一个记录在表中位置）。如果索引表按关键字有序，则表或者有序或分块有序。所谓分块有序指的是第二个子表中所有记录的关键字均大于第一个子表中的最大关键字，第三个子表中的所有关键字均大于第二个子表中的关键字，依次类推。

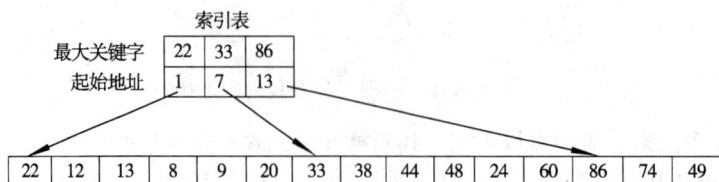

图 8-2 表及其索引表

分块查找过程需分两步进行。首先需要确定待查记录所在的块（子表），然后在块中顺序查找。

假设给定值 key = 38，则先将 key 依次和索引表中各个关键字进行比较，因为 22 < key < 48，则说明关键字为 38 的记录若存在，必定在第二个子表中，由于同一索引项中的指针指示第二个子表中的第一个记录是表中第七个记录，则自第七个记录起进行顺序查找，直到 ST.elem[8].key=key 为止。假如此子表中没有关键字等于 key 的记录，如 key=32，类似地，先确定第二块，然后在该块中查找，若查找不成功，说明表中不存在关键字为 32 的结点。

由于由索引项组成的索引表按关键字有序，所以确定块可以用顺序查找，也可用折半查找，而块中的记录是任意排列的，在块中只能用顺序查找。

分块查找的算法描述如下，其中对索引表的查找采用折半查找法。

```
typedef struct
{
    keytype key;                        /*关键项*/
    elemtype other;                     /*其他域*/
    int length                          /*表长度*/
}SSTable;
/*索引表的结点类型*/
typedef struct
{
    keytype key;
    int addr;
}Idtable ID[b];                         /*索引表，b 为块数*/
/*分块查找，查找成功时，函数值为关键字等于 K 的结点在 R 中的序号，查找失败时，函数值为 -1*/
int BLKSearch(R,ID,K)
SSTable R[];
Idtable ID[];
Keytype K;
{
    int i;
    int low1,low2,mid,high1,high2;
    /*low1\high1 为折半查找区间下\上界置初值*/
    low1=0;
    high1=b-1;
    while(low1<=high1)
    {
        mid=(low1+high1)/2;
        if(K<=ID[mid].key)
            high1=mid-1;
        else
            low1=mid+1;
    }                                   /*查找完毕，low1 为找到的块号*/
    if(low1<b)                          /*若 low1>=b，则 K 大于 R 中所有的关键字*/
    {
        /*块起始地址*/
        low2=ID[low1].addr;
        if(low1==b-1)
            high2=R.length-1;           /*求块的末地址*/
        else
            high2=ID[low1+1].addr-1;
        /*在块内顺序查找*/
        for(i=low2;i<=high2;i++)
            if(R[i].key==K)
                return i;               /*查找成功*/
    }
```

```
    return(-1);                              /*查找失败*/
}                                            /*BLKSearch*/
```

分块查找的算法分析：

（1）平均查找长度 ASL

分块查找是两次查找过程。整个查找过程的平均查找长度是两次查找的平均查找长度之和。如果 n 为结点数，b 为块数，s 为块的长度，则有：

① 以二分查找来确定块，分块查找成功时的平均查找长度为

$$\text{ASL}_{\text{blk}}=\text{ASL}_{\text{bn}}+\text{ASL}_{\text{sq}} \approx \log_2(b+1)-1+(s+1)/2 \approx \log_2(n/s+1)+s/2$$

② 以顺序查找确定块，分块查找成功时的平均查找长度为

$$\text{ASL}'_{\text{blk}}=(b+1)/2+(s+1)/2=(s^2+2s+n)/(2s)，\text{其中 } n=bs$$

当 $s=\sqrt{n}$ 时 ASL'_{blk} 取极小值 $\sqrt{n}+1$，即当采用顺序查找确定块时，应将各块中的结点数选定为 $\sqrt{n}$。

若表中有 10 000 个结点记录，则应把它分成 100 个块，每块中含 100 个结点记录。分块查找平均需要做 100 次比较，而顺序查找平均需做 5 000 次比较，二分查找最多需 14 次比较。分块查找算法的效率在顺序查找和二分查找之间。

（2）块的大小

在实际应用中，分块查找不一定要将线性表分成大小相等的若干块，可根据表的特征进行分块。例如，一个学校的学生登记表，可按系号或班号分块。

（3）结点的存储结构

各块可放在不同的向量中，也可将每一块存放在一个单链表中。

（4）分块查找的优点

① 在表中插入或删除一个记录时，只要找到该记录所属的块，即可在该块内进行插入和删除运算。

② 因块内记录的存放是任意的，所以插入或删除比较容易，无须移动大量记录。

分块查找的效率在顺序查找和折半查找之间，对于大型线性表，它是一种较好的方法。在分块查找方法中，不一定要将线性表分成大小相等的若干块，而应根据表的特征进行分块，这在实际生活中更具一般性，如词典的编排。分块查找的主要代价是增加一个辅助数组的存储空间和将初始表分块排序的运算。

8.4　树表的查找方法

前一节讨论了线性表的 3 种表示方法，其中折半查找效率最高，但是折半查找对于动态结构却不是一个高效的方法。如果采用折半查找，查找结果失败，需要把待查关键字所对应的元素插入到原有序表；而在查找成功时，需要把待查元素从原表中删除。对于原表来说，表中元素是动态变化的，此时折半查找就需要花费大量时间调整有序表中的元素，使之保持有序，这就会导致由于表中元素动态变化而出现的效率低下问题。为了更好地解决表动态变化时的查找问题，本节将介绍几种特殊的树或二叉树作为表的一种组织方式，统称树表。

8.4.1　二叉查找树

如果一棵二叉树的每个结点对应于一个关键字，整个二叉树各结点对应的关键字组成一个关

键字集合，并且此关键字集合中的各个关键字在二叉树中是按一定顺序排列的，这时称此二叉树为二叉查找树，又称二叉排序树。

二叉查找树或者是一棵空树，或者是具有如下性质的二叉树：

① 若它的左子树非空，则左子树上所有结点的值均小于根结点的值。

② 若它的右子树非空，则右子树上所有结点的值均大于根结点的值。

③ 左子树和右子树又均是一棵二叉查找树。

例如，对应于关键字集合 K={66,15,25,80,77,35,10,3,88,85,98}的二叉查找树如图 8-3 所示。

通常，可采用二叉链表作为二叉查找树的存储结构，二叉链表的定义算法描述如下：

```
typedef struct Bitnode
{
    int key;
    struct Bitnode *lchild,*rchild;
}*Bitree;  /*二叉链表的定义*/
```

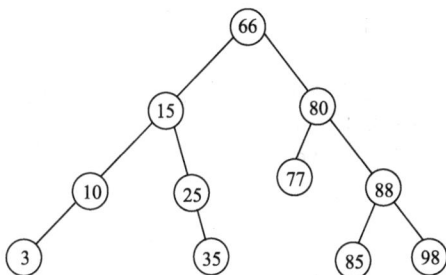

图 8-3　一棵二叉查找树

1. 二叉排序树的生成

二叉排序树的生成，是从空的二叉排序树开始，每输入一个结点数据，就调用一次插入算法将它插入到当前已生成的二叉排序树中。生成二叉排序树的算法如下：

```
BSTree CreateBST(void)
{                               //输入一个结点序列，建立一棵二叉排序树，将根结点指针返回
    BSTree T=null;              /*初始时 T 为空树*/
    KeyType key;
    scanf("%d",&key);           /*读入一个关键字*/
    while(key){                     /*假设 key=0 是输入结束标志*/
        InsertBST(&T,key);      /*将 key 插入二叉排序树 T*/
        scanf("%d",&key);       /*读入下一关键字*/
    }
    return T;                   /*返回建立的二叉排序树的根指针*/
}                               //BSTree
```

输入序列决定了二叉排序树的形态。二叉排序树的中序序列是一个有序序列。所以，对于一个任意的关键字序列构造一棵二叉排序树，其实质是对此关键字序列进行排序，使其变为有序序列。"排序树"的名称也由此而来。通常将这种排序称为树排序（Tree Sort），可以证明这种排序的平均执行时间亦为 $O(n\log_2 n)$。

对相同的输入实例，树排序的执行时间约为堆排序的 2～3 倍。因此，在一般情况下，构造二叉排序树的目的并非为了排序，而是用它来加速查找，这是因为在一个有序的集合上查找通常比在无序集合上查找更快。因此，人们又常常将二叉排序树称为二叉查找树。

2. 二叉查找树的查找

在记录集合用二叉查找树表示时，查找集合中记录的关键字等于某个给定值的方法如下：

① 当二叉查找树为空时，查找失败。

② 如果二叉查找树根结点记录的关键字等于 key，则查找成功。

③ 如果二叉查找树根结点记录的关键字小于 key，则用同样的方法继续在根结点的右子树上查找。

④ 如果二叉查找树根结点记录的关键字大于 key，则用同样的方法继续在根结点的左子树上查找。

显然，这是一个递归查找过程。在二叉查找树中查找一个关键字为 key 的元素的查找过程描述如下：

```c
typedef struct Bitnode
{
    int key;
    struct Bitnode *lchild,*rchild;
}*Bitree;                              /*二叉链表的定义*/
/*在根指针 T 所指二叉排序树中递归地查找某关键字等于 key 的数据，如果查找成功，则返回指向该
数据元素结点的指针，否则返回空指针*/
Bitree SearchB(Bitree T,int key)
{
    if(!T)
        (key==T->key)                  /*若根结点等于 key，则查找成功*/
    return T;
    /*若 key 小于根结点的关键值，则在二叉树的左子树继续查找*/
    else
        if(key<T->key)
            return(SearchB(T->lchild,key));
        /*若 key 大于根结点的关键值，则在二叉树的右子树继续查找*/
        else
            return (SearchB(T->rchild,key));
}
/*在根指针 T 所指二叉树中递归地查找其关键字等于 key 的数据元素，若查找成功，指针 p 指向该数
据元素结点，并返回 1，否则指针 p 指向查找路径上访问的最后一个结点并返回 0，指针 f 指向 T 的双
亲，其初始调用值为 null*/
int SearchB(Bitree T,int key,Bitree f,Bitree p)
{
    if(!T)
    {
        p=f;
        return 0;                      /*查找不成功*/
    }
    else
        if(key==T->key)
        {
            p=T;
            return 1;
        }                              /*查找成功*/
        else
            if(key<T->key)
                return(SearchB(T->lchild,key,T,p));        /*在左子树中继续查找*/
```

```
        else
                return(SearchB(T->rchild,key,T,p));        /*在右子树中继续查找*/
}
```

在二叉排序树上进行查找时，若查找成功，则是从根结点出发走了一条从根到待查结点的路径。若查找不成功，则是从根结点出发走了一条从根到某个叶子的路径。

在二叉排序树上进行查找时的平均查找长度和二叉树的形态有关：

① 在最坏情况下，二叉排序树是通过把一个有序表的 n 个结点依次插入而生成的，此时所得的二叉排序树蜕化为一棵深度为 n 的单支树，它的平均查找长度和单链表上的顺序查找相同，亦是 $(n+1)/2$。

② 在最好情况下，二叉排序树在生成的过程中，树的形态比较匀称，最终得到的是一棵形态与二分查找的判定树相似的二叉排序树，此时它的平均查找长度大约是 $\log_2 n$。

3. 二叉查找树的插入

二叉查找树是一种动态树表，其特点是，树的结构通常是先进行查找，若树中不存在匹配的关键字，则在恰当的位置将元素插入，一般情况下无法一次性生成。新插入的结点一定是一个新添加的叶子结点，插入结点的位置是查找不成功时查找路径上访问的最后一个结点的位置，将新的叶子结点返回为该结点的左孩子或右孩子结点。

插入过程的具体描述如下：

① 若二叉查找树为空，则将待插入结点 s 作为根结点插入到树中。

② 如果二叉查找树非空，将待查结点的关键字 $s->key$ 和树根的关键字 $p->key$ 进行比较，如果相等，则表明树中已有此结点，无须插入。

③ 如果 $s->key$ 小于 $p->key$，则将待插结点 s 插入到根的左子树中。

④ 如果 $s->key$ 大于 $p->key$，则将待插结点 s 插入到根的右子树中，而在子树中的插入过程又和在树中的插入过程相同。如此进行下去，直到把结点 s 作为一个新的叶子插入二叉查找树中，或者直到发现树中已有结点 s 为止。

显然此算法也是递归的，插入算法的实现如下：

```
typedef struct Bitnode
{
    int key;
    struct Bitnode *lchild,*rchild;
}*Bitree;                          /*二叉链表的定义*/
int InsetB(Bitree T,int key)
{
    Bitree s,p;
    if(!SearchB(T,key,null,p))        /*查找不成功，即 key 不存在于二叉树 T 中*/
    {
        s=(Bitree)malloc(sizeof(Bitnode));
        s->key=key;
        s->lchild=s->rchild=null;
        if(!p)
            T=s;                      /*把被插结点 s 作为新的根结点*/
        else
            if(key<p->key)
                p->lchild=s;          /*把被插结点 s 作为左孩子*/
            else
                p->rchild=s;          /*把被插结点 s 作为右孩子*/
        return 1;
```

```
    }
    else
        return 0;            /*二叉树T中已有关键字相同的结点，不再插入*/
}
```

若从空树出发，经过一系列的查找插入操作之后，可生成一棵二叉树。设查找的关键字序列为{45,24,53,12,90}，则生成的二叉查找树如图 8-4 所示。

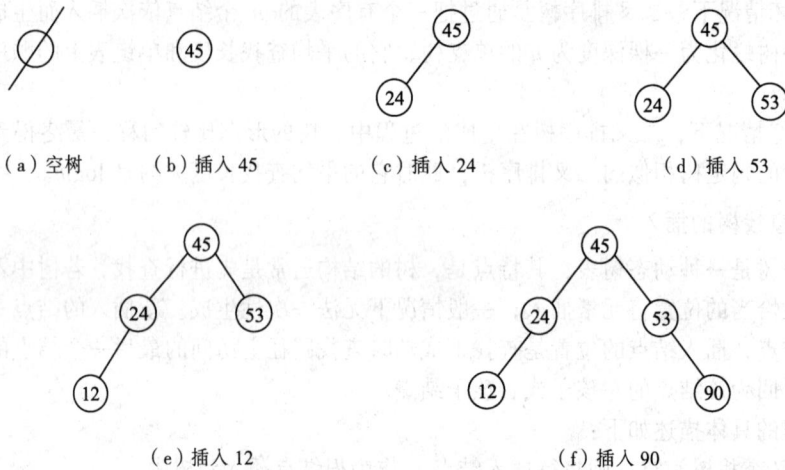

（a）空树　　　（b）插入 45　　　（c）插入 24　　　（d）插入 53

（e）插入 12　　　　　　　　　（f）插入 90

图 8-4　二叉查找树的插入生成过程

从图 8-3 和图 8-4 可以看出，对二叉查找树进行中序遍历就可以得到相应数据集的有序序列。由此可见，可以通过建立其二叉查找树的方法将一个无序集变成一个有序集。而且，由于每次插入的新结点都是二叉查找树上新的叶子结点，因此在进行插入操作时，不必移动其他结点，仅需改动插入结点的父结点的指针，由空变为指向新结点即可。所以，二叉查找树比较适合动态查找表，因为它在完成插入操作时不必移动其他不相关元素，并且二叉查找树既拥有类似于折半查找的特性，又采用了链表作为存储结构。

4．二叉查找树的删除

在二叉查找树上删去一个结点也很方便。从二叉树中删除一个结点，要保证删除后所得的二叉树仍满足二叉查找树的性质。删去二叉树上一个结点相当于删去有序序列中的一个记录。那么，如何在二叉查找树上删去一个结点呢？假设在二叉查找树上被删结点为*p（指向结点的指针为 p），f 指向其双亲结点，且不失一般性，可设*p 是*f 的左孩子（见图 8-5）。

下面分 4 种情况进行讨论：

① 若*p 结点为叶子结点，即它的左子树 P_L 和右子树 P_R 均为空树。由于删去叶子结点不破坏整棵树的结构，因此只需修改其双亲结点的指针即可。

② 若*p 结点只有左子树 P_L，而无右子树。根据二叉排序树的特点，在这种情况下，只要令 P_L 直接成为其双亲结点*f 的左子树即可。显然，做此修改也不破坏二叉查找树的特性。

③ 若*p 结点只有右子树 P_R，而无左子树，根据二叉排序树的特点，在这种情况下，只要令 P_R 直接成为其双亲结点*f 的右子树即可。显然，做此修改也不破坏二叉查找树的特性。

④ 若*p 结点的左子树和右子树均不为空。显然，此时不能如上简单处理。从图 8-5（b）可知，在删去*p 结点之前，中序遍历该二叉树得到的序列为{…$C_L C$…$Q_L Q S_L SP P_R F$…}，在删去*p 之后，为保持其他元素之间的相对位置不变，可以有两种做法：其一是令*p 的左子树为*f 的左子

树，而*p 的右子树为*s 的右子树，如图 8-5（c）所示；其二是令*p 的直接前驱（或直接后继）替代*p，然后从二叉查找树中删去它的直接前驱（或直接后继）。如图 8-5（d）所示，当以直接前驱*s 代替*p 时，由于*s 只有左子树 S_L，则在删去*s 之后，只要令 S_L 为*s 的双亲*q 的右子树即可。

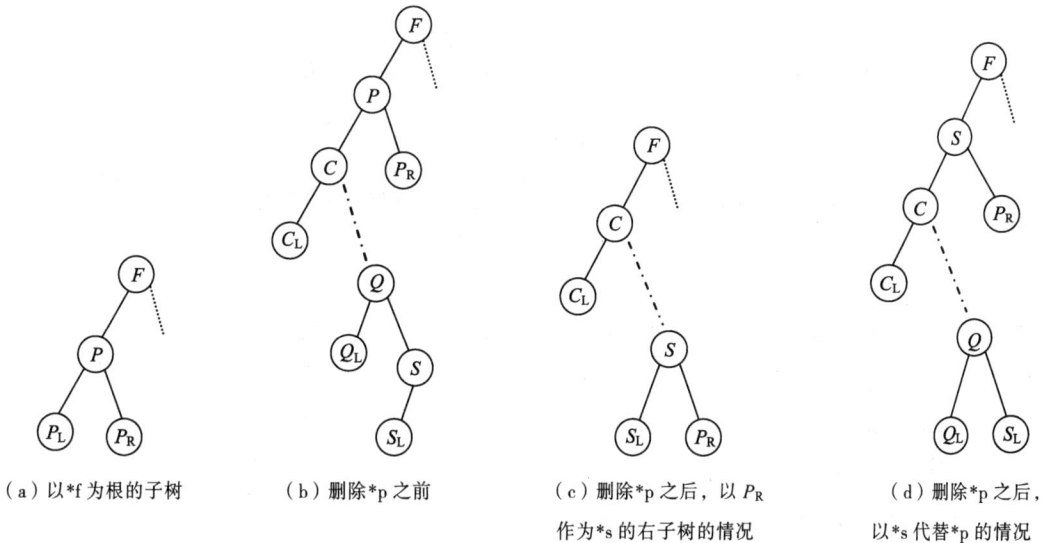

（a）以*f 为根的子树　　　（b）删除*p 之前　　　（c）删除*p 之后，以 P_R　　　（d）删除*p 之后，
作为*s 的右子树的情况　　　以*s 代替*p 的情况

图 8-5　在二叉查找树中删除*p

由前述 4 种情况综合得到在二叉查找树删除一个结点的算法如下：

```c
#include <str.h>
typedef struct Bitnode
{
    int key;
    struct Bitnode *lchild,*rchild;
}*Bitree;                       /*二叉链表的定义*/
/*在二叉排序树中删除结点 p，并重新连接它的左子树或右子树*/
void delete(Bitree p)
{
    Bitree q,s;
    if(!p->rchild)              /*右子树为空，则只需重新连接它的左子树*/
    {
        q=p;
        p=p->lchild;
        free(q);
    }
    else
    if(!p->lchild)              /*左子树为空，则只需重新连接它的右子树*/
    {
        q=p;
        p=p->rchild;
        free(q);
    }
    else                        /*左右子树均不为空*/
    {
```

```
        q=p;
        s=p->lchild;
        while(s->rchild)
        {
            q=s;
            s=s->rchild;
        }                           /*向左转，然后向右到尽头*/
        p->key=s->key;             /*s 指向被删除结点的前驱*/
        if(q!=p)
            q->rchild=s->lchild;    /*重新连接 q 的右子树*/
        else
            q->lchild=s->lchild;    /*重新连接 q 的左子树*/
    }
}

int DeleteB(Bitree T,int key)
{
    if(!T)
        return 0;
    else
    {
    if(key==T->key)
        delete(T);
    else
        if(key<T->key)
            deleteB(T->lchild,key);
        else
            deleteB(T->rchild,key);
        return 1;
    }
}
```

二叉查找树的查找和折半查找相差不大，并且二叉查找树上的插入和删除结点实现也很简单，不用每次都移动大量的结点。因此，对于需要经常进行插入、删除和查找运算的表，适宜采用二叉查找树结构。在二叉查找树中无论是插入还是删除，都需要在二叉树上进行查找，查找的效率取决于树的形态，二叉树越匀称，树的层次越少，平均查找深度越小，该树的查找效率就越高；相反，二叉树不是很匀称，相同结点数目的树的层次越多，平均查找深度越大，树的查找效率就越低。构造一棵形态均匀的二叉查找树与结点插入的顺序有关，而结点插入的顺序往往不是随人的意志而定的，这时，为了构造一棵形态均匀的二叉树，引出了平衡二叉树的概念。

8.4.2　平衡二叉树

通常把形态匀称的二叉树称为平衡二叉树，又称 AVL 树，它或者是一棵空树，或者是具有下列性质的二叉树：

① 它的左子树和右子树都是平衡二叉树。

② 左子树和右子树的深度之差的绝对值不超过 1。

将该结点的左子树的深度减去右子树的深度定义为二叉树上结点的平衡因子，则平衡二叉树上所有结点的平衡因子的值只可能为-1、0 和 1。可根据这个特性判断二叉树是否为平衡二叉树，如果二叉树上所有结点的平衡因子的绝对值小于或等于 1，则该二叉树就是平衡二叉树，如果有一个结点的平衡因子的绝对值大于 1，则该二叉树就是不平衡的，结点中的值为该结点的平衡因子。图 8-6（a）所示为两棵平衡二叉树，而图 8-6（b）所示为两棵不平衡的二叉树，因为这两棵树含有平衡因子为 2 的结点。

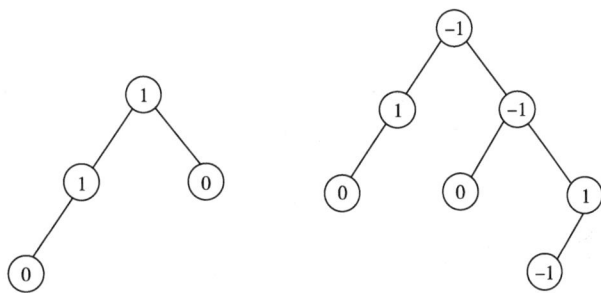

（a）平衡的二叉树

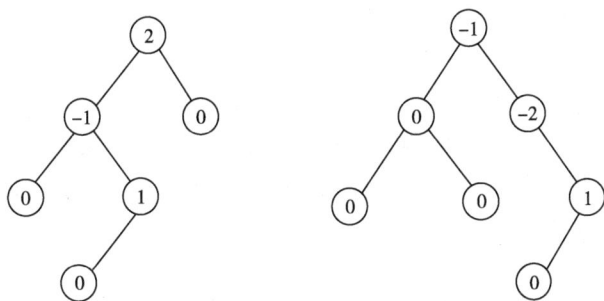

（b）不平衡的二叉树

图 8-6　平衡与不平衡的二叉树及结点的平衡因子

下面通过一个具体例子（见图 8-7）说明如何构造一棵平衡二叉树。假设表中关键字的序列为(1,2,3,9,5)。空树和 1 个结点（1）的树显然都是平衡的二叉树。插入 2 之后仍是平衡的，只是根结点的平衡因子 BF 由 0 变为-1；继续插入 3 之后，由于结点 1 的 BF 由-1 变成了-2，出现了不平衡的现象。这就好比一个天平出现一头重一头轻的现象。若将天平的支撑点由结点 1 改至结点 2，天平的两端就平衡了。因此，可以对树做一个向左逆时针"旋转"的操作，令结点 2 为根，而结点 1 作为它的左子树，这样，结点 1 和 2 的平衡因子都为 0，而且仍然保持二叉查找树的特性。继续插入 9 和 5 之后，由于结点 3 的 BF 值由-1 变成-2，查找树中出现了新的不平衡的现象，需进行调整。但此时由于结点 5 插在结点 9 的左子树上，因此不能还像上面那样做简单的调整。对于以结点 3 为根的子树来说，既要保持二叉查找树的特性，又要平衡，所以必须以 5 作为根结点，而使 3 成为它的左子树的根，9 成为它的右子树的根。这就好比对树做了两次"旋转"操作——先向右顺时针，后向左逆时针，使二叉查找树由不平衡转化为平衡。

（a）空树　（b）插入1　（c）插入2　（d）插入3　（e）向左逆时针右旋转平衡

（f）相继插入9和5　　　（g）第一次向右顺时针旋转　　　（h）第二次向左逆时针旋转平衡

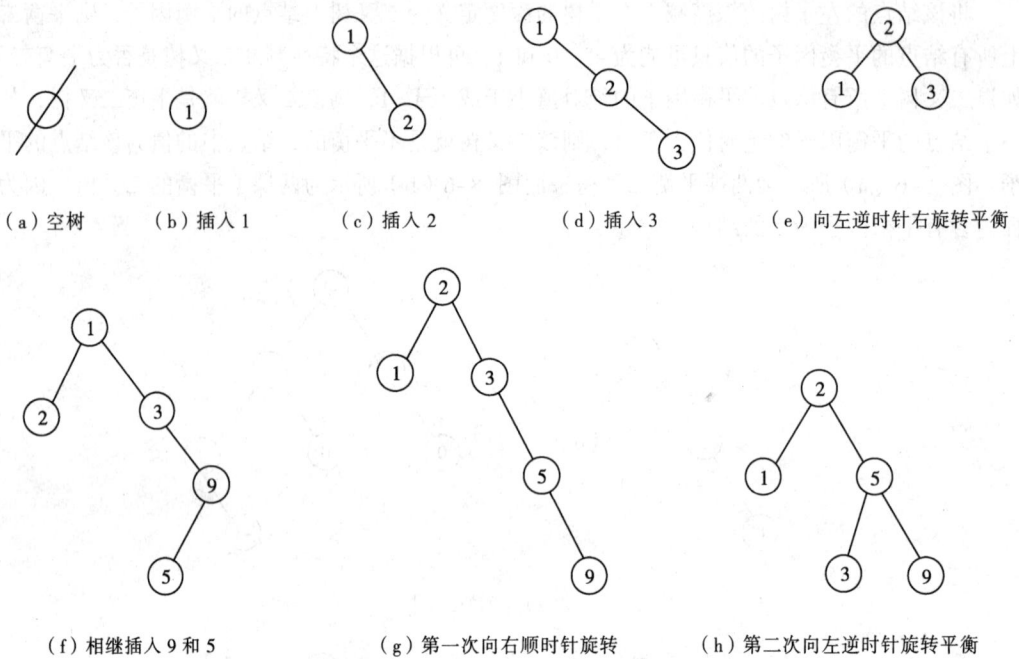

图8-7　平衡树的生成过程

　　总之，在构造一棵平衡二叉树或在一棵平衡二叉树上插入一个结点时，可能造成二叉树失去平衡，这时就要对失去平衡的二叉树进行平衡处理。假设由于在二叉查找树上插入结点而失去平衡的最小子树根结点的指针为 A（即 A 是离插入结点最近，且平衡因子绝对值超过1的祖先结点），平衡处理的方法有下列4种：

　　（1）LL型调整

　　由于在 A 的左子树根结点的左子树上插入结点，A 的平衡因子由1增至2，致使以 A 为根的子树失去平衡，则需进行一次向右顺时针旋转操作。如图8-8所示，带阴影的小框表示将被插入的结点，此时就要将 A 的左孩子 B 提升为新二叉树的根，将原来的根 A 连同右子树向右下旋转，成为新根 B 的右孩子，而 B 的原右子树则作为左子树接到 A 上。

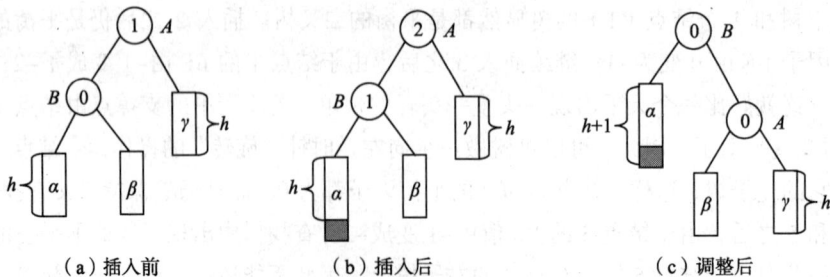

（a）插入前　　　　　（b）插入后　　　　　（c）调整后

图8-8　LL型调整操作示意图

　　（2）RR型调整

　　由于在 A 的右子树根结点的右子树上插入结点，A 的平衡因子由-1减至-2，致使以 A 为根的子树失去平衡，则需进行一次向左逆时针旋转操作。如图8-9所示，带阴影的小框表示将被插入的结点，此时就要将 A 的右孩子 B 提升为新二叉树的根，将原来的根 A 连同左子树向左下旋转，成为新根 B 的左孩子，而 B 的原左子树则作为右子树接到 A 上。可以看出，这是一个与 LL 型调整相对称的方法。

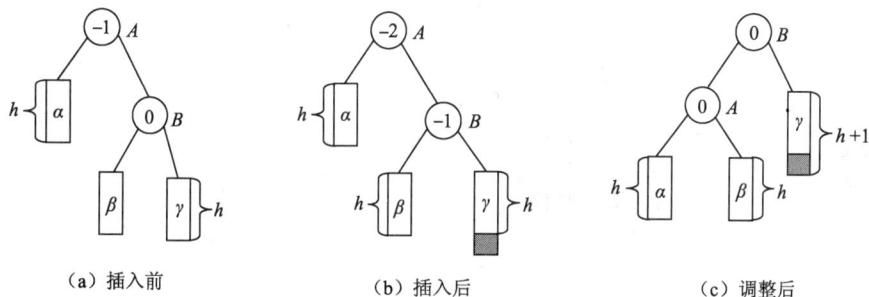

图 8-9　RR 型调整操作示意图

（3）LR 型调整

由于在 A 的左子树根结点的右子树上插入结点，A 的平衡因子由 1 增至 2，致使以 A 为根结点的子树失去平衡，则需进行两次旋转（先左旋后右旋）操作，即将 A 的孙子结点 C（即 C 是 A 的左孩子的右孩子）提升为新二叉树的根；原 C 的双亲 B 连同其左子树向左下旋转，使其成为新根 C 的左子树，而原 C 的左子树则成为 B 的右子树；原根 A 连同其右子树向右下旋转，使其成为新根 C 的右子树，而原 C 的右子树则成为 A 的左子树。其调整过程如图 8-10 所示。

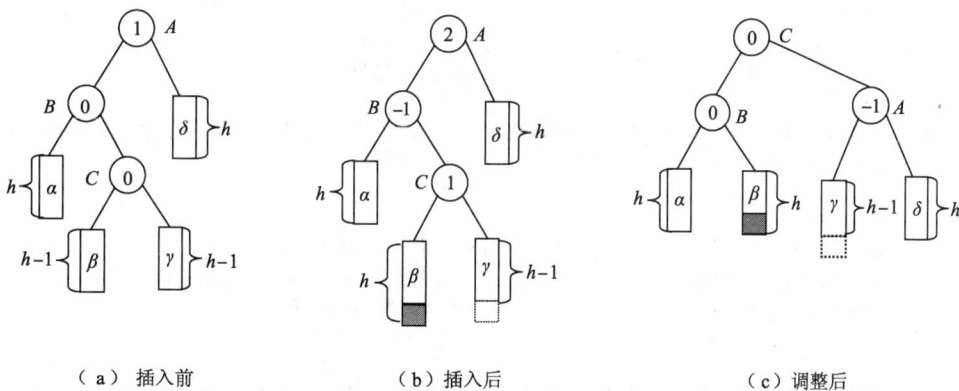

图 8-10　LR 型调整操作示意图

（4）RL 型调整

由于在 A 的右子树根结点的左子树上插入结点，A 的平衡因子由 -1 减至 -2，致使以 A 为根结点的子树失去平衡，则需进行两次旋转（先右旋后左旋）操作。其调整规则与 LR 型调整规则对称。即将 A 的孙子结点 C（即 C 是 A 的右孩子的左孩子）提升为新的二叉树的根，原来 C 的双亲 B 连同其右子树向下旋转，使其成为新根 C 的右子树，而 C 的原右子树则成为 B 的左子树；原来的根 A 连同其左子树向左下旋转，使其成为新根 C 的左子树，而原来 C 的左子树则成为 A 的右子树。其调整过程如图 8-11 所示。

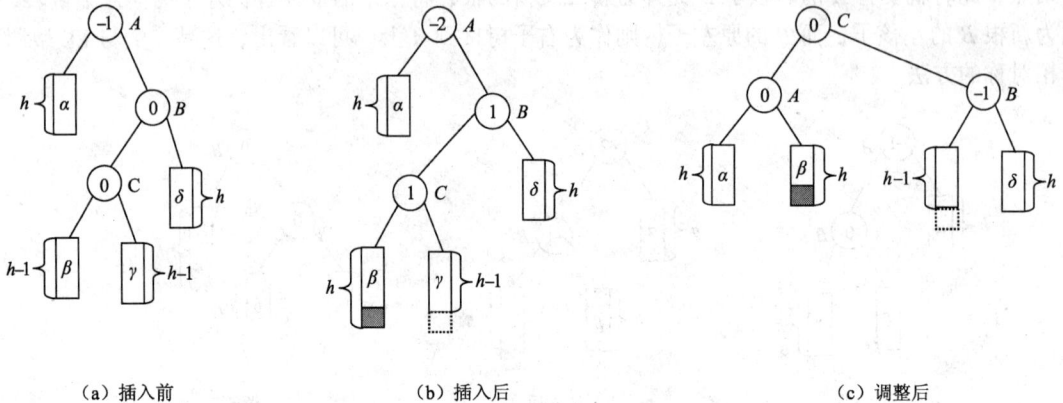

(a) 插入前   (b) 插入后   (c) 调整后

图 8-11　RL 型调整示意图

上述 4 种平衡处理方法，旋转操作始终保持二叉排序树的特性，即中序遍历所有关键字所得关键字序列自小到大有序。

为了更好地理解平衡二叉树的构造过程，下面给出左平衡处理的算法。

```c
#define LH 1                        /*左高*/
#define EH 0                        /*等高*/
#define RH -1                       /*右高*/
typedef struct Bstnode
{
    int key;
    int bf;                         /*结点的平衡因子*/
    struct Bstnode *lchild;         /*左孩子指针*/
    struct Bstnode *rchild;         /*右孩子指针*/
}*Bstree;
/*对以 p 为根的二叉排序树做右旋处理，处理之后 p 指向新的树根结点，即旋转之前的左子树根结点*/
void R_rotate(Bstree p)             /*右旋转操作*/
{
    Bstree lc;
    lc=p->lchild;                   /*lc 指向 p 的左子树根结点*/
    p->lchild=p->rchild;            /*lc 的右子树挂接为 p 的左子树*/
    lc->rchild=p;                   /*p 指向新的根结点*/
    p=lc;
}
/*对以 p 为根的二叉排序树做左旋处理，处理之后 p 指向新的树根结点，即旋转之前的右子树根结点*/
void L_rotate(Bstree p)             /*左旋转操作*/
{
    Bstree rc;
    rc=p->rchild;                   /*rc 指向 p 的右子树根结点*/
    p->rchild=rc->lchild;           /*rc 的左子树接为 p 的右子树*/
    rc->lchild=p;                   /*p 指向新的根结点*/
    p=rc;
}
/*对以指针 T 所指结点为根的二叉树做左平衡旋转处理，算法结束时，指针 T 指向新的根结点*/
void Lbalance(Bstree T)
{
    Bstree lc, rd;
    lc=T->lchild;                   /*lc 指向二叉树 T 的左子树根结点*/
    switch(lc->bf)                  /*检查 T 的左子树的平衡度，作相应平衡处理操作*/
```

```
    {
        case LH:            /*新结点插入在二叉树 T 的左孩子的左子树上，作单右旋处理操作*/
            T->bf=lc->bf=EH;
            R_rotate(T);
            break;
        case RH:            /*新结点插入在二叉树 T 的左孩子的右子树上，做双旋处理操作*/
            rd=lc->rchild;                    /*rd 指向二叉树 T 的左孩子的右子树根*/
            switch(rd->bf)                    /*修改二叉树 T 及其左孩子的平衡因子*/
            {
                case LH:
                    T->bf=RH;
                    lc->bf=EH;
                    break;
                case EH:
                    T->bf=lc->bf=EH;
                    break;
                case RH:
                    T->bf=EH;
                    lc->bf=LH;
                    break;
            }
            rd->bf=EH;
            L_rotate(T->lchild);              /*对二叉树 T 的左子树做左旋平衡处理*/
            R_rotate(T);                      /*对二叉树 T 做右旋平衡处理*/
    }
}
```

有了旋转算法后，就可以进行 AVL 树的插入运算，但在插入的同时，需要追踪 AVL 树的每个结点，使之保持 AVL 树的平衡条件。AVL 树的插入算法如下：

```
InsertAVLNode(NewValue, Root)
{
    if(!Root){
        Root=allocate memory for node;
        Root->Value=NewValue;
        Root->Height=0;
        Root->Left=Root->Right=null;
    }else if(NewValue<Root->Value){
        Root->Left=InsertAVLNode(NewValue,Root->Left);
        if(Root->Left->Height-Root->Right->Height==2)
            if(NewValue<Root->Left->Value)
                Root=SingleRightRotation(Root);
            else
                Root=DoubleLeftRightRotation(Root);
    }elseif(NewValue>Root->Value){
        Root->Right=InsertAVLNode(NewValue,Root->Right);
        if(Root->Right->Height-Root->Left->Height==2)
            if(NewValue<Root->Right->Value)
                Root=SingleLeftRotation(Root);
            else
                Root=DoubleRightLeftRotation(Root);
    }
    if(Root->Left->Height>=Root->Right->Height)
        Root->Height=Root->Left->Height+1;
```

```
        else
            Root->Height=Root->Right->Height+1;
        return Root;
    }
```

8.4.3 B-树

当查找的文件较大，且存放在磁盘等直接存取设备中时，为了减少查找过程中对磁盘的读/写次数，提高查找效率，基于直接存取设备的读/写操作以"页"为单位的特征。1972 年，R.Bayer 和 E.M.McCreight 提出了一种称为"B-树"的多路平衡查找树，它适合在磁盘等直接存取设备上组织动态的查找表。

1．B-树的定义

一棵 m（$m \geq 3$）阶的 B-树是满足如下性质的 m 叉树：

① 每个结点至少包含下列数据域：

$$(j,P_0,K_1,P_1,K_2,\cdots,K_i,P_i)$$

其中，j 为关键字总数；K_i（$1 \leq i \leq j$）是关键字，关键字序列递增有序：$K_1 < K_2 < \cdots < K_i$；P_i（$0 \leq i \leq j$）是孩子指针，对于叶结点，每个 P_i 为空指针。

实用中为节省空间，叶结点中可省去指针域 P_i，但必须在每个结点中增加一个标志域 leaf，其值为真时表示叶结点，否则为内部结点。

在每个内部结点中，假设用 keys(P_i) 来表示子树 P_i 中的所有关键字，则有：

$$\text{keys}(P_0)<K_1<\text{keys}(P_1)<K_2<\cdots<K_i<\text{keys}(P_i)$$

即关键字是分界点，任意关键字 K_i 左边子树中的所有关键字均小于 K_i，右边子树中的所有关键字均大于 K_i。

② 所有叶子在同一层上，叶子的层数为树的高度 h。

③ 每个非根结点中所包含的关键字个数 j 满足：

- 每个非根结点至少应有 $\lfloor m/2 \rfloor - 1$ 个关键字，至多有 $m-1$ 个关键字。
- 因为每个内部结点的度数正好是关键字总数加 1，故每个非根的内部结点至少有 $\lfloor m/2 \rfloor$ 棵子树，至多有 m 棵子树。

④ 若树非空，则根至少有 1 个关键字，故若根不是叶子，则它至少有 2 棵子树。根至多有 $m-1$ 个关键字，故至多有 m 棵子树。

2．B-树的结点规模

在大多数系统中，B-树上的算法执行时间主要由读/写磁盘的次数来定，每次读/写尽可能多的信息可提高算法得执行速度。

B-树中结点的规模一般是一个磁盘页，而结点中所包含的关键字及其孩子的数目取决于磁盘页的大小。

① 对于磁盘上一棵较大的 B-树，通常每个结点拥有的孩子数目（即结点的度数）m 为 50～2 000 不等。

② 一棵度为 m 的 B-树称为 m 阶 B-树。

③ 选取较大的结点度数可降低树的高度，以及减少查找任意关键字所需的磁盘访问次数。

在图 8-12 中，给出了一棵高度为 3 的 1001 阶 B-树。

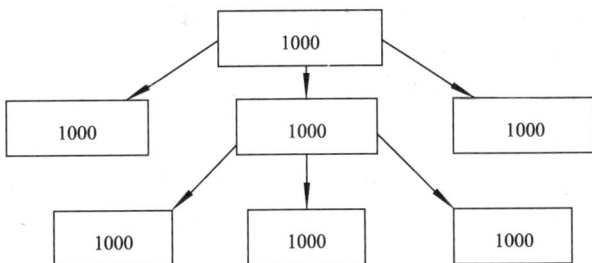

图 8-12　1001 阶 B-树

① 每个结点包含 1 000 个关键字，故在第三层上有 100 多万个叶结点，这些叶结点可容纳 10 亿多个关键字。

② 图中各结点内的数字表示关键字的数目。

③ 通常根结点可始终置于主存中，因此在这棵 B-树中查找任意关键字至多只需访问两次外存。

3．B-树的存储结构

```
#define Max 1000              /*结点中关键字的最大数目: Max=m-1，m 是 B-树的阶*/
#define Min 500               /*非根结点中关键字的最小数目: Min=⌈m/2⌉-1*/
typedef int KeyType;          /*KeyType 应由用户定义*/
typedef struct node{          /*结点定义中省略了指向关键字代表的记录的指针*/
    int keynum;               /*结点中当前拥有的关键字的个数，keynum<<Max*/
    KeyType key[Max+1];       /*关键字向量为 key[1..keynum]，key[0]不用*/
    struct node *parent;      /*指向双亲结点*/
    struct node *son[Max+1];  /*孩子指针向量为 son[0..keynum]*/
}BTreeNode;
typedef BTreeNode *BTree;
```

为简单起见，以上说明省略了辅助信息域。在实际应用中，与每个关键字存储在一起的不是相关的辅助信息域，而是一个指向另一磁盘页的指针。磁盘页中包含该关键字所代表的记录，而相关的辅助信息正是存储在此记录中。

有的 B-树（如后面章节中介绍的 B+树）是将所有辅助信息都存于叶结点中，而内部结点（不妨将根亦看做内部结点）中只存放关键字和指向孩子结点的指针，无须存储指向辅助信息的指针，这样使内部结点的度数尽可能最大化。

说明：按照定义，在 5 阶 B-树中，根中的关键字数目可以是 1～4，子树数可以是 2～5；其他的结点中关键字数目可以是 2～4，若该结点不是叶子，则它可以有 3～5 棵子树。

B-树上的运算有对 B-树的查找，插入一个结点到 B-树和从 B-树中删除一个结点，这里就不再介绍了，有兴趣的同学可参考有关资料。

8.5　哈希表的查找方法

前面所述的查找算法特点是以待查记录或元素的关键字 K 为基准，查找记录时要进行一系列和关键字的比较，也就是说查找方法建立在比较的基础上，查找的效率依赖于查找过程中所进行的比较次数。本节介绍不用比较就能直接计算出记录的存储地址，从而找到所需结点的方法。

8.5.1　哈希表

要想不经过比较，直接找到一个元素，可以利用函数的概念，函数的定义域为表中元素的关键字的集合，值域为表中元素的存储地址集合表 A。在记录的存储地址和它的关键字之间建立一个确定的对应关系 H，使每个关键字和结构中唯一的存储位置相对应。因而在查找时，只要根据这个对应关系 H 找到给定关键字值 K 的映像 $H(K)$，即对应的存储位置。若结构中存在关键字和 K 相等的记录，则并不需要进行比较，就可直接在 $H(K)$ 的存储位置上取得所查记录。通常称这个对应关系 H 为关键字集合到地址空间之间的哈希（Hash）函数，此时地址空间表 A 为哈希表或散列表。

设所有可能出现的关键字集合记为 U（简称全集），实际发生（即实际存储）的关键字集合记为 K（|K|比|U|小得多）。

散列方法是使用函数 H 将 U 映射到表 $T[0..m-1]$ 的下标上（$m=O(|U|)$）。这样以 U 中关键字为自变量，以 h 为函数的运算结果就是相应结点的存储地址，从而实现在 $O(1)$ 时间内就可完成查找。其中：

① H: $U \to \{0,1,2,\cdots,m-1\}$，通常称 H 为哈希函数。哈希函数 H 的作用是压缩待处理的下标范围，使待处理的|U|个值减少到 m 个值，从而降低空间开销。

② T 为哈希表（Hash table）。

③ $H(K_i)(K_i \in U)$ 是关键字为 K_i 结点存储地址（亦称哈希值或哈希地址）。

④ 将结点按其关键字的散列地址存储到散列表中的过程称为散列（hashing）。

哈希表类型说明：

```
#define NIL -1              //空结点标记依赖于关键字类型，本节假定关键字均为非负整数
#define M 997               //表长度依赖于应用
typedef struct             //哈希表结点类型
{
    KeyType key;
    InfoType otherinfo;    //此类依赖于应用
}NodeType;
typedef NodeType HashTable[m];  //哈希表类型
```

通常，哈希表的存储空间是一个一维数组。这里以全国 30 个城市基本情况统计表为例来说明哈希表的构造。首先构造一个一维数组 $C(1:30)$，1～30 这 30 个编号对应着 30 个城市，其中 $C[i]$ 表示编号为 i 的城市的基本情况对应的存储地址。这样，编号 i 便对应着一个记录的关键字，由它唯一确定记录的存储位置 $C[i]$。下面要在城市和编号之间建立一种对应关系，即构造一个哈希函数 H(key)。

一种方法是取关键字中第一个字母在字母表中的序号作为哈希函数，例如，BEIJING 的哈希函数值为字母"B"在字母表中的序号，等于 02。另外一种方法是先求关键字的第一个和最后一个字母在字母表中的序号之和，然后判别这个和值，若比 30（表长）大，则减去 30。例如，TIANJIN 的首尾两个字母的序号之和为 34，故取 04 为它的哈希函数值。根据上述两种方法得到对应的哈希函数值如表 8-2 所示。

表 8-2　简单的哈希函数示例

key	BEIJING	SHIJIAZHUANG	TIANJIN	SHANGHAI	CHANGCHUN	GUIYANG	KUNMING	HEFEI
H_1(key)	02	19	20	19	03	07	11	08
H_2(key)	09	26	4	28	17	14	18	17

从这个例子可以看出：首先，哈希函数是一个映像，因此哈希函数的设定比较灵活，只要使得任何关键字由此所得的哈希函数值都落在表长允许范围之内即可，如果在建立哈希表时，哈希函数是一个一对一的函数，则在查找时，只需根据哈希函数对给定值进行某种运算，即可得到待查结点的存储位置，此时，查找过程无须进行关键字比较；再者，对于不同的关键字，根据某个哈希函数可能得到同一哈希地址，即 key1≠key2，而 H(key1) = H(key2)，这种现象称为冲突。具有

相同函数值的关键字称做对该哈希函数的同义词。例如：关键字 SHIJIAZHUANG 和 SHANGHAI 不等，但 H_1(SHIJIAZHUANG)= H_1(SHANGHAI)，SHIJIAZHUANG 和 SHANGHAI 是一对同义词。一旦发生冲突，就出现多个记录争夺一个存储地址的问题。事实上，冲突是不可避免的，因为通常关键字的取值集合远远大于表空间的地址集，只能尽量地减少冲突的发生。

因此，在构造哈希表时，就面对两个问题：一个是能否构造较好的哈希函数，它能够把关键字集合中的元素尽可能均匀地分布到地址空间，减少冲突的产生；另一个就是研究解决冲突的方法。

8.5.2 构造哈希表的基本方法

一个好的哈希函数应该既易于计算，又可使冲突减少到最低限度。显然，哈希地址分布越均匀，产生冲突的可能就越小。要使哈希函数实现均匀的分布，就应使所构造的哈希函数与关键字值的所有部分都相关，也就是说，让组成关键字的值的所有部分在实现转换过程中都起作用，以反应不同关键字之间的差异。如果只用关键字值的局部作为哈希函数的变量，则产生冲突的可能性就会增大。

常用的构造哈希函数的方法有以下 4 种：

1. 平方取中法

这是一种常用的哈希函数构造方法。这个方法是先取关键字的平方，然后根据可使用空间的大小，选取平方数的中间几位为哈希地址。哈希函数为

$$H(key)=key^2 的中间几位$$

这种方法的原理是通过取平方扩大差别，乘积的中间几位数和乘数的每一位都相关，由此产生的哈希地址也较为均匀。例如，设有一组关键字值为 ABC、BCD、CDE、DEF，其相应的机内码分别为 010203、020304、030405、040506。假设可利用地址空间的大小为 10^3，平方后取平方数的中间 3 位作为相应记录的存储地址，如表 8-3 所示。

表 8-3 平方取中法关键字及其存储地址

关　键　字	机　内　码	机内码的平方数	哈　希　地　址
ABC	010203	0104101209	101
BCD	020304	0412252416	252
CDE	030405	0924464025	464
DEF	040506	1640739036	739

2. 折叠法

折叠法是将关键字分割成位数相同的几个分块（最后一块的位数可以不同），然后取所有分块的叠加和（舍去进位）作为哈希地址，这方法称为折叠法（folding）。这种方法适用于关键字中每一位上数字分布均匀且关键字位数较多的情况。

折叠法中数位叠加又分为移位叠加和边界叠加两种方法。移位叠加是将分割后的每一分块的最低位对齐，然后相加；边界叠加是从一端向另一端沿分割界来回折叠，然后对齐相加。

例如关键字 key=1023456789，允许的地址空间为 3 位十进制数，则两种叠加结果如图 8-13 所示，用移位叠加得到的哈希地址是 134，而用边界叠加所得到的哈希地址是 332。

```
      102              102
  +   345          +   543
  +   678          +   678
  +     9          +     9
  ---------        ---------
  [1]134           [1]332
 （a）移位叠加      （b）边界叠加
```

图 8-13　由折叠法求哈希地址

3．除留余数法

除留余数法是对关键字值进行取模运算

$$H(keyValue)=keyValue\ MOD\ p \qquad （p \leqslant m）$$

即对关键字 keyValue 用某数 p 去除，取所得余数作为哈希地址。其中，除数 p 称做模，m 是哈希表的长度，函数值 H(keyValue)就是关键字 keyValue 以 p 为模的余数。

除留余数法不仅可以对关键字直接取模，也可在折叠、平方取中等运算后取模。对于除留余数法求哈希地址，关键在于模 p 的选择，它直接关系到哈希地址的均匀性。实验证明，如果选 p 为偶数，则它把奇数的关键字转换为奇数地址，把偶数关键字转换为偶数地址，显然，这也容易造成冲突；另外，若用小质数或含有小质数因子的合数作为模，也会导致哈希地址不均匀的后果。为了获得比较均匀的地址分布，一般选取 p 为小于或是等于散列表长度 m 的某个最大素数比较好。例如：

m=8，16，32，64，128，256，512

p=7，13，31，61，127，251，503

由于除留余数法的地址计算方法简单，而且在许多情况下效果较好，它是最简单，也是最常用的一种构造哈希函数的方法。

4．直接定址法

当关键字是整型数时，可以取关键字本身或者它的线性函数作为它的哈希地址。即

$$H(K)=K$$

或者

$$H(K)=a \times K+b$$

例如，有一个 1 000 人参加的百题试卷答题结果统计分析表，记录了一套百题试卷从第 1 题到第 100 题的答对学生数，其中，题号作为关键字，哈希函数取关键字自身，如表 8-4 所示。

表 8-4 试卷答题结果统计分析表

地址	01	02	...	99	100
题号	1	2	...	99	100
答对学生数	900	800	...	495	455
⋮	⋮	⋮	⋮	⋮	⋮

可以看到，当需要查找某一道题目答对学生的人数时，直接查找相应的题号项即可，如查找第 99 题的答对人数，则直接读出第 99 题号项即可。这种方法的特点是哈希函数简单，并且对于不同的关键字，不会产生冲突。但可以看出，这是一种较为特殊的哈希函数。实际生活中，关键字集合中的元素很少是连续的，用该方法产生的哈希表会造成空间的大量浪费，因此这种方法的适用性并不强。

8.5.3 解决冲突的方法

最理想的解决冲突的方法是安全避免冲突。要做到这一点必须满足两个条件：

① $|U| \leqslant m$；

② 选择合适的散列函数。

这只适用于 $|U|$ 较小，且关键字均事先已知的情况，此时经过精心设计，散列函数 H 有可能完全避免冲突。通常情况下，H 是一个压缩映像。虽然 $|K| \leqslant m$，但 $|U| > m$，故无论怎样设计 H，也不

可能完全避免冲突。因此，只能在设计 H 时尽可能使冲突最少。同时还需要确定解决冲突的方法，使发生冲突的同义词能够存储到表中。冲突的频繁程度除了与 H 相关外，还与表的填满程度相关。设 m 和 n 分别表示表长和表中填入的结点数，则将 $\alpha = n/m$ 定义为散列表的装填因子（load factor）。α 越大，表越满，冲突的机会也越大。通常取 $\alpha \leq 1$。

前面提及均匀的哈希函数可以减少冲突，但完全避免是不可能的，因此如何处理冲突是构造哈希表时的一个十分重要的问题。那么如何处理冲突呢？假设哈希表的地址集为 $0 \cdots n-1$，冲突是指由关键字得到的哈希地址为 j（$0 \leq j \leq n-1$）的位置上已有记录，则"处理冲突"就是为该关键字的记录找到另一个"空"的哈希地址。在处理冲突的过程中可能得到一个地址序列 H_i（$i=1,2,\cdots,k$），其中 $H_i \in [0,n-1]$。也就是说，在处理哈希地址的冲突时，若得到的另一个哈希地址 H_1 仍然发生冲突，则要求下一个地址 H_2，若 H_2 仍冲突，再求 H_3，依次类推，直至 H_k 不发生冲突为止，那么 H_k 就是记录在表中的地址。

常用的处理冲突的方法有两种：开放定址法和链地址法。

1. 开放定址法

这种解决冲突方法的原则是：当冲突发生时，使用某种方法在散列表中形成一个探查序列，沿着此探查序列逐个单元查找，直到找到给定的关键字或者碰到一个开放的地址（即该地址单元为空位置）为止。插入时碰到开放的地址，则可以将待插入新结点存放在该地址单元中。开放定址法描述如下：

$$H_i = (H(key) + d_i) \bmod m \qquad i = 1,2,\cdots,k \ (k \leq m-1)$$

其中，H(key) 为哈希函数；m 为哈希表表长；d 为增量序列，可有下列 3 种取法：

① $d_i=1,2,3,\cdots,m-1$，称线性探测再散列。

② $d_i=1^2,-1^2,2^2,-2^2,3^2,\cdots,k^2,-k^2$（$k \leq m/2$），称二次探测再散列。

③ $d_i=$随机数序列，称随机探测再散列。

（1）线性探测再散列

线性探测再散列的基本思想是将散列表看成是一个环形表，若地址为 d 的单元发生冲突，则依次查找的地址单元序列是：

$$d+1, \ d+2, \ d+3, \ \cdots, \ m+1, \ 0, \ 1, \ \cdots, \ d-1$$

直到找到一个空单元或查找到关键字为 key 的结点为止。显然，只要表不满，总能够查找或插入成功。

例如，在长度为 10 的哈希表中已填有关键字分别为 28、49、18 的记录（哈希函数(key) = key MOD 10），如图 8-14（a）所示。现有第四个记录，其关键字为 38，由哈希函数得到哈希地址为 5，产生冲突。若用线性探测再散列的方法处理，得到下一个地址为 6，仍然冲突；再求下一个地址 7，仍然冲突；直到哈希地址为 8 的位置为"空"为止，处理冲突的过程结束，记录填入哈希表中序号为 8 的位置，如图 8-14（b）所示。

0	1	2	3	4	5	6	7	8	9
					49	28	18		

（a）插入前

0	1	2	3	4	5	6	7	8	9
					49	28	18	38	

（b）线性探测再散列

图 8-14 用开放定址法处理冲突

					38	49	28	18		

（c）二次探测再散列

			38			49	28	18		

（d）随机探测再散列

图 8-14　用开放定址法处理冲突（续）

（2）二次探测再散列

二次探测再散列的探查序列是 $1^2,-1^2,2^2,-2^2,3^2,\cdots,k^2,-k^2$（$k\leqslant m/2$），也就是说，发生冲突时，将同义词来回散列在第一个地址的两端。二次探测再散列减少了堆积的可能性，但是它不容易探查到整个散列表空间，只有在哈希表表长 m 为形如 $4j+3$（j 为整数）的素数时才可能，如图 8-14（c）所示。

（3）随机线性探测再散列

随机线性探测再散列则取决于随机数列。在上面的例子中，若用二次探测再散列，则应该填入序号为 4 的位置。类似地可得到随机再散列的地址，若随机数列为 9，得到其地址序号为 3，如图 8-14（d）所示。

2. 链地址法

这种方法是为每个哈希地址建立一个链表，当发生冲突时，就把发生冲突的记录链接到相应的哈希地址的链表上，结果将所有关键字为同义词的记录存储在同一线性链表中。假设某哈希函数产生的哈希地址在区间[0..m-1]上，则设立一个指针型向量：

`Chain ChainHash[m];`

其每个分量的初始态都是空指针。凡哈希地址为 i 的记录都插入到头指针为 ChainHash[i]的链表中。在链表中的插入位置可以在表头或表尾，也可以在中间，以保持同义词在同一线性链表中按关键字有序。

例如，已知一组关键字为(25,6,78,20,46,47,10,15,51,13,85)，则按哈希函数 H(key)=key MOD 12 和链地址法处理冲突构造所得的哈希表如图 8-15 所示。

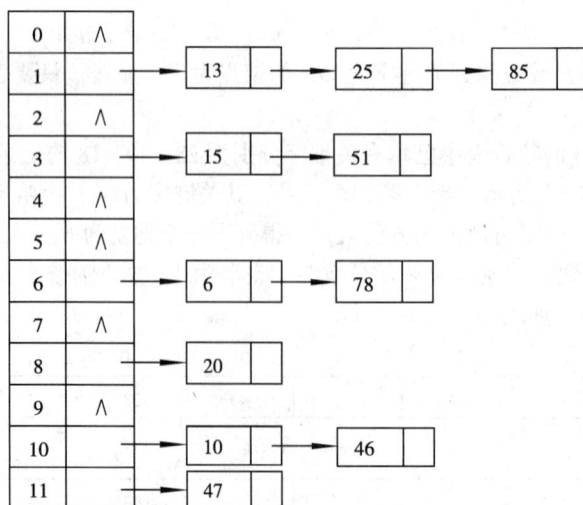

图 8-15　链地址处理冲突时的哈希表

（同一链表中关键字自小至大有序）

与开放定址法相比，链地址法有下列几个优点：链地址法不会产生堆积现象，因而平均查找长度较短；由于链地址法中单个链上的结点空间是动态申请的，所以它更适合于造表前无法确定表长的情况；在用链表法构造的哈希表中，删除结点的操作易于实现，只要简单地删除链表上相应的结点即可。而对于开放定址法构造的哈希表，删除结点不能简单地将被删结点的空间置为空，否则将截断在它之后填入哈希表的同义词结点的查找路径，只是因为各种开放地址法中，空地址单元都是查找失败的条件。因此，在开放定址法处理冲突的哈希表上执行删除操作，只能在被删结点上做删除标记，而不能真正删除结点。

链地址法的缺点是：指针需要额外的空间，故当结点规模较小时，开放定址法较为节省空间，而若将节省的指针空间用来扩大散列表的规模，可使装填因子变小，这又减少了开放定址法中的冲突，从而提高平均查找速度。

8.5.4　哈希表的查找方法

散列表的查找过程和建表过程相似。假设给定的值为 K，根据建表时设定的散列函数 h，计算出散列地址 h(K)，若表中该地址单元为空，则查找失败；否则将该地址中的结点与给定值 K 比较。若相等则查找成功，否则按建表时设定的处理冲突的方法找下一个地址。如此反复下去，直到某个地址单元为空（查找失败）或者关键字比较相等（查找成功）为止。

开放定址法一般形式的函数表示：

```
int Hash(KeyType k,int i)
{ /*求在散列表T[0..m-1]中第i次探查的散列地址hi, 0≤i≤m-1*/
  /*下面的h是散列函数。Increment是求增量序列的函数，它依赖于解决冲突的方法*/
    return(h(K)+Increment(i))%m;        /*Increment(i)相当于di*/
}
```

若散列函数用除余法构造，并假设使用线性探查的开放定址法处理冲突，则上述函数中的h(K)和 Increment(i)可定义为：

```
int h(KeyType K)                    /*用除余法求K的散列地址*/
{
    return K%m;
}
int Increment(int i)                //用线性探查法求第i个增量di
{
    return i;                       //若用二次探查法，则返回i*i
}
```

通用的开放定址法的散列表查找算法：

```
int HashSearch(HashTable T,KeyType K,int *pos)
{ /*在散列表T[0..m-1]中查找K,成功时返回1。失败有两种情况: 找到一个开放地址
  时返回0,表满未找到时返回-1。 *pos记录找到K或找到空结点时表中的位置*/
  int i=0;                          /*记录探查次数*/
  do
  {
      *pos=Hash(K,i);               /*求探查地址hi*/
      if(T[*pos].key==K) return 1;  /*查找成功返回*/
      if(T[*pos].key==null) return 0; /*查找到空结点返回*/
  }while(++i<m)                     /*最多做m次探查*/
  return -1;                        /*表满且未找到时,查找失败*/
}                                   //HashSearch
```

8.6　各种查找方法的比较

综上所述，每一种查找方法都有各自的优缺点。本节虽然在技术上没有做新的介绍，但是明确各种查找方法的特点及适用场合，在实际应用过程中却是一项非常重要的前提性工作，也是评价一个软件优劣的标志。因此，本节的学习将是对查找算法的一个汇总及加深。

顺序查找的效率很低，但是对于待查的结构没有任何要求，而且算法非常简单，当待查表中的记录个数较少时，采用顺序查找较好。顺序查找既适用于顺序存储结构，又适用于链接存储结构。

折半查找法的平均查找长度小，查找速度快，但是它要求表中的记录是有序的，且只能用于顺序存储结构。若表中的记录经常变化，为保持表的有序性，需要不断进行调整，这在一定程度上会降低查找效率。因此，对于不常变动的有序表，采用折半查找是比较理想的。

分块查找的平均查找长度介于顺序查找和折半查找之间。由于结构是分块的，所以，当表中记录有变化时，只要调整相应的块即可，分块查找数据量较大的线性表优越性更突出。同顺序查找一样，分块查找可用于顺序存储结构，也可用于链接存储结构。

与上面 3 种查找方法不同，哈希法是一种直接计算地址的方法，客观存在通过对关键字值进行某种运算来确定待查记录的存放地址。在查找过程中不需要进行比较，因此，其查找时间与表中记录的个数无关。当所选择的哈希函数能得到均匀的地址分布时，其查找效率比顺序查找、折半查找、分块查找 3 种基本查找方法要快。但实际上，由于关键字的取值范围往往大于允许的地址范围，不可避免地会发生冲突，而使查找时间增加。哈希法的查找效率主要取决于发生冲突的可能性和处理冲突的方法。发生冲突的可能性与哈希表的填满程度有关，因此，引进装填因子的概念。装填因子为 α：

$$\alpha = \text{表中的记录数 } n/\text{表的长度 } m$$

α 标识表的装满程度。直观地看，α 越小，发生冲突的可能性就越小；α 越大，即表越满，发生冲突的可能性就越大，查找也就越慢。如果能构造出均匀的哈希函数，并能较好地处理冲突，哈希法是十分有效的。

小　　结

查找是数据处理中经常使用的一种运算。关于线性表的查找，本章介绍了顺序查找、折半查找和分块查找 3 种方法。若线性表是有序表，则折半查找是一种最快的查找法。关于树表的查找，介绍了二叉查找树和平衡二叉树（AVL 树）的方法，分别讨论了这 3 种树表的基本概念、插入和删除操作以及它们的查找过程。

上述方法都是基于关键字比较进行的查找，而哈希表方法则是直接计算出结点的地址。除此之外，本章还介绍了哈希表的概念、哈希函数和处理冲突的方法，并对几种查找方法做出了比较。

习　　题

1. 判断题（判断下列各题是否正确，若正确在（　）内打"√"，否则打"✕"）：

（1）二叉排序的查找和折半查找的时间性能相同。　　　　　　　　　　　　　（　　）

（2）哈希表的结点中只包含数据元素自身的信息，不包含任何指针。　　　　　（　　）

（3）哈希表的查找效率主要取决于哈希表造表时选取的哈希函数和处理冲突的方法。（　　）

（4）当所有的结点的权值都相等时，用这些结点构成的二叉查找树的特点是只有右子树。
　　　　　　　　　　　　　　　　　　　　　　　　　　　　　　　　　　　（　　）

（5）采用线性探测法处理哈希地址的冲突时，当从哈希表删除一个记录时，不应该将这个记录的所在位置置空，因为这会影响以后的查找。　　　　　　　　　　　　　（　　）

（6）任意二叉查找树的平均查找时间都小于用顺序查找同样结点的线性表的平均查找时间。
　　　　　　　　　　　　　　　　　　　　　　　　　　　　　　　　　　　（　　）

（7）对于两棵具有相同关键字集合而形状不同的二叉查找树，按中序遍历它们得到的序列的顺序是一样的。　　　　　　　　　　　　　　　　　　　　　　　　　　　　（　　）

（8）在二叉查找树上插入新的结点时，不必移动其他结点，只要将该结点的父结点的相应指针域置空即可。　　　　　　　　　　　　　　　　　　　　　　　　　　　　　（　　）

2．单选题：

（1）如果要求一个线性表既能较块地查找，又能适应动态变化的要求，则可采用 ___①___ 查找方法。采用折半查找方法进行查找时，数据文件应为 ___②___，且限于 ___③___。要进行顺序查找，则线性表 ___④___。

　　①：A．分块　　　　　　B．顺序　　　　　　C．折半　　　　　　D．基于树型
　　②：A．有序表　　　　　B．随机表　　　　　C．散列存储结构　　　D．链式存储结构
　　　　E．顺序存储结构　　F．线性表
　　③：A．有序表　　　　　B．随机表　　　　　C.散列存储结构　　　D.链式存储结构
　　　　E．顺序存储结构　　F．线性表
　　④：A．必须以顺序方式存储　　　　　　　B．必须以链式方式存储
　　　　C．既可以以顺序方式存储，也可以以链式方式存储

（2）折半查找的查找速度 ___①___ 比顺序查找法的速度快。设有 100 个元素，用折半法查找时，最大比较次数是 ___②___，最小比较次数是 ___③___。

　　①：A．一定　　　　　　B．不一定
　　②：A．25　　　　　　　B．50　　　　　　C．10　　　　　　　D．7
　　　　E．4　　　　　　　F．2　　　　　　　G．1
　　③：A．25　　　　　　　B．50　　　　　　C．10　　　　　　　D．7
　　　　E．4　　　　　　　F．2　　　　　　　G．1

（3）设哈希表长 $m=14$，哈希函数 H(k)=k MOD 11。表中已有 4 个记录，如果用二次探测再散列处理冲突，关键字为 49 的记录的存储地址是（　　）。

0	1	2	3	4	5	6	7	8	9	10	11	12	13
				15	38	61	84						

　　A．8　　　　　　　　B．3　　　　　　　C．5　　　　　　　　D．9

3．对含有 n 个互不相同元素的集合，同时找最大元和最小元至少需进行多少次比较？

4．画出对长度为 18 的有序顺序表进行二分查找的判定树，并指出在等概率时查找成功的平均查找长度，以及查找失败时所需的最多的关键字比较次数。

5．将(for,case,while,class,protected,virtual,public,private,do,template,const,if,int)中的关键字依次插入初态为空的二叉排序树中，请画出所得到的树 T。然后画出删去 for 之后的二叉排序树 T',若再将 for 插入 T'中，得到的二叉排序树 T''是否与 T 相同？最后给出 T''的先序、中序和后序序列。

6. 对给定的关键字集合，以不同的次序插入初始为空的树中，是否有可能得到同一棵二叉排序树？

7. 设二叉排序树中关键字互不相同，则其中最小元必无左孩子，最大元必无右孩子。此命题是否正确?最小元和最大元一定是叶子吗？一个新结点总是插在二叉排序树的某叶子上吗？

8. 假设线性表中的结点是按关键字递增的顺序存放的，试写一个顺序查找算法，将监视哨设为低下标端。然后分别求出等概率情况下查找成功和不成功的平均查找长度。

9. 设单链表的结点是按关键字从小到大排列的，试写出对此表的查找算法，并说明是否可以采用折半查找。

10. 编写递归的折半查找算法。

11. 写一个算法判别给定的二叉树是否为二叉排序树，设此二叉树以二叉链表为存储结构，且树中结点的关键字均不相同。

12. 写一个递归算法，从大到小输出二叉排序树中所有其值不小于 x 的关键字。要求算法的时间为 $O(\log_2 n+m)$，n 为树中结点数，m 为输出关键字个数（提示：先遍历右子树，后遍历左子树）。

拓展实验：折半查找

实验目的：了解折半查找的条件，熟悉并掌握折半查找的过程及方法。

实验内容：对已知的有序序列进行折半查找。折半查找又称二分查找。

（1）它要求待查找的顺序表必须是有序表，即表中各记录按其关键字值的大小顺序存储。

（2）参考程序中，设置了 3 个指针 low、high 和 mid。开始时 low 指向表首，high 指向表尾，令 mid=(low+high)/2，并判断待查找关键字 x 与 mid 的大小，若 $x \geq$ mid，则在序列的后半部分查找，若 $x \leq$ mid，则在序列的前半部分查找。然后，在已确定的前（或后）半部分重复上述过程，这样不断缩小查找范围，直到找到或根本不存在与 x 关键字相同的记录时为止。

实验要求：

1. 设计算法与数据结构；

2. 用 C 语言程序实现；

3. 讨论程序的执行结果。

第 9 章　排序

本章知识结构图

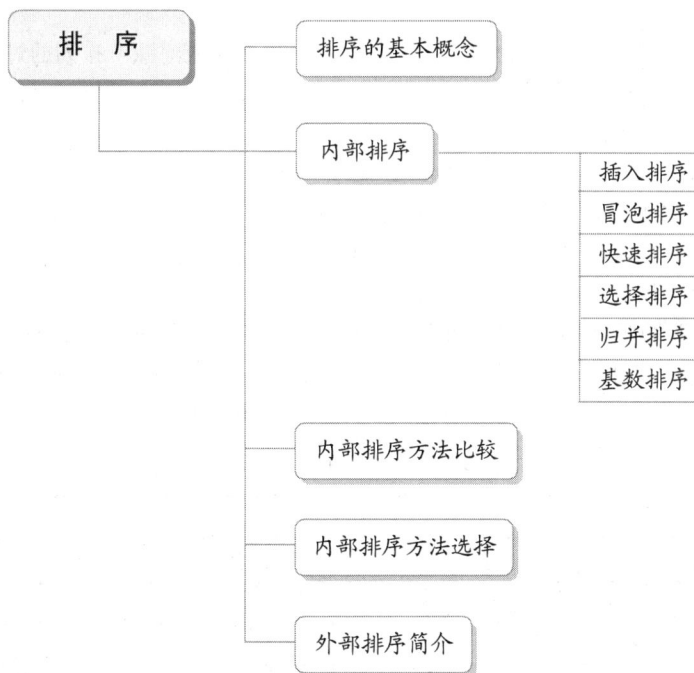

```
                          ┌───────────────┐
                          │  排序的基本概念  │
                          └───────────────┘

                          ┌───────────────┐        ┌─────────┐
  ┌─────────┐             │    内部排序     │────────│  插入排序 │
  │  排 序   │─────────────│               │        ├─────────┤
  └─────────┘             └───────────────┘        │  冒泡排序 │
                                                    ├─────────┤
                                                    │  快速排序 │
                                                    ├─────────┤
                                                    │  选择排序 │
                                                    ├─────────┤
                                                    │  归并排序 │
                                                    ├─────────┤
                                                    │  基数排序 │
                                                    └─────────┘

                          ┌───────────────┐
                          │ 内部排序方法比较 │
                          └───────────────┘

                          ┌───────────────┐
                          │ 内部排序方法选择 │
                          └───────────────┘

                          ┌───────────────┐
                          │  外部排序简介   │
                          └───────────────┘
```

学习目标

- 掌握排序的基本概念;
- 掌握内部排序;
- 理解内部排序方法的比较;
- 了解外部排序。

排序是在数据处理中经常使用的一种运算，也是计算机中的一种基本应用。许多计算机中的计算结果都是以某种方式排序输出，并且许多计算通过使用排序获得高效率。如何进行排序，特别是如何进行高效率的排序是数据处理中的一个重要课题。排序的目的之一就是方便数据的查找。排序分为内部排序和外部排序。本章将介绍几种常用的内部排序方法，主要包括插入排序、冒泡排序、选择排序、归并排序、基数排序等。

9.1 排序的基本概念

1. 关键字

将数据元素称为记录，而记录中的某一个可以用来标识一个数据元素（记录）的数据项，称为关键字项，该数据项的值称为关键字。

关键字可以作为排序运算的依据，选取哪一个数据项作为关键字，应根据具体情况而定。例如考试成绩统计中，一个考生的记录包括考号、姓名、英语成绩、数学成绩、语文成绩、政治成绩、历史成绩和总分等数据项。如果要快速查找某一个考生的成绩，应该选取考号作为关键字进行排序，因为考号可以唯一标识一个考生的记录。如果按考生的总分排名次，则应把总分作为主关键字对成绩表进行排序。

2. 排序

根据一组记录中的某个关键字将这组记录进行有序（递增或递减）排列的过程就是排序。

设文件中有一组记录$(r_1, r_2, \cdots, r_n)$，其关键字分别为$(k_1, k_2, \cdots, k_n)$，通过排序可以重新构造一种排列$(r_{j1}, r_{j2}, \cdots, r_{jn})$，使其关键字呈如下关系：

$$k_{j1} \leq k_{j2} \leq \cdots \leq k_{jn}$$

其中$j_1, j_2, \cdots, j_n$属于集合$\{1, 2, \cdots, n\}$。也就是说，排序是把一组记录按关键字值递增（或递减）的次序重新排列，使它变成一个按关键字值大小有序的序列。需要注意的是，≤号可以理解为一种关系符号，或大于号，或小于号。

如果待排序的文件中，存在多个关键字相同的记录，例如，在$(r_1, r_2, \cdots, r_n)$中，有 $k_i = k_j$。如果排序前为$(\cdots, r_i, \cdots, r_j, \cdots)$，而排序后，这些记录的相对次序仍然保持不变，即$(\cdots, r_i, \cdots, r_j, \cdots)$，则称这种排序方法是稳定的，否则为不稳定的。例如，一个无序的个人情况表如表9-1所示。

表9-1 无序的个人情况表

编　　号	姓　　名	年　　龄	性　　别
1	张强	27	男
2	陈华	24	男
3	Lily	32	女
4	Lucy	24	女
5	李名	25	男

表9-1按年龄无序，按关键字年龄用某方法排序后得到表9-2。

表9-2 按年龄有序的个人情况表

编　　号	姓　　名	年　　龄	性　　别
2	陈华	24	男
4	Lucy	24	女
5	李名	25	男

编　　号	姓　　名	年　　龄	性　　别
1	张强	27	男
3	Lily	32	女

由于第 2、4、5 三条记录保持原有排列顺序，则称该排序方法是稳定的。

如果采用另一种排序方法，按年龄排序后得到表 9-3。

表 9-3　按年龄有序的个人情况表

编　　号	姓　　名	年　　龄	性　　别
4	Lucy	24	女
2	陈华	24	男
5	李名	25	男
1	张强	27	男
3	Lily	32	女

由于第 2、4、5 条记录顺序改变，则称该排序方法是不稳定的。

排序的基本操作主要有两步：第一步是比较两个关键字的大小；第二步是根据比较结果，将记录从一个位置移到另一个位置。

由于文件大小 n 不同，使排序过程中涉及的存储器不同。当 n 较小（一般小于 10^4）时，全部排序放在内存中完成，不涉及外存的排序方法称为内部排序。内部排序速度快，一般用于小型文件。当 n 较大，排序过程中需要与外存交换数据，也就是说排序不仅需要内存，还要使用外存，称这种排序为外部排序。外部排序是用于大型文件的排序方法，运行速度较慢。

在待排序的文件中，若存在多个关键字相同的记录，经过排序后这些具有相同关键字的记录之间的相对次序保持不变，该排序方法是稳定的；若具有相同关键字的记录之间的相对次序发生变化，则称这种排序方法是不稳定的。在所有可能的输入实例中，只要有一个实例使得算法不稳定，则该排序算法就是不稳定的。也就是说，排序算法的稳定性是针对所有输入实例而言的。

基于策略划分内部排序方法，可以分为 5 类：插入排序、选择排序、交换排序、归并排序和基数排序。

3．排序算法分析

（1）排序算法的基本操作

大多数排序算法都有比较两个关键字的大小和改变记录指针或移动记录两个基本的操作。改变记录指针和移动记录的实现依赖于待排序记录的存储方式。

（2）待排文件的常用存储方式

① 以顺序表作为存储结构

排序过程是对记录本身进行物理重排，即通过关键字之间的比较判定，将记录移到合适的位置。

② 以链表作为存储结构

排序过程就是链表排序，无须移动记录，仅需修改指针。

③ 以顺序方式存储待排序的记录，但同时建立一个辅助表，如包括关键字和指向记录位置的指针组成的索引表。

排序过程只需对辅助表的表目进行物理重排（即只移动辅助表的表目，而不移动记录本身）。适用于难于在链表上实现，仍需避免排序过程中移动记录的排序方法。

4. 排序算法性能评价

（1）评价排序算法好坏的标准

评价排序算法好坏主要根据算法执行的时间和所需空间来判断。

（2）排序算法的空间复杂度

若排序算法所需的空间并不依赖于问题的规模 n，即所需空间是 $O(1)$，则称之为就地排序。非就地排序一般要求的辅助空间为 $O(n)$。

（3）排序算法的时间开销

大多数排序算法的时间开销主要是关键字之间的比较和记录的移动。有的排序算法其执行时间不仅依赖于问题的规模，还取决于输入实例中数据的状态。

排序算法大部分采用顺序存储结构，用一维记录数组 r 具体实现，且按关键字递增排序。记录类型及数组定义结构如下：

```
#define Max 90
type struct
{
    int key;                    /*关键字项*/
    itemtype Elseitem;          /*其他数据项*/
}Recordnode;
Recordnode r[max+1];            /*r[0]闲置或作为监视哨*/
```

9.2 内 部 排 序

内部排序是指整个排序过程不涉及数据的内外存交换，待排序的记录全部存放在内存中。如果待排序的文件太大，就无法将整个文件的所有记录同时调入内存排序，只能将文件放在外存中，在排序过程中进行多次内外存间的交换，这种排序被称为外部排序。本节介绍几种内部排序的方法。

9.2.1 插入排序

插入排序就是在保证文件有序的前提下，按关键字大小将一个记录插入到一个文件中的适当位置。因为源文件是有序的，在插入记录时，可以采用顺序查找法和折半查找法两种方法寻找适当的插入位置。相应地，插入排序有直接插入排序法和折半插入排序法。另外，有一种在插入排序的基础上进行改进的排序方法——希尔排序。

1. 直接插入排序

直接插入排序方法是一种最简单的排序方法之一。一次排序是指在排序过程中，使一个记录有序的操作。整个排序过程就是对一次排序的多次重复。

直接插入排序的基本思想是：每一次将一个待排序的记录按其关键字值的大小插入到已经排序的部分文件中适当的位置上，直到全部插入完成。具体做法是，记录存放在数组 $r[1..n]$ 中，先把整个数组划分为两个部分，$r[1..i-1]$ 是已排好序的记录，$r[i..n]$ 是没排序的记录。插入排序对未排序中的 $r[i]$ 插入到 $r[1..i-1]$ 之中，使 $r[1..i]$ 有序，$r[i]$ 的插入过程就是完成排序中的一次。随着有序部分的不断扩大，使 $r[1..n]$ 全部有序。其算法描述如下：

```
InsertSort(Recordnode r[],int n)
```

```
{   for(i=2;i<=n;++i)
        if(r[i]<r[i-1])
        /*如果待插表中最后一个小，则将其插入表中*/
        {
            r[0]=r[i];
            for(j=i-1;r[0]<r[j];--j)
                r[j+1]=r[j];              /*记录后移*/
            r[j+1]=r[0];                 /*插入到正确位置*/
        }
}
```

为了在查找插入位置的过程中避免数组下标出界，引进附加记录 $r[0]$ 用来存放当前待插入的记录，这种做法可以节省循环的测试时间。

【例 9-1】 利用直接插入排序算法，对下列数据进行插入排序，其中[…]为有序区，{…}为无序区。19_1 和 19_2 表示排序值相等的两个不同记录。

解：其过程如下。

初始序列：	[19_1]	{01	23	17	19_2	55	84	15}
第 1 次：	[01	19_1]	{23	17	19_2	55	84	15}
第 2 次：	[01	19_1	23]	{17	19_2	55	84	15}
第 3 次：	[01	17	19_1	23]	{19_2	55	84	15}
第 4 次：	[01	17	19_1	19_2	23]	{55	84	15}
第 5 次：	[01	17	19_1	19_2	23	55]	{84	15}
第 6 次：	[01	17	19_1	19_2	23	55	84]	{15}
第 7 次：	[01	15	17	19_1	19_2	23	55	84]

从上面的例子可以看出，19_1 和 19_2 的相对位置没有变，所以直接插入排序是稳定的排序方法。

为了查第 i 个记录的插入位置，最多比较 i 次，最少比较 1 次。因此，对于有 n 个记录的文件来说，若每个记录插入文件中只比较一次就能找到其相应的位置，则总共只需进行 n 次比较，这是最小的次数；但在最坏的情况下，第 i 个记录比较 i 次，此时，n 个记录要进行 $(n+1)n/2$ 次比较，则平均比较次数是 $[(n+1)n/2+n]/2$。算法的平均时间复杂度是 $O(n^2)$，直接插入排序是稳定的排序方法。算法所需的辅助空间是一个记录 $r[0]$，辅助空间复杂度 $S(n)=O(1)$。

2. 折半插入排序

由于插入排序的基本操作是在一个有序表中进行查找和插入，而查找操作可利用折半查找方法来实现，由此进行的插入排序称为折半插入排序，又被称为二分法插入排序。

折半查找就是用所插入的记录的关键字和有序区间的中点处记录的关键字作比较，若二者相等则查找成功，否则可以根据比较的结果来确定下次的查找区间，若插入的记录关键字小于有序序列中点的记录关键字，那么下次查找的区间在中点记录前半部分，否则在中点记录的后半部分。然后在新的查找区间进行同样的查找，经过多次折半查找，直到找到插入位置为止。折半插入排序算法如下：

```
BinsertSort(Recordnode r[],int n)
{
    for(i=2;i<=n;++i)
    {
        r[0]=r[i];
```

```
        low=1;high=i-1;
        while(low<=high)
        {
            m=(low+high)/2;
            if(r[0]<r[m].key)  high=m-1; /*插入点在前半区*/
            else low=m+1;                   /*插入点在后半区*/
        }
        for(j=i-1;j>=high+1;--j)
            r[j+1]=r[j];                    /*记录后移*/
        r[high+1]=r[0];                     /*插入*/
    }
}
```

【例 9-2】利用折半插入排序算法，对下列数据进行插入排序，其中[…]为有序区，{…}为无序区。在序列[01　14　19　23　55　84　92]已排好序的基础上，将元素 15 插入到序列中，最后还是一个有序序列。

解：排序过程如下。

l: low; h: high

初始序列：　　[01　14　19　　23　55　84　92] {15}

　　　　　　　　↓　　　　　↓　　　　　↓

　　　　　　　l=1　　　　　4　　　　　　h=7　（15<23, h=4-1=3）

第 1 次排序：[01　14　19　23　55　84　92]　{15}

　　　　　　　↓　　↓　↓

　　　　　　　l=1　2　h=3　　　　（15>14, l=2+1=3）

第 2 次排序：[01　14　19　23　55　84　92]　{15}

　　　　　　　　　　　　↓

　　　　　　　　　l=h=3　　（15<19, h=3-1, h<l 折半结束）

最后结果：　　[01　14　15　　19　23　55　84　92]

折半插入排序所需附加存储空间和直接插入排序相同，从时间上比较，折半插入排序仅减少了关键字间的比较次数，而记录的移动次数不变。因此，折半插入排序的时间复杂度仍为 $O(n^2)$。另外，折半插入排序也是一个稳定的排序方法。

3. 希尔排序

希尔排序又称为缩小增量法排序，是由希尔（Shell）在 1959 年对直接插入排序进行改进后提出的。其算法思想是：不断地把待排序的一组记录按间隔值分成若干小组，然后对同一组的记录进行排序。具体做法是：首先设置一个记录的间隔值 d_1，把全部记录按此间隔值从第一个记录起进行分组，所有相隔为 d 的元素在同一小组中，再进行组内排序。再设置另一个间隔值 d_2（$d_1<d_2$），重新将整个组分成若干个组，再对各组进行组内排序，多次重复以后，直到间隔值 $d<1$ 为止。各组的组内排序可以用直接插入排序，也可以用其他排序方法。

间隔值的取法有多种。希尔提出的方法是：$d_1=\lfloor n/2 \rfloor$，$d_{i+1}=\lfloor d_i/2 \rfloor$，克努特（Knuth）提出取 $d_{i+1}=\lceil d_{i-1}/3 \rceil$。下面按希尔排序的方法举例说明一下。

【例 9-3】记录数 n 等于 8，进行希尔排序（由小到大），间隔值序列取 4、2、1。

46　55　13　42　17　94　05　70

解： 希尔排序过程如下。

序号：		1	2	3	4	5	6	7	8
初始关键字：		46	55	13	42	17	94	05	70
	d=4	{46				17}			
			{55				94}		
				{13				05}	
					{42				70}
第 1 次排序结果 d=4：		17	55	05	42	46	94	13	70
	d=2	{17		05		46		13}	
			{55		42		94		70}
第 2 次排序结果 d=2：		05	42	13	55	17	70	46	94
	d=1	{05	42	13	55	17	70	46	94}
第 3 次排序结果　d=1：		05	13	17	42	46	55	70	94

希尔排序的主要特点是：每一次以不同的间隔距离进行插入排序。当 d 较大时，被移动的记录是跳跃式进行的。到最后一次排序时（d=1），许多记录已经有序，不需要多少移动，所以提高了排序的速度。这里需要注意的是，应使增量序列中的值没有除 1 之外的公因子，并且最后一个增量值必须等于 1。

希尔排序算法可以通过三重循环来实现。外循环是以各种不同的间隔距离 d 进行排序，直到 d=1 为止。中间循环是在某一个 d 值下对各组进行排序，它靠一个布尔变量进行控制，若在某个 d 值下发生了记录的交换，则需要继续循环，直到各组内均无记录的交换为止。也就是说，这时各组内已完成了排序任务。内循环是从第一个记录开始，以某个 d 值为间距进行组内比较。若有逆序，则进行交换。算法描述如下：

```
ShellSort(Recordnode r[],int n)
{/*用希尔排序法对一个记录 r[]排序*/
    int i,j,d;
    int bool;
    int x;
    d=n;
    do
    {
        d=[d/2];
        bool=1;
        for(i=1;i<=L.length-d;i++)
        {
            j=i+d;
            if(r[i]>r[j])
            {
                x=r[i];
                r[i]=r[j];
                r[j]=x;
                bool=0;
            }
        }
    }while(d>1)
}
```

通过分析直接插入排序算法可知,当待排序的序列中记录个数比较少时或者序列接近有序时,直接插入排序算法的效率比较高，希尔排序法正是基于这两点的考虑。开始排序时，由于选取的间隔值比较大，各组内的记录个数比较少，所以组内排序就比较快。在以后的排序中虽然各组中的记录个数增多，但是通过前面的多次排序使组内的记录越来越接近于有序，所以各组内的排序也比较快。

希尔排序的速度一般要比直接插入排序快，希尔排序的平均比较次数和平均移动次数都是 $n^{1.3}$ 左右，但希尔排序是一个较复杂的问题，因为其时间复杂度依赖于所取增量序列，一般认为是 $O(n\log_2 n)$。希尔排序是一种不稳定的排序。

9.2.2　冒泡排序

冒泡排序是一种比较简单常用的排序方法。其基本思想是：将待排序的序列中第一个记录的关键字 r_1.key 与第二个关键字 r_2.key 进行比较（从小到大），如果 r_1.key>r_2.key，则交换 r_1 和 r_2 记录序列中的位置，否则不交换，然后再接着对当前序列中的第二个记录和第三个记录作同样的比较，依此类推，直到序列中最后两个记录处理完毕为止，这样一个过程就叫做一次冒泡排序。

通过一次冒泡排序，使得待排序的 n 个记录中的关键字最大的一个记录排在序列的最后一个位置；然后对序列中的前 $n-1$ 个记录进行第二次冒泡排序，使得关键字次大的记录排到序列的第 $n-1$ 位置。重复进行冒泡排序，对于具有 n 个记录的序列进行 $n-1$ 次冒泡排序后，序列的后 $n-1$ 个记录已按关键字从小到大的进行了排序，那么剩下的第一个记录必定是关键字最小的记录，所以此时整个序列已经是一个有序排列。

另外，如果进行了某次冒泡排序后，没有记录交换位置，这就表明此序列已经是一个有序序列，此时排序也可以结束。冒泡排序算法如下：

```
Bubblesort(Recordnode r[],int n)
/*用冒泡排序法对 r[]排序*/
{
    int i,j,flag;
    int temp;
    flag=1;
    for(i=1;i<n&&flag==1;i++)
    {
        falg=0;
        for(j=0;j<n-i;j++)
        {
            if(r[j].key>r[j+1].key)
            {
                flag=1;
                temp=r[j];
                r[j]=r[j+1];
                r[j+1]=temp;
            }
        }
    }
}
```

在该算法中待排序的序列中的 n 个记录顺序存储在 r[ ]中，外层的 for 循环控制排序执行的次数，内层的 for 循环用于控制在一次排序中相邻记录的比较和交换。而 flag=1 时，表示在这次循环中，至少进行了一次交换；反之，如果 flag=0，表示在这次排序过程中，没有记录交换位置。

【例 9-4】有 8 个记录，它的初始关键字序列为{5,7,3,8,2,9,1,4}，用冒泡排序法对它进行排序。[…]为有序区间。

解：过程如下。

初始关键字序列： 5, 7, 3, 8, 2, 9, 1, 4

第 1 次冒泡排序： 5, 3, 7, 2, 8, 1, 4, [9]

第 2 次冒泡排序： 3, 5, 2, 7, 1, 4, [8, 9]

第 3 次冒泡排序： 3, 2, 5, 1, 4, [7, 8, 9]

第 4 次冒泡排序： 2, 3, 1, 4, [5, 7, 8, 9]

第 5 次冒泡排序： 2, 1, 3, [4, 5, 7, 8, 9]

第 6 次冒泡排序： 1, 2, [3, 4, 5, 7, 8, 9]

第 7 次冒泡排序： 1, [2, 3, 4, 5, 7, 8, 9]

最后结果序列： [1, 2, 3, 4, 5, 7, 8, 9]

冒泡算法的执行时间与序列的初始状态有很大关系。假设在原始序列中，记录已经是有序排列，则比较次数为 $n-1$，交换次数为 0；反之，如果原始序列中，记录是"反序"排列的，则总的比较次数为 $n \times (n-1)/2$，总的移动次数为：$3 \times n \times (n-1)/2$。所以可以认为冒泡排序算法的时间复杂度为 $O(n^2)$。

9.2.3 快速排序

快速排序由冒泡排序改进而得，是一种分区交换排序方法。其基本思想是：一次快速排序采用从两头向中间扫描的办法，同时交换与基准记录逆序的记录。在待排序的 n 个记录中任取一个记录（通常取第一个记录），把该记录放入最终位置后，序列被这个记录分割成两部分，所有关键字比该记录关键字小的放置在前一部分，所有比它大的放置在后一部分，并把该记录排在这两部分的中间，这个过程称为一次快速排序。之后对所分的两部分分别重复上述过程，直至每部分内只有一个记录为止。

简而言之，每次使表第一个元素放入最终位置，将表一分为二，对子表按递归方式继续这种划分，直至划分的子表长为 1。

具体做法是：设两个指针 i 和 j，它们的初值分别为指向无序区中第一个和最后一个记录。假设无序区中记录为 $r[l]$，$r[l+1]$，…，$r[h]$，则 i 的初值为 l，j 的初值为 h，首先将 $r[l]$ 移至变量 x 中作为基准，令 j 自 h 起向左扫描至 $r[j]<x$ 时，将 $r[j]$ 移至 i 所指的位置上，然后令 i 自 $i+1$ 起向右扫描至 $r[i]>x$ 时，将 $r[i]$ 移至 j 所指的位置上，然后 i 自 $j+1$ 起向左扫描至 $r[j]<x$，依次重复，直至 $i=j$，此时所有 $r[s]$（$s=l,l+1,l+2,\cdots,i-1$）的关键字都小于 x 而所有 $r[t]$（$t=j+1,j+2,\cdots,h$）的关键字必大于 x，则可将 x 中的记录移至 i 所指位置 $r[i]$，它将无序中的记录分割成 $r[l,\cdots,i-1]$ 和 $r[i+1,\cdots,h]$，以便分别进行排序。快速排序算法如下：

```
void quicksort（Recordlist &L,int low,int high）
{/*递归实现*/
    if(low<high)
    {
        Partition(L,low,high);
        if(le_low<le_high) quicksort(L,low,le_high);
        if(Ri_low<Ri_high) quicksort(L,Ri_low,high);
    }
}
```

```
int Partition(Recordnode r[],int low,int high)
{/*进行一次快速排序，使一个记录到位*/
    int Le_low,Le_high,Ri_low,Ri_high;
    int x,i,j;                /*定义一个临时变量*/
    i=low;
    j=high;                   /*用 r[0..m..length-1]存放关键字*/
    x=r[i];
    while(i<j)
    {
        while(i<j&&r[j].key>=r[0])
            --j;
        r[i]=r[j];            /*将关键字比 x 小的记录移到前面*/
        while(i<j&&r[j].key<=r[0])
            ++i;
        r[j]=r[i];            /将关键字比 x 大的记录移到后面*/
    }
    L. r[i]=x;
    Le_low=m;
    Le_high=i-1;
    Ri_low=j+1;
    Ri_high=j;
    return(Le_low,Le_high,Ri_low,Ri_high);
}
```

【例 9-5】有以下数据序列：28，19，27，48，56，12，10，25，20，50。对其进行一次快速排序。

解：过程如下。

初始关键字：　　　28　19　27　48　56　12　10　25　20　50　　　x=28
（选 28 作为基准）　↑　　　　　　　　　　　　　　　　　↑
　　　　　　　　　　i　　　　　　　　　　　　　　　　　j

进行 1 次交换后：　20　19　27　48　56　12　10　25　28　50
　　　　　　　　　　↑　　　　　　　　　　　　　　↑
　　　　　　　　　　i　　　　　　　　　　　　　　j

进行 2 次交换后：　20　19　27　28　56　12　10　25　48　50
　　　　　　　　　　　　　　　↑　　　　　　　　↑
　　　　　　　　　　　　　　　i　　　　　　　　j

进行 3 次交换后：　20　19　27　25　56　12　10　28　48　50
　　　　　　　　　　　　　　　↑　　　　　　↑
　　　　　　　　　　　　　　　i　　　　　　j

进行 4 次交换后：　20　19　27　25　28　12　10　56　48　50
　　　　　　　　　　　　　　　　　↑　　　↑
　　　　　　　　　　　　　　　　　i　　　j

进行 5 次交换后：　20　19　27　25　10　12　28　56　48　50
　　　　　　　　　　　　　　　　　↑　↑
　　　　　　　　　　　　　　　　　i　j

完成 1 次排序后：　20　19　27　25　10　12　28　56　48　50

$$↑↑$$
$$i\ j$$

上面数据序列快速排序的全过程示意：

① 28 为基准。

第一次快速排序后：　{20　19　27　　25　10　12}　28　{56　48　50}

② 分别以 20 为基准，56 为基准。

快速排序后：　　　　{12　19　10}　20　{25　27}　28　{50　48}　56

③ 12 为基准，25 为基准，50 为基准。

快速排序后：　　　　10　12　19　　20　25　27　　28　　48　50　56

最后排序结果为：　　[10　12　19　　20　25　27　　28　　48　50　56]

快速排序在系统内部需要一个栈来实现递归。若每次划分较为均匀，则其递归树的高度为 $O(\log_2 n)$，故递归后需栈空间为 $O(\log_2 n)$。最坏情况下，递归树的高度为 $O(n)$，所需的栈空间为 $O(n)$。

通常情况下，快速排序有非常好的时间复杂度，它优于各种算法，其平均时间复杂度为 $O(n\log_2 n)$。但是在原始数据有序的情况下，此算法就退化为冒泡排序 $O(n^2)$，原因是没有产生将表一分为二的效果，分而治之的预期目的未达到，所以导致算法效率恶化。为避免恶化，可以改造原始数据的分布，具体办法是：每次取"头"、"中"、"尾"三元素，将三者的值居中的放置在第一位，然后开始上述的一次算法。实际操作时，需具体问题具体分析，对数据分布进行摸底，以决定是否采用上述措施。在最好情况下，每次划分所取的基准都是当前无序区的"中值"记录，划分的结果是基准的左、右两个无序子区间的长度大致相等。总的关键字比较次数：$O(n\log_2 n)$。

在进行快速排序时，有两点需要注意：① 当递归算法执行比较慢时，可转化成非递归形式；② 当记录个数 n 很小时，用快速排序算法并不合算，一般 $n>20$ 以上才有考虑的必要。另外，快速排序是一种不稳定的排序方法。

9.2.4　选择排序

1．直接选择排序

直接选择排序就是一种简单选择排序方法，但是速度较慢。

直接选择排序的基本思想是：从待排序的所有记录中选取关键字最小的记录，并将它与原始序列的第一个记录交换位置，然后从去掉关键字最小的记录后剩余记录中选择关键字最小的记录与原始记录的第二个记录交换位置。即每一次排序在无序区 $n-i+1$（$i=1,2,\cdots,n-1$）个记录中选取关键字最小的记录，并和第 i 个记录交换。其算法描述如下：

```
void SelectSort(Recordnode r[],int n)
{
    int i,j,k;
    int w;
    for(i=1;i<=n-1;i++)
    {
        k=i;
        for(j=i+1;j<=n;j++)
        {
            if(r[j]<r[k])k=j;
            w=r[i];
```

```
            r[i]=r[k];
            r[k]=w;
        }
    }
}
```

【例9-6】 设待排序记录共8个，进行直接选择排序，[…]为有序区间，{…}为无序区间。

排序前初始初始关键字序列：{49　34　39　34　64　3　19　40}

解： 直接选择排序过程如下。

第1次排序结果：　　　　　　　[3]　{34　39　34　64　49　19　40}

第2次排序结果：　　　　　　　[3　19]　{39　34　64　49　34　40}

第3次排序结果：　　　　　　　[3　19　34]　{39　64　49　34　40}

第4次排序结果：　　　　　　　[3　19　34　34]　{64　49　39　40}

第5次排序结果：　　　　　　　[3　19　34　34　39]　{49　64　40}

第6次排序结果：　　　　　　　[3　19　34　34　39　40]　{64　49}

第7次排序结果：　　　　　　　[3　19　34　34　39　40　49]　{64}

最后结果：　　　　　　　　　　[3　19　34　34　39　40　49　64]

通过上述算法，找到关键字最小的记录需要进行 $n-1$ 次比较，找出关键字次小的记录需要比较 $n-2$ 次，……，找到第 i 个记录需比较 $n-i$ 次，因此。总的比较次数为

$$(n-1)+(n-2)+\cdots+2+1=n(n-1)/2\approx n^2/2$$

故直接选择排序的时间复杂度为 $O(n^2)$。这里有一个问题值得思考：从 n 个元素中找出最小的比较次数为 $n-1$；而从余下的 $n-1$ 个元素中找出次小的是否一定要 $n-2$ 次比较呢？对算法做相应的改进，可以减少比较次数，避免重复操作。树形选择排序就是对直接排序的改进方法之一。

树形选择排序的算法思想：先将待排序的 n 个记录的关键字两两进行比较，取出较小者。然后在 $[n/2]$ 个较小者中，用同样的方法比较选出每对中的较小者，如此反复，直到选出最小关键字的记录为止。

这个序列排序的过程可以用一棵树来表示：19_1, 1, 23, 27, 55, 19_2, 84, 14，这一排序中第一次取最小的过程如图9-1所示。

树形选择排序的具体操作是：树中的叶子结点代表待排序记录的关键字。上面一层分支结点是叶子结点或下层分支结点两两比较取较小的结果。依次类推，树根表示最后选择出来的最小关键字01。下一步在选择次小关键字时，只需将原叶子结点中的最小关键字改为无穷大，如图9-2所示。

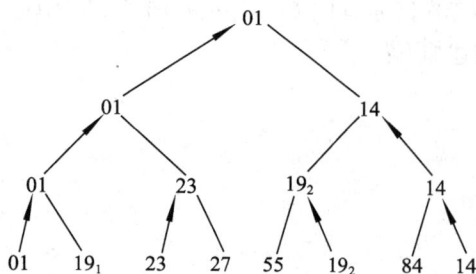

图9-1　树形选择排序第一次取最小的过程　　　图9-2　树形选择排序第二次取次小的过程

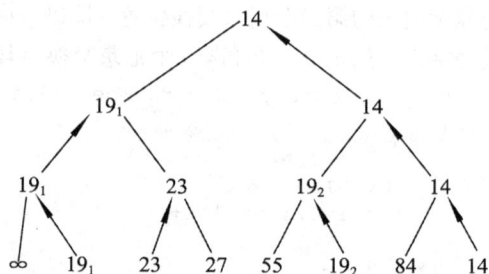

重复上次的比较方法即可得到次小关键字14。在树形选择排序的过程中，被选中的关键字都是经过了由叶子到根的比较过程。

因此，其时间复杂度为 $O(n\log_2 n)$。但需增加额外的存储空间存放中间比较结果和排序结果，具体实现有困难。因此，树形选择排序一般不用来排序，而是用来证明某些问题。

2. 堆排序

堆排序是在直接选择排序法的基础上利用完全二叉树结构形成的一种排序方法。从数据结构的观点看，堆排序是完全二叉树的顺序结构的应用。

堆排序对树形选择排序提出了改进，其总的比较次数达到树形选择排序的水平，同时只需一个记录大小的额外辅助空间。堆排序是在排序过程中，将向量中存储的数据看成是一棵完全二叉树顺序存储结构，利用完全二叉树中的父结点和孩子结点之间的内在关系来选择关键字最小的记录。

具体做法是：把待排序的文件的关键字存放在数组 $r[1..n]$ 中，将 r 看做一棵二叉树，每个结点表示一个记录，源文件的第一个记录 $r[1]$ 作为二叉树的根，以下各记录 $r[2..n]$ 依次逐层从左到右顺序排列，构成一棵完全二叉树，任意结点 $r[i]$ 的左孩子是 $r[2i]$，右孩子是 $r[2i+1]$，双亲是 $r[\lceil i/2 \rceil]$。

对这棵完全二叉树的结点进行调整，使各结点的关键字值满足下列条件：

$$r[i] \le r[2i] \text{ 且 } r[i] \le r[2i+1]$$

即每个结点的值均大于或小于它的两个子结点的值，称满足这个条件的完全二叉树为堆树。显然这个堆树中根结点的关键字最小，这种堆也称为小根堆，如图 9-3 所示。

1	2	3	4	5	6	7
13	19	65	38	27	73	95

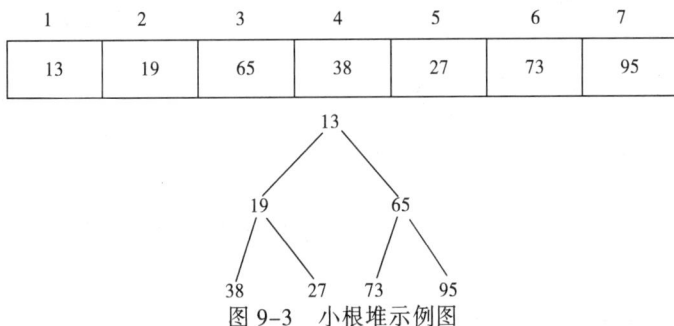

图 9-3　小根堆示例图

如果各结点的关键字满足 $r[i] \ge r[2i]$，并且 $r[i] \ge r[2i+1]$ 的堆称为大根堆。如图 9-4 所示。大根堆顾名思义，其根结点的关键字值最大也称堆顶元素。

1	2	3	4	5	6	7
95	38	73	13	23	19	25

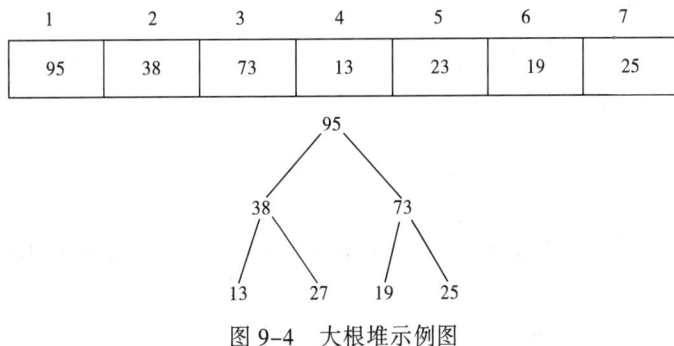

图 9-4　大根堆示例图

当把二叉树转换成大根堆后，堆顶元素最大，把堆顶元素输出，并把堆底最后一个元素换到二叉树的根上。然后，重新调整二叉树的结点，使其成为堆。依次类推，输出堆顶元素，而后重新恢复堆。两类操作交替进行，直至输出全部结点为止。

堆排序的关键是构造堆，R. W. FLoyd 提出了筛选建堆：假若完全二叉树的某一个结点 i 对于它的左子树、右子树已是堆，就需将 $r[2i]$ 与 $r[2i+1]$ 之中的最大者与 $r[i]$.key 比较，若 $r[i]$.key 小则交换，这有可能破坏下一级的堆，于是继续采用上述方法构造下一级的堆，大者"上浮"，小者被筛选下去。

初建堆时是整体调整，而恢复堆是从根到叶子的局部调整。有了初建堆的筛选算法，利用此算法，将已有堆中的根与最后一个叶子交换，输出根结点后，进一步恢复堆，直到一棵树只剩一个根为止。这就是堆排序的全部过程，其算法如下：

```
void HeapSort(Recordnode r[],int n)
{
    int l;
    int w;
    for(l=n/2;l>=1;l--)
        sift(r,l,n);
    for(l=n;l>=2;l--)
        {w=r[l];
        r[l]=r[1];
        r[1]=w;
        sift(r,1,l-1);
        }
}
/*筛选算法*/
void sift(Recordnode r[],int l,int m)
{
    int i,j,x;
    i=l;j=2*i;x=r[i];
    while(j<=m)
    {
        if(j<m&&r[j]<r[j+1])  j++;
        if(x<r[j])
        {
            r[i]=r[j];
            i=j;
            j=2*i;
        }
        else j=m+1;
    }
    r[i]=x;
}
```

【例 9-7】 采用数组来存储数据，利用"大根堆"排序法将下列待排序列进行排序，数组的原始数据为：

结点	1	2	3	4	5	6	7	8	9
数据	78	14	8	89	25	71	44	68	33

用完全二叉树表示如图 9-5 所示。

解： 操作从[$N/2$]的位置开始，将[$N/2$]位置的元素与其他两个子结点中最大的元素相比较，若[$N/2$]位置元素较大，则不必交换，否则与其交换，如果操作位置为 1 时停止。

以上面的二叉树为例，从[9/2]=4 开始，将结点 4 的元素 89 分别与其子结点 8 和 9 的值 68 和 33 中较大的相比较，因 89>69 所以不必交换。然后检查结点 4 的上一个结点 3，因为结点 3 的值 8 小于其子结点两个值较大的 71，所以结点 3 与结点 6 需要互换。交换结果如图 9-6 所示。

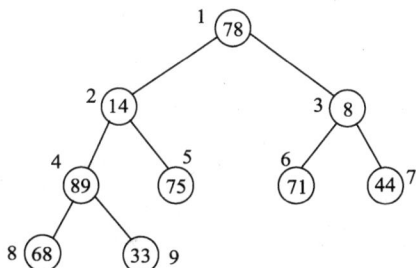

图 9-5　原始数据的完全二叉树　　　　　　　　图 9-6　交换结点 3 与结点 6

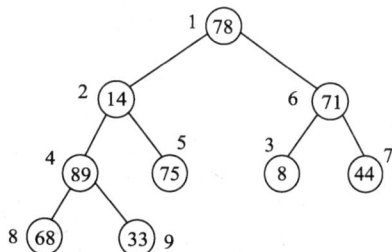

接着检查结点 2，因为结点 2 的值 14 小于其子结点中值较大的结点 4 的值 89，所以结点 2 与结点 4 的值需要互换，又因为结点 2 的值 14 小于结点 8 的值 68，所以交换结点 2 与结点 8 的位置，交换结果如图 9-7 所示。

接着检查结点 1，因为结点 1 的值 78 小于其子结点中值较大的 89，所以结点 1 与结点 4 的值需要互换，交换结果如图 9-8 所示，最后的堆树就生成了，接下来就可以进行排序了。

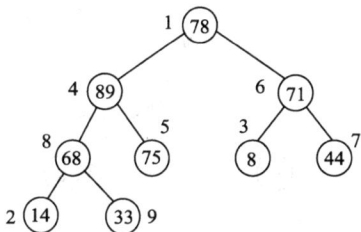

图 9-7　交换结点 2 与结点 8　　　　　　　　图 9-8　生成一个大根堆

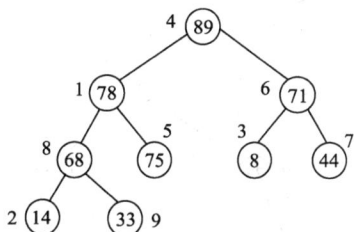

假设从大到小排序，现在堆树的树根是整个序列最大的元素，所以将树根元素输出，再将堆树的最后一个元素交换到堆根的位置，结果如图 9-9 所示。

这时二叉树不再是一个堆树，再重复上面的操作，将树根结点 33 与其子结点的值比较，因为 33 小于其子结点的中较大的值 78，所以 33 与 78 交换。又因为结点 33 比 75 小，所以 33 再与 75 交换。交换结果如图 9-10 所示，又生成了一个大根堆。

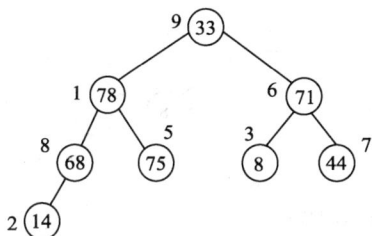

图 9-9　输出根结点 89　　　　　　　　图 9-10　重新调整成一个大根堆

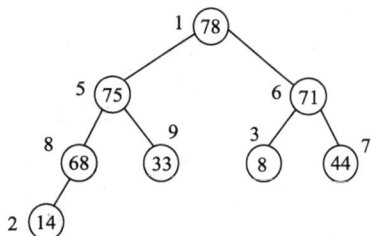

再输出根结点 1 的值 78，将最后的堆树的最后一个结点 2 交换到堆根的位置。重复上面的步骤。输出结点和调整过程如图 9-11 所示。

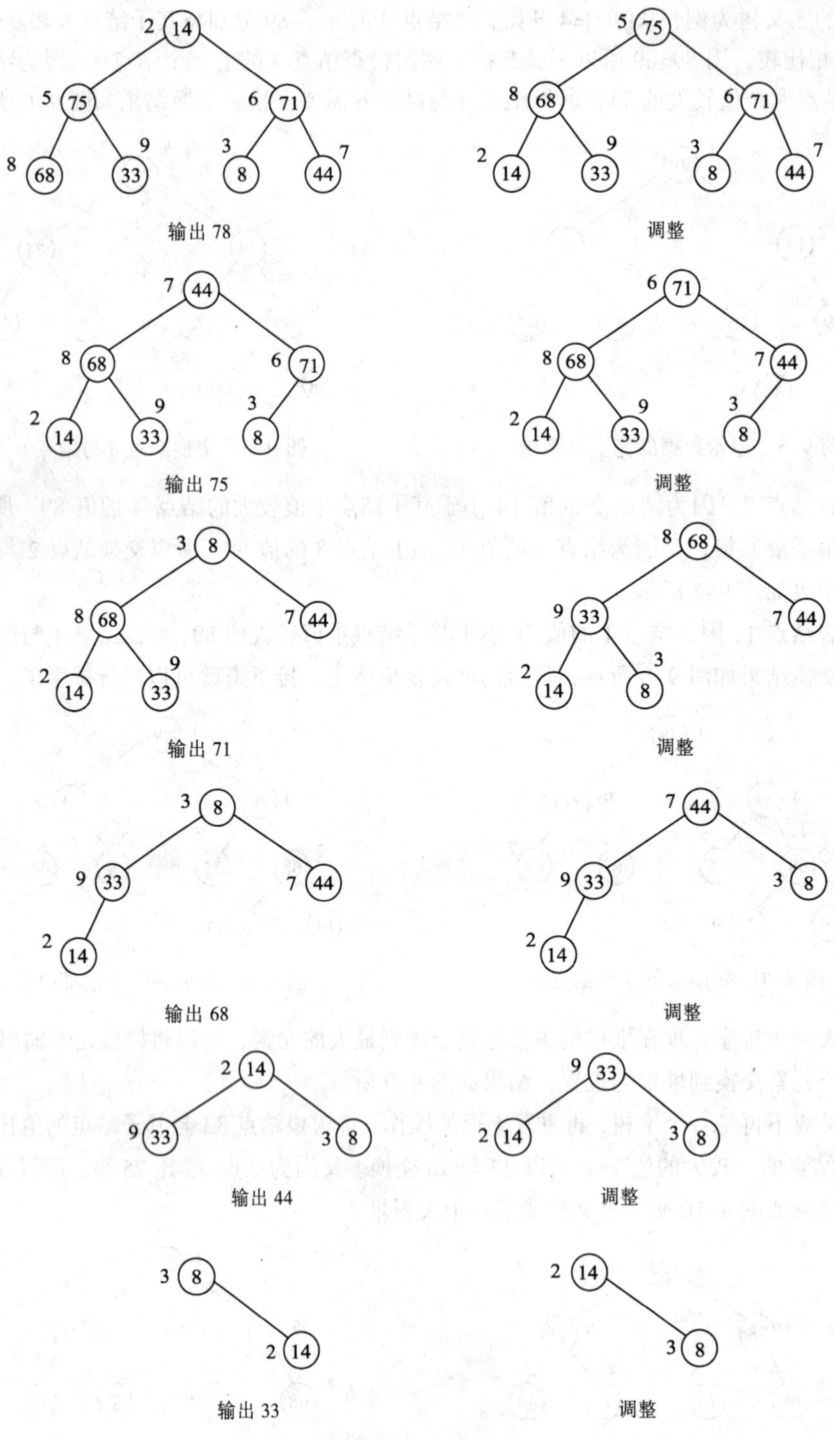

图 9-11　堆排序的输出和调整过程

接着输出结点 2（14），最后输出结点 3。这样最后得到一个从大到小的序列：

(89,78,75,71,68,44,33,14,8)

堆排序的一个突出优点是：在空间方面很节约，只需要存放一个记录的辅助空间，所以称为原地排序。然而堆排序是一种不稳定的排序方法。堆排序的算法时间是由建立初始堆和不断调整堆两部分时间构成的，可以证明，堆排序的时间复杂度为 $O(n\log_2 n)$。

9.2.5　归并排序

将两个或两个以上的已排序文件合并成一个有序文件的过程叫做归并。归并排序就是用归并的方法来进行排序。因此，在介绍归并排序之前，先来看看如何把两个有序文件归并成一个有序文件。归并过程很简单，但需要开辟一个数组存储空间。$r[\text{low}]$ 到 $r[m]$ 和 $r[m+1]$ 到 $r[\text{high}]$ 是存储在同一个数组的两个有序的子文件，要将它们合并为一个有序文件 $s[\text{low}..\text{high}]$，只要设置 3 个指针 i、j、k，其初始值分别是这 3 个记录序列的起始位置，如图 9–12 所示。

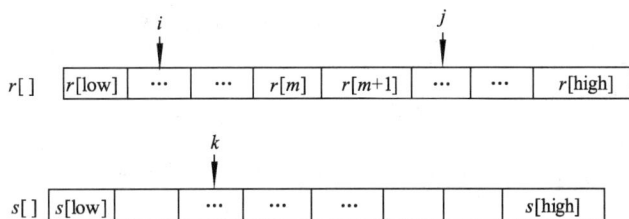

图 9–12　二路归并的指针 i、j、k

一次二路归并排序算法如下：

```
void Merge(Recordnode r[],int l,int m,int h,Recordnode s[])
{/*将两个有序子文件 r[low..m]和 r[m+1..high]归并为一个有序文件 s[low..high]*/
    int k,i,j;
    k=l; i=l;
    j=m+1;
    while(i<=m&&j<=high)
    {
        if(r[i]<=r[j])                  /*取小的复制到 s 中*/
        {
            s[k]=r[i];
            i++;
        }
        else
            {s[k]=r[j];j++;}
        k++;
    }
    if(i>m)
        while(j<=h)                     /* 第二个子文件还有剩余记录未复制*/
        {
            s[k]=r[j];
            j++; k++;
        }
    else
        while(i<=m)                     /*第一个子文件还有剩余记录未复制*/
        {
            s[k]=r[i];
            i++; k++;
        }
}
```

合并时依次比较 $r[i]$ 和 $r[j]$ 的关键字，取关键字较小的记录复制到 $s[]$ 中，然后将指向被复制记录的指针加 1 和指向复制位置的指针加 1，重复这一过程。直至全部记录被复制到 $s[\text{low}..\text{high}]$ 中为止。

　　二路递归排序是对原始序列进行若干次二路归并排序。在每次二路归并排序中，其子序列的长度是上次子序列长度的 2 倍，当子序列的长度大于或等于 n 时，排序结束。

　　讨论具有 n 个记录的文件的归并排序问题，可以把源文件中的 n 个记录看成是 n 个子文件，每个文件只有一个记录，因此，这 n 个子文件都是有序的。这样，便可利用归并算法把这 n 个有序文件两两归并。经过一次归并后的每个子文件包含两个记录，若 n 为奇数，有一个只包含一个记录的子文件，然后继续两两归并，最后便得到一个包含全部 n 个记录的有序文件。一次归并排序算法如下，

```
void passmerge (recordnode x[],recordnode s[],int n,int L)
{
    int i=1,j;
    while(i+2*L-1<=n)
    {                                    /*依次对相邻有序子表进行归并*/
        merge(x,s,i,i+L-1,i+2*L-1);
        i=i+2*L;
    }
    if(i+L-1<=n)
        Merge(x,s,i,i+L-1,n);            /*长度不足L的子表*/
    else
        for(j=i;j<=n;j++)  s[j]=x[j];
}
```

二路归并算法如下：

```
void Mergesort(recordnode x[],recordnode s[],int n)
{
    int i,len;
    len=1;
    while(len<n)
    {
        passmerge(r,s,n,len);
        for(i=1;i<=n;i++)
        r[i]=s[i];
        len=len*2;
    }
}
```

　　【例 9-8】有一个包含 10 个记录的待排序列，其关键字值为：26　5　77　1　61　11　59　15　48　19，采用归并算法对其排序。

　　解：过程如下。

初始状态：　　　　　{26}　{5}　　{77}　{1 }　　{61}　{11}　　{59}　{15}　　{48}　{19}

第 1 次归并后：　　　{5　　26} {1　　77}　{11　　61} {15　　59}　{19　　48}

第 2 次归并后：　　　{1　　5　　26　　77} {11　　15　　59　　61}　{19　　48}

第 3 次归并后：　　　{1　　5　　11　　15　　26　　59　　61　　77} {19　　48}

最后一次归并得结果：{1　　5　　11　　15　　19　　26　　48　　59　　61　　77}

　　【例 9-9】有一个包含 7 个记录的待排序列，其关键字值为：26　5　77　1　61　11　48 采用归并算法对其排序（ n 为奇数）。

解：过程如下。

初始状态　　　　　 {26}　{5}　{77}　{1}　{61}　{11}　　{48}
　　　　　　　　　　　　　　　　　　　　　　　　　　　　　↓
第 1 次归并后：　 {5　26}　{1　77}　{11　61}　{48}

第 2 次归并后：　 {1　5　26　77}　{11　48　61}

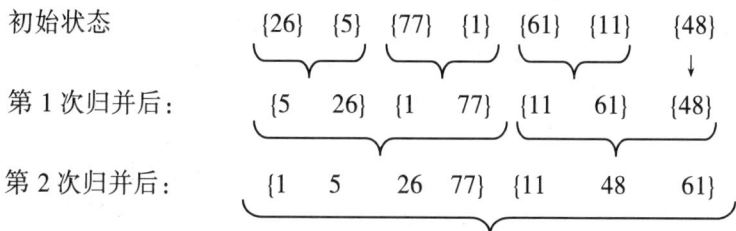

最后一次归并得结果：{1　5　11　26　48　61　77}

　　由于在归并排序过程中主要操作是有秩序的复制记录，因此它是一种稳定的排序算法。上面的插入排序可以看成归并排序的一个特例。一般情况下，归并排序法的效率介于快速排序和堆排序之间。但在归并过程中需要 $O(n)$ 级辅助空间，这是它的不足之处。

9.2.6 基数排序

　　前面所述各种排序方法使用的主要操作是比较和交换，而基数排序则是利用分配和收集两种基本操作。基数排序是一种按记录关键字的各位值逐步进行排序的一种方法。此种排序方法一般仅适用于记录的关键字为整数类型的情况，所以对于字符串和文字的排序不适用。

　　例如，扑克牌的排序是一种多关键字的排序，可把一副扑克牌的排序看成是由花色和面值两个字段组成的关键字排序。如果规定：

　　　　　　K_1 花色：梅花 < 方块 < 红桃 < 黑桃

　　　　　　K_2 面值：A < 2 < 3 < … < 10 < J < Q < K

　　关键字是由花色 K_1 和面值 K_2 组成，即 K_1K_2。其中 K_1 有 4 种取法，K_2 有 13 种取值。若将一副扑克牌按：梅花 A，梅花 2，…，梅花 K；方块 A，…，方块 K；红桃 A，…，红桃 K；黑桃 A，…，黑桃 K 进行排序。具体做法是：分配与收集交替进行。先按花色 K_1 分成 4 类，然后将每类按面值 K_2 由小到大排列，最后按花色从小到大将各类相叠，便得到要求的结果。这是一种排列方式，该方法称为 "高位优先"，又称为最有效键（Most Significant Digit，MSD）。它的比较方向是由右至左。另一种做法是：先按面值 K_2 由小到大把牌摆成 13 叠（每叠有 4 张牌），然后把每叠牌按面值次序收集到一起；再将这些牌按花色摆成 4 叠，每叠有 13 张牌，最后把这 4 叠牌收集到一起。该方法称为 "低位优先"，又称为最无效键（Least Significant Digit，LSD）。它的比较方向是由左至右。

【例 9-10】设一组原始数据如下所示：

| 80 | 14 | 8 | 92 | 26 | 73 | 41 | 67 | 33 |

采用 LSD 方法，依照十位数的大小排序，如图 9-13 所示。

0	8
1	14
2	26
3	33
4	41
5	
6	67
7	73
8	80
9	92

图 9-13　采用 LSD 方法排序

排序结果：

8	14	26	33	41	67	73	80	92

解：采用 MSD 方法，先依照个位数的大小排序，再依照十位数的大小排序，如图 9-14 所示。

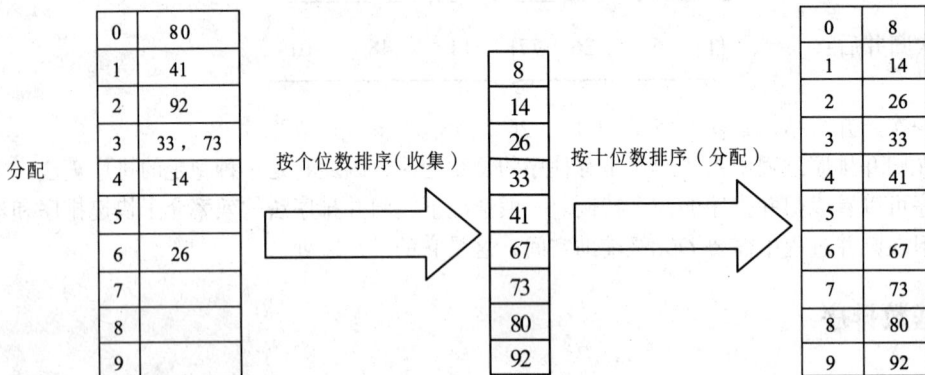

图 9-14　采用 MSD 方法排序

最后结果：

8	14	26	33	41	67	73	80	92

基数排序的思想和这种扑克牌排队的方法相似。一般地，设记录 $r[i]$ 的关键字为 k_i，一个 k_i 是由 d 位数字组成，即 $k_i = K_{i1}K_{i2}\cdots K_{id}$，每一个子关键字表示关键字的一位，其中 K_{i1} 为最高位，K_{id} 为最低位，每一位的值都在 $0 \leqslant K_{ij} \leqslant r$（$1 \leqslant j \leqslant d$）范围内，则称 r 为基数。对于逻辑关键字是由若干个关键字符合而成的排序，采用 LSD 方法比较简单。

若 $0 \leqslant K_i \leqslant r-1$，则根据选择的基数，设定 r 个队列，然后按 LSD 法，先把每个记录的最低位关键字分别分配到相应的队列中去，再把 r 个队列从小到大首尾相接收集起来。这样就记录按最低位 K_{id} 的值排好序，称为第一次分配收集。

在此基础上，再按次低位进行排序。依次类推，由低位向高位，每次都是根据关键字的一位并在前一次的基础上对文件中所有的记录进行排序，直到最高位。这样就完成了基数排序的全过程。

一般情况下，关键字的排序不是一次分配和一次收集就能完成的。为了防止大量数据的移动，采用静态链表作为存储结构，通过指针来完成分配和收集，所以这种排序又被称为链式基数排序。链式基数排序的算法描述如下：

```
#define d 8                      /*d 为关键字的个数*/
#define Radix 10
#define Max_Space 1000
typedef struct
{
    int keys[d];                 /*关键字数组*/
    int next;
}Recordnode;                     /*结点类型*/
Recordnode f[Radix],r[Radix];
/*f[]和 r[]分别存放各队列的第一个元素和最后一个元素*/
typedef struct
{
    Recordnode Q[Max_Space];      /* 待排序序列*/
```

```
    int key_num;                      /*记录的当前关键字个数*/
    int rec_Length;                   /*静态链表的当前长度*/
}SLList;
void Distribute(Recordnode Q[],int i,Recordnode f[],Recordnode r[])
{                                     /*分配函数*/
    for(j=0;j<Radix;++j)
    {
        f[j]=0;
        e[j]=0;
    }                                 /*初始化*/
    for(p=Q[0].next;p;p=Q[p].next)
    {
        j=Q[p].keys[i];
        if(f[j]==null)
            f[j]=p;
        else
            Q[r[j]].next=p;
        r[j]=p;
    }
}
void Collect(Recordnode Q,int i,Recordnode f[],Recordnode r[])
{                                     /*收集函数*/
    for(j=0;!f[j];j=succ(j));    /*寻找第一个非空子表,succ()为求后继函数*/
    Q[0].next=f[j];                   /*Q[0].next 指向第一个非空子表中的第一个结点
    t=r[j];
    while(j<Radix)
    {
        j=succ(j);
        while(f[j]=null&&j<Radix-1) j=succ(j);/*寻找下一个非空子表*/
        if(f[j]!=null)
        {
            Q[t].next=f[j];
            t=r[j];
        }
    }
    Q[t].next=0;
}
```

从上面的算法中可以看出,基数排序是借助于分配和收集两种操作对关键字进行排序的一种内部排序方法。

在基数排序算法中,没有进行关键字的比较和记录的移动,一次分配的时间复杂度为 $O(rd)$,一次收集的时间复杂度为 $O(n)$,所以对于 n 个关键字的序列进行排序的时间复杂度为 $O(d(rd+n))$。显然基数排序是稳定的。

【例9-11】对于下面的关键字序列进行基数排序:

179　　208　　306　　093　　859　　984　　055　　009　　271　　033

解:如图9-15所示,其中 $f[i]$ 和 $r[i]$ 分别为第 i 个队列的头指针和尾指针;第1次分配是对每个关键字的个位进行处理,个位相同的关键字链接到一个链表中,如图 9-15(b)所示;再对所有非空队列进行收集,即改变队尾记录的指针域,令其指向一个非空队列的队头记录,如图9-15

（c）所示。第 2 次分配和收集及第 3 次分配和收集分别是对十位数和百位数进行的，其过程与个位数相同，如图 9-15（d）～（g）所示，最后得到一个有序排列。

179→208→306→093→859→984→055→009→271→033

（a）初始状态

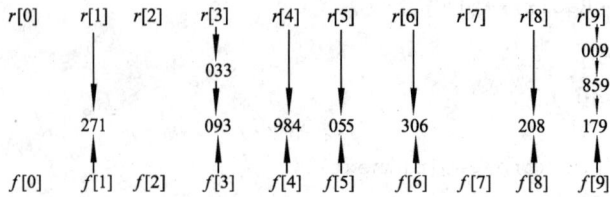

（b）第 1 次分配

271→093→033→984→055→306→208→179→859→009

（c）第 1 次收集

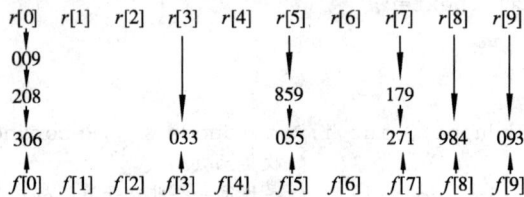

（d）第 2 次分配

306→208→009→033→055→859→271→179→984→093

（e）第 2 次收集

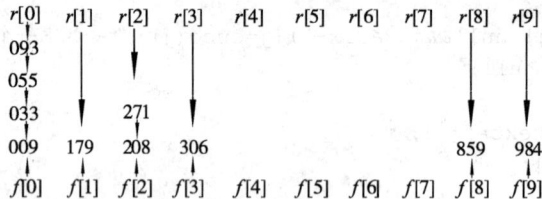

（f）第 3 次分配

009→033→055→093→173→208→271→306→859→984

（g）第 3 次收集

图 9-15　基数排序示例

9.3　内部排序方法比较

选取排序方法时需要考虑以下几个因素：
① 待排序的记录数 n，即参加排序的数据的规模；
② 一条记录所带的信息量大小；
③ 对排序稳定性的要求；
④ 关键字的分布情况；
⑤ 算法的时间复杂度和空间复杂度情况。

前面介绍的几种内部排序方法的性能比较如表 9-4 所示。

表 9-4　几种内部排序方法的比较

方　　法	平 均 时 间	最 坏 情 况	辅 助 空 间	稳 定 性
直接插入排序	$O(n^2)$	$O(n^2)$	$O(1)$	√
折半插入排序	$O(n^2)$	$O(n^2)$	$O(1)$	√
希尔排序	$O(n^{1.3})$	$O(n^{1.4})$	$O(1)$	×
快速排序	$O(n\log_2 n)$	$O(n^2)$	$O(\log_2 n)$	×
直接选择排序	$O(n^2)$	$O(n^2)$	$O(1)$	√
堆排序	$O(n\log_2 n)$	$O(n\log_2 n)$	$O(1)$	×
归并排序	$O(n\log_2 n)$	$O(n\log_2 n)$	$O(n)$	√
基数排序	$O(d(n+rd))$	$O(d(n+rd))$	$O(n+rd)$	√

　　一个好的排序方法所需要的比较次数和占用存储空间应该要少。从表 9-4 可以看出，各种排序方法各有优缺点，所以不存在十全十美的排序方法。在不同的情况下可选择不同的方法。另外，几种排序方法虽然算法不同，但彼此之间有其内在联系，较好的算法往往由一些简单算法演化而来。

　　① 插入排序的主要动作是移动，由直接插入排序先粗略后精确的思想优化成希尔排序，插入排序多用于参加排序的规模比较小、关键字分布可能为正序或随机的情况，并且对排序的稳定性有要求。

　　② 起泡排序的主要思想是交换，采用分而治之演化成快速排序；快速排序多用于参加排序的数据规模比较大、关键字的分布比较随机、堆排序稳定性不做要求的情况。

　　③ 归并排序多用于参加排序的规模比较大、内存空间又允许，并对排序稳定性不做要求的情况。

　　④ 选择排序经过筛选和采用树形结构变成二叉树排序，然后对树中结点进行堆排序。选择排序用于参加排序的规模较小，对排序的稳定性不做要求的情况。

9.4　内部排序方法的选择

　　① 若 n 较小（如 $n \leqslant 50$），可采用直接插入或直接选择排序。

　　当记录规模较小时，直接插入排序较好；否则因为直接选择移动的记录数少于直接插入，应选直接选择排序为宜。

　　② 若文件初始状态基本有序（指正序），则应选用直接插入、冒泡或随机的快速排序为宜。

　　③ 若 n 较大，则应采用时间复杂度为 $O(n\log_2 n)$ 的排序方法：快速排序、堆排序或归并排序。

　　快速排序被认为是目前基于比较的内部排序中最好的方法，当待排序的关键字是随机分布时，快速排序的平均时间最短。

　　堆排序所需的辅助空间少于快速排序，并且不会出现快速排序可能出现的最坏情况。这两种排序都是不稳定的。

　　若要求排序稳定，则可选用归并排序。但本章介绍的从单个记录起进行两两归并的排序算法并不值得提倡，通常可以将它和直接插入排序结合在一起使用。先利用直接插入排序求得较长的有序子文件，然后两两归并之。因为直接插入排序是稳定的，所以改进后的归并排序仍是稳定的。

　　④ 在基于比较的排序方法中，每次比较两个关键字的大小之后，仅仅出现两种可能的转移，

因此可以用一棵二叉树来描述比较判定过程。

当文件的 n 个关键字随机分布时，任何借助于比较的排序算法，至少需要 $O(n\log_2 n)$ 的时间。

以上排序都是比较、交换的思想，与之相对应的是分配、收集思想的基数排序。

9.5 外部排序简介

以上几节中所讨论的各种排序方法都是针对记录少的文件而言的。对于大型文件，记录的个数较多，以致不可能把全部的记录同时存放在内存中，而必须把文件存放到外存储设备上，如磁盘、磁带、光盘。对于外存文件中大量记录的排序称为外部排序。

外部排序的实现，主要是依靠数据的内外存放交换和"内部归并"。各种外部排序主要是以归并为基础的。

其处理过程分为两个阶段。第一个阶段是把文件逐段地输入内存中，用内部排序的方法对输入的文件段进行排序，经过排序的有序文件段通常称为归并段。整个文件经过逐段在内存中排序后，又写回到外存设备上。这样，在外存上就形成了许多初始归并段。第二阶段是对这些初始归并段使用某种归并方法进行多次归并，最后在外存上形成一个包含整个文件全部记录的单一归并段，从而完成对文件的排序。

小 结

排序是数据处理中经常运用的一种重要运算。本章首先介绍了排序的概念和有关知识，接下来对插入排序、交换排序、选择排序、归并排序和基数排序等 5 类内部排序方法进行了讨论，分别介绍了各种内部排序方法的基本思想、排序过程和实现方法，简要分析了各种算法的时间复杂度和空间复杂度，在对比各种排序方法的基础上，提出供读者选择的参考建议。最后对外部排序进行了简单的介绍。

由于排序运算在计算机应用中所处的重要地位，希望读者能够深刻理解各种内部排序方法的基本思想和特点，熟悉内部排序的过程，记住各种排序方法的时间复杂度、分析结果和分析方法，以便在实际应用中，根据实际问题的要求，选择合适的排序方法。

习 题

1. 填空题：

（1）下列排序方法中，比较次数与记录的初始排列状态无关的是_____。

  A. 直接插入排序   B. 冒泡排序

  C. 快速排序   D. 直接选择排序

（2）两个序列如下：

$$L_1=\{25,57,48,37,92,86,12,33\}$$
$$L_2=\{25,37,33,12,48,57,86,92\}$$

用冒泡排序方法分别对序列 L_1 和 L_2 进行排序，交换次序较少的是序列_____。

（3）对序列(80,31,27,56,92,11,42)进行排序，使用直接插入排序方法的比较次数为_____，使用冒泡排序法的比较次数_____，使用直接选择排序法的比较次数为_____，使用快速排序方法的比较次数为_____。

2. 下面给出了冒泡排序算法，请填写算法中的空框，使算法正确。

```
type struct
{  int key;
   datatype info;
}node;
int i,j;
int flag;
node X;
node R[1..n];
```

（1）[每循环一次作一次起泡]

循环 i 以 1 为步长，从 1 到 $n-1$，执行下列语句

① _____

② 循环 j 以 1 为步长，_____，执行

若_____ < $R[j]$.key

则 flag←1;

$X←R[j]$;_____;$R[j+1]←X$

③ 若_____

则跳出循环。

（2）算法结束。

3. 有一个关键字序列为{138,219,365,513,206,211,511,276,868,641}，试用图表示下列排序方法每一次结束时的状态。

（1）直接插入排序；

（2）折半插入排序；

（3）希尔排序。

4. 有一个数据序列：(25,50,70,100,43,7,12)。现采用堆排序算法进行排序，写出每次排序的结果。

5. 初始输入序列的键值如下：

(72,73,71,23,94,16,05,68,48,19,26)

试采用二路归并排序法进行从小到大的排序，写出该序列在每遍扫描时的合并过程。

6. 有一个关键字序列为：{15,2,17,38,9,30,5,12,22,7,19}，试用图表示下列排序方法每一次结束时的状态。

（1）快速排序；

（2）归并排序；

（3）基数排序。

7. 举例说明各种内部排序方法中，哪些是稳定的，哪些是不稳定的？

8. 若待排序的关键字序列为{24,67,11,80,123,3}，给出希尔排序的过程示意图。

9. 判别以下序列是否为堆？是大根堆还是小根堆？如果不是，则把它调整为堆。

（1）(13,60,33,65,24,56,48,92,86,56)

（2）(100,88,40,68,35,39,43,56,65,20)

（3）(108,98,54,34,66,23,42,12,30,52,06,20)

（4）(05,56,18,22,40,38,29,60,35,76,28,100)

10. 对下列关键字序列用快速排序法进行排序时，哪一种情况速度最快？哪种情况最慢？考虑有 7 个关键字的序列，进行快速排序，最快的情况下需要多少次比较？请说出理由。

（1）(19,23,3,15,7,21,28)

（2）(23,21,28,15,19,3,7)

（3）(19,7,15,28,23,21,3)

（4）(3,7,15,19,21,23,28)

（5）(15,21,3,7,19,28,23)

11. 证明快速排序是一种不稳定的排序。

12. 若待排序的关键字序列为{113,96,55,43,67,32,46,11,30,51}，给出用归并排序法进行排序的过程示意图。

13. 从时间代价和空间代价出发，说明本章中各种排序方法的特点。

14. 若文件初态是反序的，则直接插入，直接选择和冒泡排序哪一个更好？

15. 判别下列序列是否为堆（小根堆或大根堆），若不是，则将其调整为堆。

（1）(100,86,73,35,39,42,57,66,21)

（2）(12,70,33,65,24,56,48,92,86,33)

（3）(103,97,56,38,66,23,42,12,30,52,06,20)

（4）(05,56,20,23,40,38,29,61,35,76,28,100)

16. 若关键字是非负整数，快速排序、归并、堆和基数排序哪一个最快？若要求辅助空间为 $O(1)$，则应选择哪一个？若要求排序是稳定的，且关键字是实数，则应选择哪一个？

17. 将哨兵放在 $R[n]$ 中，被排序的记录放在 $R[0..n-1]$ 中，重写直接插入排序算法。

18. 设计一个算法，使得在尽可能少的时间内重排数组，将所有取负值的关键字放在所有取非负值的关键字之前。请分析算法的时间复杂度。

19. 设向量 $A[0..n-1]$ 中存有 n 个互不相同的整数，且每个元素的值均在 0 到 $n-1$ 之间。试写一个时间为 $O(n)$ 的算法将向量 A 排序，结果可输出到另一个向量 $B[0..n-1]$ 中。

拓展实验：希尔排序

实验目的：熟悉希尔排序的基本思想，掌握希尔排序的过程及其实现的算法。

实验内容：希尔排序是对直接插入排序的改进，提高了排序效率。

（1）在参考程序中，对希尔排序的算法进行了简化，每次增量由 gap=n/2 得到，而并不一定满足除 1 之外的公因子条件。

（2）设待排序元素个数为 n，第一增量取 gap/2，从而把待排序记录分成 gap 个组，在各组内进行直接插入排序，然后取 gap=gap/2 作为第二增量，重复上述分组和排序工作，直至 gap=1，即所有记录放在同一数组中进行直接插入排序为止。

实验要求：

1. 设计算法与数据结构；

2. 用 C 语言程序实现；

3. 讨论程序的执行结果。

第 10 章 递归

本章知识结构图

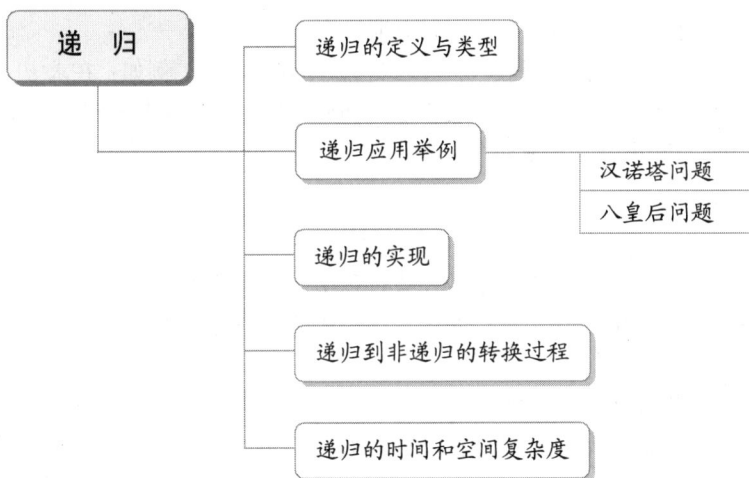

```
递 归 ┬─ 递归的定义与类型
      │
      ├─ 递归应用举例 ┬─ 汉诺塔问题
      │               └─ 八皇后问题
      ├─ 递归的实现
      │
      ├─ 递归到非递归的转换过程
      │
      └─ 递归的时间和空间复杂度
```

学习目标

- 掌握递归定义；
- 了解经典递归问题；
- 掌握递归的实现；
- 理解递归到非递归的转换；
- 理解递归的时间和空间复杂度。

递归是软件设计中一个重要的算法设计方法和技术，是一种功能强大的解决问题的工具。使用递归能更容易地表示算法，但要注意不要产生无限循环的循环逻辑。递归子程序通过调用自身来完成与自身要求相同的子问题的求解，并利用系统内部功能自动实现调用过程中信息的保存与恢复，因而省略了程序设计中的许多细节操作，简化了程序设计过程，使程序设计人员可以集中注意力于主要问题的求解上。在数据结构的后续课程中将会遇到许多关于递归的算法。

10.1　递归的定义与类型

递归是一种功能很强的程序设计工具，许多程序设计语言都支持递归。

10.1.1　递归的定义

递归就是一个事件或对象的部分由自己组成，或者按它自己定义。递归构成应具备两个条件；

① 子问题与原始问题做同样的事情；

② 不能无限制地调用本身，必须有一个出口。

举一个简单的例子。例如，定义一个人的后代如下：

① 这个人的子女是他的后代；

② 这个人的子女的后代也是他的后代。

这个定义不只是对这个人和他的子女适用，也对他子女的后代适用。

递归算法包括递推和回归两部分：

① 递推：为得到一个问题的解，将其转变为比原来问题简单的问题求解。使用递推时应注意到递推应有终止之时，如 $n!$，$n=0$，$0!=1$ 为递推的终止条件。

② 回归：就是指当简单问题得到解后，回归到原问题的解上。例如：在求 $n!$ 时，当计算完 $(n-1)!$ 后，回归到计算 $n \times (n-1)!$ 上。但是在使用回归时应注意，递归算法所涉及的参数与局部变量是有层次的。回归并不引起其他动作。

10.1.2　递归的类型

递归函数又称为自调用函数，递归函数（或过程）通过直接或间接调用自己的算法，称为递归算法。递归过程是利用栈的技术，通过系统自动完成的。常见的递归方法有两种，一是间接递归；二是直接递归。

① 直接递归：函数直接调用本身。

② 间接递归：一个函数如果在调用其他函数时，又产生了对自身的调用，如图 10-1 和图 10-2 所示。

```
A( )
{ ...                    A()              B()
   CALL  A()            { ...            { ...
   ...                     CALL  B()         CALL  A()
   }                       ... }            ... }
```

　　　图 10-1　直接递归　　　　　　　　　图 10-2　间接递归

递归的工作方式是将原始问题分割成较小的问题，解决问题的步骤是自上而下。每个小问题与原始问题具有相同的结构和解决方式，只是处理时参数不同。

10.2　递归应用举例

这里介绍两种较典型的递归方法的应用。

10.2.1　汉诺塔问题

汉诺塔问题是一个比较典型的递归问题，设有 3 个命名为 A、B、C 的塔座，塔座 A 上插

有 n 个直径各不相同从小到大依次编号为 $1,2,3,\cdots,n$ 的圆盘，编号越大的圆盘其直径越大。现要求将 A 轴上的 n 个圆盘全部移至塔座 C 上并仍按同样顺序叠放，并且圆盘移动时必须遵循下列规则：

① 每次只能移动一个圆盘。

② 圆盘可以插入在 A、B、C 中的任意一个塔座上。

③ 移动圆盘时大圆盘不能压在小圆盘上。

这个问题可以用递归方法考虑。设 $n=3$，当 $n=1$ 时，问题可直接求解，即将编号为 1 的圆盘从塔座 A 直接移至 C，当 $n=3$ 时，则按照上述移动规则，其移动过程如图 10-3 所示。

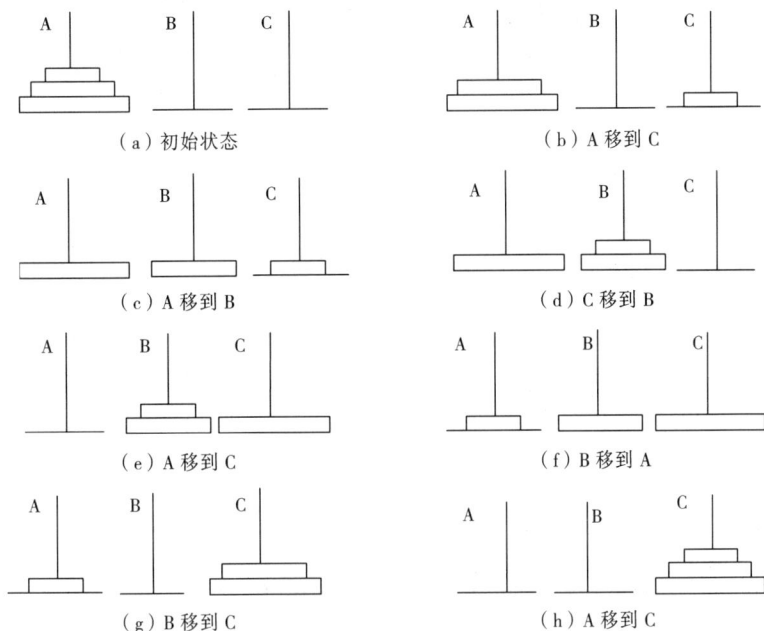

（a）初始状态　　　　　　　　　　　（b）A 移到 C

（c）A 移到 B　　　　　　　　　　　（d）C 移到 B

（e）A 移到 C　　　　　　　　　　　（f）B 移到 A

（g）B 移到 C　　　　　　　　　　　（h）A 移到 C

图 10-3　$n=3$ 汉诺塔的移动过程

因此当 $n=3$ 时，移动次序如下：

① 将圆盘从塔座 A 移动到塔座 C 上；

② 将圆盘从塔座 A 移动到塔座 B 上；

③ 将圆盘从塔座 C 移动到塔座 B 上；

④ 将圆盘从塔座 A 移动到塔座 C 上；

⑤ 将圆盘从塔座 B 移动到塔座 A 上；

⑥ 将圆盘从塔座 B 移动到塔座 C 上；

⑦ 将圆盘从塔座 A 移动到塔座 C 上。

对于 $n>1$ 的问题，可以分解成下列 3 个子问题：

① 将塔座 A 顶端的 $n-1$ 个圆盘通过塔座 C 移动到塔座 B；

② 将塔座最后一个圆盘，移到塔座 C，即 A→C；

③ 将塔座 B 顶端的 $n-1$ 个圆盘通过 A 移到塔座 C。

用 $n=6$ 来说明这个问题，将塔座 A 顶端的 5 个圆盘移到塔座 B，然后将塔座 A 的最后一个圆盘移到塔座 C，再将塔座 B 顶端的 5 个圆盘移到塔座 C 上，移动过程如图 10-4 所示。

（a）初始状态

（b）将塔座 A 顶端的 5 个圆盘移到塔座 B 上

（c）将塔座 A 最后一个圆盘移到塔座 C 上

（d）将塔座 B 顶端的 5 个圆盘移到塔座 C 上

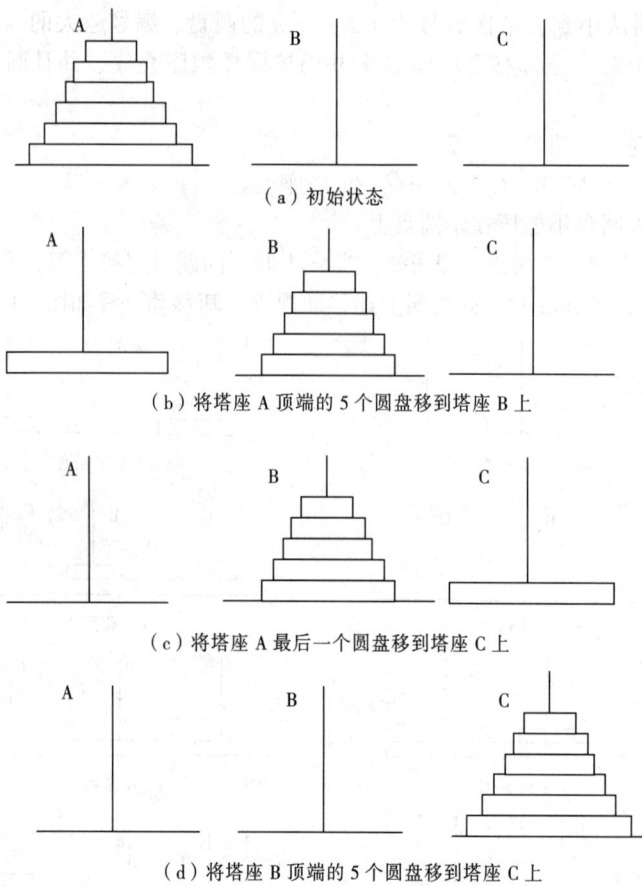

图 10-4   *n*=6 时圆盘的移动过程

由上面的 3 个子问题，可以看出第一个问题和第三个问题已经构成了递归调用，且问题也比较简单化，即从 *n* 个圆盘变成了 *n*-1 个圆盘的问题。而递归的终止条件，也就是在 *n*=1 时，就是在第二个子问题上，就不必继续递归下去了，直接输出移动方向即可。所以整个过程可以分成两类操作。

① 将 *n*-1 个盘子从一个塔座移到另一个塔座上，这是一个递归过程；

② 将 1 个盘子从一个塔座移到另一个塔座上。

分别用两个函数来实现上面的两类操作，用 hanoi()函数实现上面的第一类操作，用 move()函数实现第二类操作。hanoi(n,x,y,z)表示"将 *n* 个盘子，借助 y 塔座，从 x 塔座移到 z 塔座"；move()函数表示将 1 个盘子从一个塔座移到另一个塔座。汉诺塔问题的递归算法如下：

```c
void hanoi(int n,char x,char y,char z)
{                                      /*递归算法*/
    if(n==1)  move(x,z);
    else
    {
        hanoi(n-1,x,y,z);              /*把n-1个盘子从x借助y移到z*/
        printf('%c-%c\n',x,z);        /*把盘子n从x直接移到z*/
        hanoi(n-1,y,x,z);             /*把n-1个盘子从y借助x移到z */
    }
}
```

10.2.2 八皇后问题

八皇后问题，就是在一个 8×8 的棋盘上放置 8 个皇后，那么 n 个皇后的问题就是在 $n×n$ 的棋盘上放置 n 个皇后。

它的规则是：不允许两个皇后在同一行、同一列或同一对角线上，换句话讲，任意两位皇后不能在同一对角线上，且在每一列、每一行中只能同时有一个皇后。如图 10-5 所示，如果有一个皇后放置在坐标 (i, j) 处，则图中标有"×"的位置都不能再放置皇后，否则，就会被攻击。

用这个规则来解决这样一个问题，就是将 n 个皇后放置于一个 $n×n$ 的棋盘上，且所有的皇后不会互相攻击。

为了方便说明问题，以 4 个皇后的放置为例。假设将第一个皇后放置在 4×4 棋盘的(0,0)位置，棋盘中一些位置已经不能再放皇后了，如图 10-6 所示。

×	×	×	
×	(i,j)	×	×
×		×	
	×		×

图 10-5　皇后问题的运算规则

	0	1	2	3
0	queen	×	×	×
1	×	×		
2	×		×	
3	×			×

图 10-6　在(0,0)位置放置皇后

在图 10-6 中未放置皇后的坐标开始从左到右、从上到下尝试放下第二个皇后，根据前面的规则，即第二个皇后的位置不可能和第一个皇后同一行、同一列、在同一对角线上。只有以下几个坐标可以放第二个皇后：(1,2)、(1,3)、(2,1)、(2,3)、(3,1)、(3,2)。所以，从第二行开始查找，经过查找发现了位置(1,2)可以放皇后，不妨先放在位置(1,2)上，这样又有一些位置不能放置皇后了，如图 10-7 所示。

接着要放第三个皇后，按规则经过查找，发现了只有位置(3,1)可以放置皇后了。

在放置第四个皇后时，发现已经没有位置可放了。这说明第三个皇后放在位置(3,1)上使问题出现了无解的情况。所以，应改变第三个皇后的位置，但是又没有其他位置可放。所以需要回溯到第二个皇后放的位置，也就是第二个皇后的位置不合适，导致问题无解，所以要改变第二个皇后的位置，尝试放另一个位置(1,3)，则如图 10-8 所示。

	0	1	2	3
0	queen	×	×	×
1	×	×	queen	×
2	×	×	×	×
3	×		×	×

图 10-7　在位置(0,0)和(1,2)放置皇后

	0	1	2	3
0	queen	×	×	×
1	×	×	×	queen
2	×		×	×
3	×	×		×

图 10-8　在位置(0,0)和(1,3)放置皇后

第三个皇后的选择放置位置(2,1)、(3,2)，无论放在这两个位置的哪个位置，都会导致第四个皇后不能放置。所以，就要再回溯到第二个皇后的位置选择上，如果第二个皇后的所有位置都已

经试过，仍不能将四个皇后放好，那就回溯到上一层，一直重复上述这个过程，直到找到一组解，如图 10-9 所示。

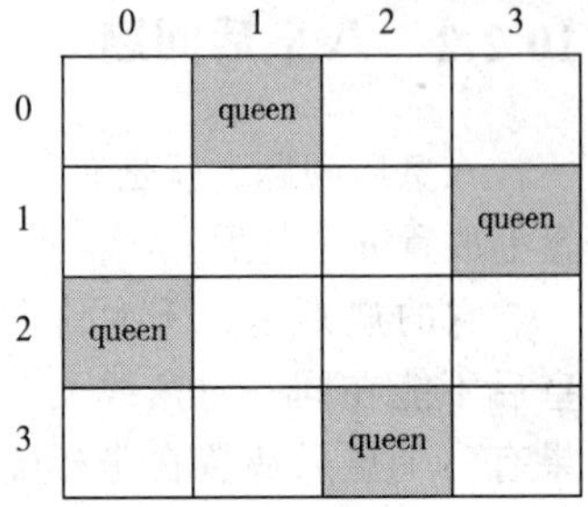

如果用计算机来模拟实现放置皇后的过程，需要建立一个一维数组 queen[]对皇后的位置进行存储。数组元素的下标代表皇后所在的行数，数组元素存储的值表示皇后所在的列数。八皇后问题算法如下：

图 10-9　四皇后问题的一组解

```c
void Eight_que(int q)
{
    int i,j;
    while(i<max_N)
    {
        if(search(q,i)!=null)
        {
            queen[q]=j;
            if(q=max_n-1)
            {
                for(j=1;j<max_n;j++)
                printf("%d,%d",j,queen(j));
            }
            else Eight_que(q+1);
        }
        i++;
    }                               /*while*/
}                                   /*Eight_que*/
int search(int x,int i)
/*查找函数*/
{   int j,m,atk;
    atk=0;
    j=1;
    while((atk==0)&&(j<x))
    {
        m=queen[j];
        atk=(m==i)||(abs(m-i)==abs(j-x));
        j++;
    }
    return(atk);
}                                   /*search*/
```

10.3　递归的实现

1．采用递归算法具备的条件

并不是所有的问题都可以采用递归算法，采用递归算法必须具备以下两个条件：

① 所需解决的问题可以转化成另一个问题，而解决新问题的方法与原始问题的解决方法相同，只是处理的对象不同，并且它们的某些参数是有规律的变化的。

② 必须具备终止递归的条件。程序中不应该出现无终止的递归调用，而只能出现有限次的、有终止的递归调用。即通过转化过程，在某一特定的条件下，可以得到定解，而不再使用递归定义。

2．递归的实现机制

在算法 func()中有一个调用语句：func1(a);，其中 func1 是一个已经定义的函数 func1(int x)，x 为 func1()函数的形参，a 为 func1()的实参。

（1）实现函数调用需要完成的工作

① 分配调用过程函数所需要的数据区。函数的数据区中有函数所需的各种局部变量。这些变量不仅包括函数的形参，还包括函数执行过程中所需的临时变量。举一个简单例子，在计算表达式 $x+y+z$ 时，系统就要分配一个临时的变量 w 存放 $x+y$ 的值，这样才能把 w 和 z 值相加。

② 保存返回地址，传递参数信息。就是把实参 a 复制到形参 x 的工作单元中，形参 x 的工作单元就位于第一步中系统分配给函数的数据区中。

③ 把控制权转移给被调用函数。完成上面的工作以后，下一步就是把控制权转移给被调用的函数，在转移控制权之前，系统需要先把返回地址存储到函数的数据区中。

（2）返回主调用函数需完成的工作

在被调用函数 func(a)运行结束，需要返回到主调用函数时，需要完成以下工作：

① 保存返回时的有关信息，如计算结果等，返回主调用函数的地址。

② 释放被调有函数占用的数据区。

③ 把控制权按调用时保存的返回地址转移到主调用函数中调用语句的下一条语句。

上面表示的是一个非递归的函数调用过程。在递归函数调用和返回的时候，程序执行的次序是先调用后返回，即最先开始调用的递归函数最后返回。所以，能够进行递归的程序设计语言的数据区应以栈的形式出现。这样每次递归调用时都把当前的调用参数、返回地址等压入栈形式的递归函数数据区；当本次调用结束时，系统退栈，并转移控制权到主调用函数继续执行，直到栈空退出递归函数，返回调用函数。

（3）递归工作栈

计算机在执行递归算法时，系统首先为递归调用建立一个栈，称为递归工作栈。该栈的数据元素包括参数、局部变量和调用后的返回地址等信息域。

① 在每次调用递归之前，把本次算法中所有的参数、局部变量的当前值和调用后的返回地址等压入栈顶。

② 在每次执行递归调用结束之后，又把栈顶元素的信息弹出，分别赋给相应的参数和局部变量，以便它恢复到调用前的状态，然后返回地址所指定的位置，继续执行后续的指令。

下面介绍子程序的调用，子程序的调用与返回处理是利用栈完成的。在执行调用的子程序前，先将下一条指令的地址（返回地址）保存到栈中，然后再执行子程序。当子程序执行完成后，再从栈中取出返回地址。

其过程如图 10-10 所示，当主程序 A 调用子程序 B 时，首先将返回地址 b 压入栈中，同样，在子程序 B 调用子程序 C 时，需将返回地址 c 压入栈中，当子程序 C 执行完毕后，就从栈中弹出返回地址 c，回到子程序 B，当子程序 B 执行完毕后，就从栈中弹出返回地址 b，回到主程序 A。

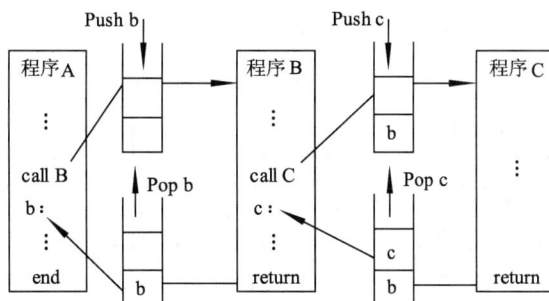

图 10-10　递归调用中栈的变化过程

3. 举例说明递归的实现

下面以求 $n!$ 和斐波那契数列（Fibonacci Number）为例来说明递归的实现。

（1）$n!$

使用递归方法求 $n!$ 的算法，根据阶乘的定义，它可以表示为：

$$n! = \begin{cases} 1 & n = 0,1 \\ n \times (n-1) & n > 1 \end{cases}$$

由 $n!$ 的定义可以看出它是一种递归的定义，$n=0$ 是递归子程序的终止条件。算法描述如下：

```
int dg(int n)
{   /*递归调用函数*/
    long y;
    int x;
    x=n-1;
    if(n<0)
        return error;
    else
        if(n==0||n==1)
            return(1);
        else
            y=dg(x);
            return(dg(x)*n);
}
```

例如，调用 dg(n) 计算 6! 的过程如下：

计算机系统将为其递归调用建立一个递归工作栈，该栈的每一个元素包含两个域，分别为参数域和返回地址域。

运行开始，首先将实参 6 压入参数域，将 dg(5) 返回地址压入返回地址域；在第二次递归调用时，又将实参 5 压入参数域，将 dg(4) 返回地址域，以后每次调用都将实参 n 的当前值压入工作栈的参数域中，将调用后的返回地址压入返回地址域，当实参为 0 时，开始返回。

从工作栈的栈顶依次取出参数域的值，即本次调用的返回值，计算 dg(0) 的值，返回前次调用 dg(0) 的地址；再计算 dg(1) 的值，返回前次调用 dg(1) 的地址，再计算 dg(2) 的值，返回前次调用 dg(2) 的地址，逐层返回，直至完成 6! 的计算。图 10-11 和图 10-12 所示为执行过程中栈的变化情况示意图。

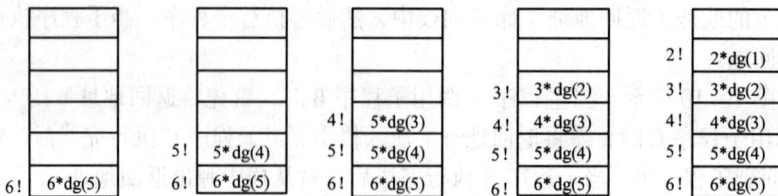

图 10-11　压入栈

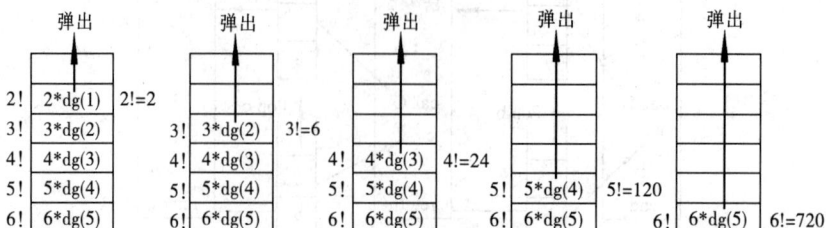

图 10-12　执行过程弹出栈

（2）斐波那契数列

斐波那契数列的定义如下：fib(n)的下一项为其前两项之和，如下所示。

n	0	1	2	3	4	5	6	7	8	9
fib(n)	0	1	1	2	3	5	8	13	21	34

斐波那契数列的问题可以用递归来解决。它的终止条件是：当 $n=0$ 和 $n=1$ 时，直接返回 0 和 1；也可以将这两个条件合成一个，就是当 $n \le 1$ 时，就返回 n。在 $n>1$ 时，要求出其前两项之和，即需要调用 fib($n-1$)和 fib($n-2$)，于是就用到了递归。

下面是求斐波那契数列的递归算法。

```
int fib(int n)
{
    if(n<=1)
        return(n);
    else
        return(fib(n-1)+fib(n-2));
}
```

如果用 fib(5)来调用此函数程序，则这个子程序总共调用了 15 次，分别是 fib(0) 3 次，fib(1) 5 次，fib(2) 3 次，fib(3) 2 次，fib(4) 1 次，fib(5) 1 次，具体过程如图 10-13 所示。

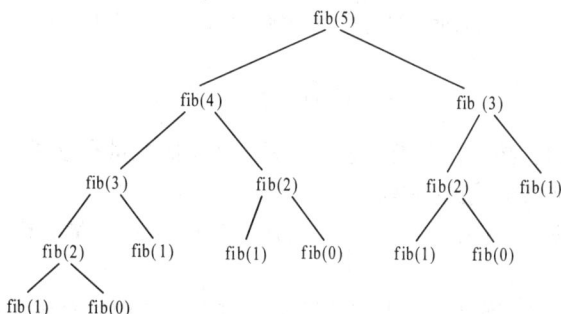

图 10-13 斐波那齐数列的调用过程

对上面的过程进行以下说明，首先求 fib(5)的值，必须调用 fib(4)和 fib(3)，而要找到 fib(4)又要调用 fib(3)及 fib(2)，这样 fib(3)就调用两次，而在求 fib(5)的过程中 fib(1)就调用了 5 次。

10.4 递归到非递归的转换过程

并不是所有的高级程序设计语言都能提供递归功能，需要程序语言的编译器提供这样的能力才可以。常见的计算机语言中，具备此条件的有 C、Pascal、QBASIC、PL/等，而在编译程序时必须决定所有相关信息的程序语言如 FORTRAN、COBOL、BASIC 等，还有一些低级语言不能采用递归概念编写程序。另外，一个递归算法在空间和时间上的需求都比非递归算法要高。

虽然由递归算法用非递归模拟有很多方法，模拟转换递归为非递归是一种比直接由问题叙述去求解容易的途径。如果用非递归算法来模拟递归算法，就要自己构造栈形式的数据区。

步骤是：首先写出问题的递归形式，然后转换成模拟形态，包括准备所有栈和临时地址，接着除去多余的栈和变量，最终得到一有效的非递归程序。

用非递归过程算法来模拟 $n!$的递归算法如下：

```
int Dg(int n)
{                        /*递归调用函数*/
```

```
    long y;
    int x;
    x=n-1;
    if(n<0)
        return  error;
    else
        if(n==0||n==1)
            f=1;
        else
            y=Dg(x)
            return(Dg(x)*n);
}
```

其递归调用过程如图 10-14 所示。

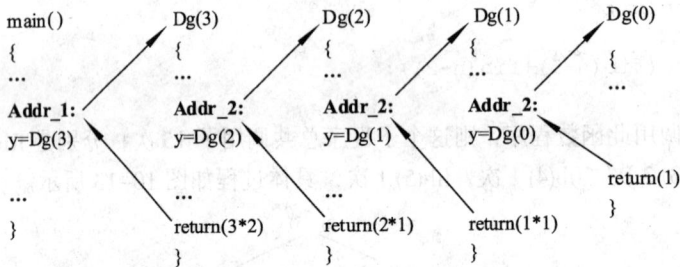

图 10-14　n!的递归调用过程

根据前面的分析可知，必须提前确定进入数据区的局部变量和返回地址，才能用非递归算法模拟递归算法，最后构造栈形式的数据区。

阶乘问题需要在数据区中保存的局部变量包括虚参 n、局部变量 x 和 y。阶乘问题中有两个返回地址：

① 返回主调用过程的返回地址（返回地址 1），递归算法中的对应语句为：return(n*y);。

② 递归调用 dg(x)函数执行后的返回地址（返回地址 2），递归算法中对应的语句为：y=dg(x);。

可以在递归算法中设置两个带标号的对应语句：

```
addr_1: return(result);         /*返回地址 1*/
addr_2: y=result;               /*返回地址 2*/
```

其中 result 表示本次过程执行完后的函数值。返回地址以整数形式保存在数据区。因此，非递归算法中的栈数据区定义如下：

```
#define max 50
typedef struct
{                               /*栈数据区的结构体类型*/
    int param;
    int x;
    long y;
    short return_addr;          /*返回地址*/
}elemtype;
typedef struct
{
    int top;
    elemtype item(max);
}qstype;
```

另外，非递归算法还要定义当前工作区以模拟对当前递归函数操作。定义如下：

```
elemtype curr_area;
```

栈数据区的进栈和出栈函数定义如下：

```
int pushQ(qtype *s,elemtype curr_area)
elemtype popQ(qtype *s)
```

其中 s 为栈数据区的指针，curr_area 为当前数据区的指针。设已经设计好的栈数据类型存放在文件的 stack.h 中，用#include 语句把该文件包含进程序，即可定义数据类型和调用其操作。

阶乘问题用非递归算法模拟递归算法的算法如下：

```
#include <stdio.h>
#include stack.h
long simfact(int n);                        /*n 个数阶乘递归模拟*/
{                                           /*未考虑进出栈异常*/
    elemtype curr_area;                     /*当前工作区的指针*/
    qtype s;                                /*栈数据区的指针*/
    long result;                            /*传递当前执行的结果*/
    short i;                                /*判断转向的返回地址*/
    /*栈数据区初始化*/
    s. Top=-1;
    curr_area.x=0;
    curr_area.y=0;
    curr_area.Param=0;
    curr_area.return_addr=0;
    pushQ(&s,curr_area);
    /*当前工作区初始化*/
    curr_area.Param=0;
    curr_area.return_addr=1;                 /*返回地址 1*/
    while(!Empty(s))
    {
        if(curr_area.Param==0)
        {
            result=1;                        /*0!=1*/
            i= curr_area.return_addr;        /*取当前返回地址*/
            Curr_area=PopQ(&s);              /*退栈*/
            Switch(i)
            {
                case 1: goto addr_1;
                case 2: goto addr_2;
            }
        }
        /*以下模拟递归自调用过程*/
        curr_area.x=curr_area.Param-1;
        PushQ(&s,curr_area);
        Curr_area.Param=curr_area.x;
        Curr_area.return_addr=2;             /*返回地址 2*/
    }
    addr_2:
    /*以下模拟返回递归调用（即返回地址 2）过程*/
        curr_area.y=result;
        result=(curr_area.Param)*(curr_area.y);
        i=curr_area.return_addr;
        Curr_area=popQ(&s);
        Switch(i)
        {
```

```
                    case 1: goto addr_1;
                    case 2: goto addr_2;
              }
       /*以下模拟返回主调用函数(即返回地址1)过程*/
       addr_1:
              return(result);
    }
```

还可以对上面的程序进行简化，进而得到一个有效的非递归程序。

上述算法是对递归的形式上的模拟，下面给出一个对递归的功能进行模拟的例子。

对于上面的斐波那契数列的算法虽然使用递归算法代码很简洁，却不是一个很好的算法。斐波那契数列的关系是第 n 项的值为第 $n-1$ 项与第 $n-2$ 项的值相加，所以可以在每一次得到第 n 项的值之后，就将 n 和 $n-1$ 项的值存储起来，用来以后计算 $n+1$ 项的值。这样，每一项斐波那契数最多只求一次，在时间上和空间上都相对节省，比用递归方法效率高多了。其算法描述如下：

```
void fib(int n)
{
    int prev,now,next,j;
    if(n<=1) return(n);
    else
    {
        prev=0;
        now=1;
        for(j=2;j<=n;j++)
        {
            next=prev+now;
            prev=now;
            now=next;
        }
        return(next);
    }
}
```

递归程序在运行结束时要返回数据，保存递归函数调用现场的内存需求，这是它和非递归程序的主要区别。因此，在执行递归程序时一定要注意每次递归调用一个函数时以及调用完成之后的工作。在调用一个函数时，需要程序保存好前一个函数的调用现场的状态，存储好适当的返回位置，然后把现场的值设为新值。在调用完这个函数之后，需要程序返回前一个函数调用现场，找到适当位置，返回相应数据。

10.5　递归的时间和空间复杂度

下面介绍求 $n!$ 的例子，然后以此分析递归与非递归的时间复杂度和空间复杂度。用循环方法的非递归算法实现 $6!$ 的算法如下：

```
int Dg()
{
    int i,result;
    result=1;
    for(i==1; i<6; i++)
    result=result*i;
    return result;
}
```

这个循环总共运行了6次，所以时间复杂度为：$T(6)=O(1)$；这个程序只用到变量：i, result；

占用 2 个存储空间空间复杂度为 $O(1)$。$O(1)$ 表示空间复杂度为常量。递归实现的算法如下：

```
int Dg(n)
{/*递归调用函数*/
    int f;
    if(n<0)
        return error;
    else
        if(n==0||n==1) f=1;
        else
            f=dg(n-1)*n;
    return(f);
}
```

计算 6!的时间复杂度为：共有 6 个乘法过程，6 个返回过程，时间复杂度为 $T(6)=O(f1(6))+O(f2(6))$；在存储空间上，还需要保存每次的返回地址、中间变量，所以所占空间要比非递归过程大。

通过上面的分析可以看出递归函数的主要缺点。拿上面的例子来说，递归函数既不省时间也不省空间，由于在递归程序中不但要进行函数的运算，还要拿出一部分资源进行进出递归程序的操作，包括每次对调用的参数、变量和返回地址等的操作。这就造成一个递归程序在时间及空间复杂度上比非递归程序效率低。

递归过程和递归函数的优点就是对计算机程序员来说，它可以使程序显得简单易读，特别是用在递归函数求解数学上按递归定义的函数时，可以使程序的算法和数学定义形式相似，便于理解，但是并非任何情况下的递归都是最好的算法。计算机系统在执行递归函数时需要动态分配内存空间，而动态分配内存空间的数量受计算机环境的影响。如果递归层次太深，或是每层需要动态分配的内存空间太多，会导致内存溢出等错误的出现。

小　　结

通过本章的学习，了解了递归的定义、何时使用递归以及如何借助栈结构将递归算法转换成一个非递归的算法。在实际系统开发时，经常会遇到一些复杂问题，采用递归算法可以以相对直观、更易理解的方式来解决问题。递归技术使用相对简洁，而且能提高程序的开发效率，所设计的程序具有更好的可读性和可维护性。但是递归算法也有其不利之处，如溢出错误等，所以在解决问题时，也要具体问题具体分析。

习　　题

1. 何谓递归过程？
2. 用 C 语言编写一个递归程序用来计算：

$$1\times2+2\times3+3\times4+\cdots+(n-1)\times n$$

3. 阅读下列算法，写出该递归算法实现的功能。再写一个循环算法的算法实现同样的功能。

```
int func(int n)
{
    if(n==0)
    return(0);
    return(n+func(n-1));
}
```

4. 写出模拟递归算法的汉诺塔问题的非递归算法。

5. 已知 Ackerman 函数的定义如下：

$$akm(a,b) = \begin{cases} n+1 & m=0 \\ akm(m-1,1) & m \neq 0, n=0 \\ akm(m-1,akm(m,n-1)) & m \neq 0, n \neq 0 \end{cases}$$

（1）写出递归算法。

（2）写出非递归算法。

6. 函数 P() 以递归方式定义如下：

$$P(a,b) = \begin{cases} 0 & a < b \\ P(a-b)+1 & a \geq b \end{cases} \quad (a,b \in Z^+)$$

（1）函数 P() 的功能是什么？

（2）用 C 语言写出此函数的递归程序。

拓展实验：汉诺塔问题研究

实验目的：通过本实验可以理解递归问题的基本思想，掌握递归算法的实现过程。

实验内容：

（1）每次只允许移动柱子最上面的一个圆盘；

（2）任何圆盘都不得放在比它小的圆盘之上；

（3）圆盘只能在 X、Y、Z 三根柱子上放置。

实验要求：

1. 设计算法与数据结构；

2. 用 C 语言程序实现；

3. 讨论程序的执行结果。

第11章

文件

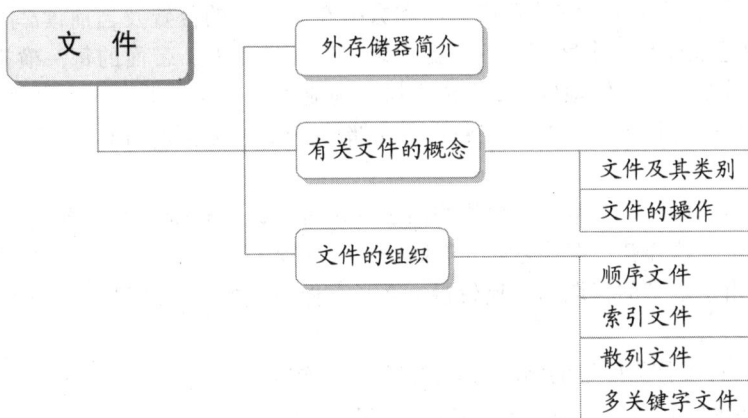

学习目标

- 了解外存储器；
- 掌握有关文件的概念；
- 理解文件的组织。

数据处理是计算机应用领域中的一个重要方面。在数据处理方面，常常涉及有关文件的知识。文件是数据存储和组织的一种基本方法，而数据存储和组织的主要目的是快速存取，方便地更新（包括插入、删除和修改）及对存储空间的有效利用。学习本章的目的就是学会有效的组织数据，提供方便高效地利用数据信息的方法。本章主要介绍文件的存储容器及其基本概念和几种典型的组织形式。

11.1 外存储器简介

在涉及文件之前，首先介绍存储文件的存储器。

计算机中的存储器分为内存储器和外存储器两大类。内存储器用来存放需立即使用的程序和数据。CPU 可以直接访问内存，因此对内存的存取速度要求较高。通常，内存储器由半导体存储器组成。而外存储器用于存放当前不需要立即使用的信息，一旦需要，再和内存储器成批地交换数据。外存储器是内存储器的后备和补充，是主机的外围设备，又称辅助存储器。

外存储器的特点是容量大、成本低，通常在断电后仍能保存信息，是"非易失性"存储器，其中大部分还能脱机保存信息。

外存储器分为磁表面存储器和光存储器两大类。

磁表面存储器包括磁盘、磁带、磁鼓等，它们都是将磁性材料沉积在盘面上形成记录介质，并以绕有线圈的磁头与记录介质的相对运动来写入或读出信息。磁表面存储器又有数字式磁记录和模拟式磁记录两种。采用数字式磁记录的存储器主要有硬盘、软盘、磁带及磁鼓。采用模拟式磁记录的存储器主要是录音和录像设备。

磁带是一种顺序存储设备，它的存取时间和数据在磁带上的位置及当前读/写头所在位置有关。磁带文件的记录仅是一个字符组。数据记录在磁带带面上，带面的每一横排有 9 位二进制信息，8 位数据加 1 位奇偶检验位，8 位数据位构成 1 字节。磁带有一个启停时间。在启停时间内，不能对磁带进行读/写，所以在磁带所存储的记录之间必须空出一段间隙，以适应启停的需要。

为了提高磁带的利用率，常常不是按用户给出的字符组记入磁带，而是将若干个字符组合成块后一次写入磁带，这样就只有块之间才有间隔，也减少了 I/O 操作次数，大大节省了存储空间和存取时间。由于磁带的存取速度比较慢，而且存储位置的顺序性很强，因而适应用于顺序存储。

磁盘的盘面上有许多称为磁道的圆圈，数据就存储在磁道上，由于磁道的圆圈为同心圆，所以磁头可以径向的快速定位，因而磁盘支持直接存取功能。一片磁盘可以有两个存储面。通常用若干盘片构成盘组，盘组装在磁盘驱动器的主轴上，可绕主轴高速运转，当磁道在读/写头下通过时，即可读出或写入数据。磁道分为活动头盘和固定头盘，活动头盘每个面上有一个磁头，固定头盘每一道上有一个磁头。一般固定头盘造价较高，所以常用的为活动头盘。其结构如图 11-1 所示。

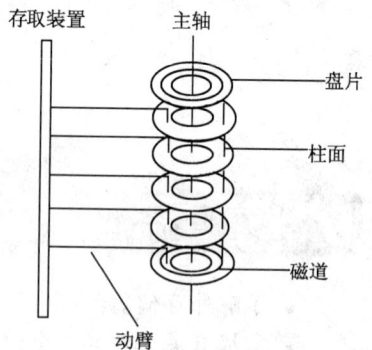

图 11-1　活动头磁盘结构示意图

磁盘盘组各个盘面上直径相同的磁道组成一个柱面，柱面的个数就是盘片面上的磁道数，一般每面有 300～400 道。每个磁道又分为若干个扇区，因此在磁盘上标明一个具体数据需要 3 个地址：盘面号、柱面号、扇区号。其中，柱面号确定读/写头的径向运动位置，扇区号确定盘片的转动位置，而盘面号确定是哪个盘面。

用于计算机系统的光存储器主要是光盘。光盘是利用激光束在具有感观特性的表面存储信息的。根据激光束及反射光的强弱不同，可以完成信息的读/写。

由于文件的数据量通常很大，所以常存放在外存储器上。

11.2　有关文件的概念

文件是存储在外部介质上数据的集合，数据结构中的文件主要是指建立在数据库意义上的文件，而不是指操作系统意义上的文件。操作系统是以文件为单位对数据进行管理的。操作系统研究的文件是一维的、无结构的、连续的字符序列，数据库所研究的文件是带有结构的记录集合，每个记录可以由若干数据项构成。简单地说，文件就是性质相同的记录的集合。

20 世纪 60 年代初期出现了最早的文件管理系统，此时定义文件是一维的连续的字符序列。其特点是文件在外存的物理结构与用户观点的逻辑结构完全一致，用户的数据文件主要存储在磁带上，文件的组织方式是顺序的。此时的文件管理系统属于操作系统的一部分。其结构如图 11-2 所示。

20 世纪 60 年代中后期，随着磁性存储材料研究的进展，除顺序存储设备磁带外，直接存储设备磁鼓，尤其是磁盘被广泛使用，使文件的物理结构与逻辑结构之间已有所区别。文件的物理结构除顺序形式外，又增加了链接形式和索引形式，其结构如图 11-3 所示。

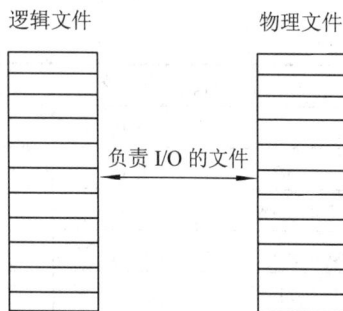

图 11-2　早期的文件系统结构

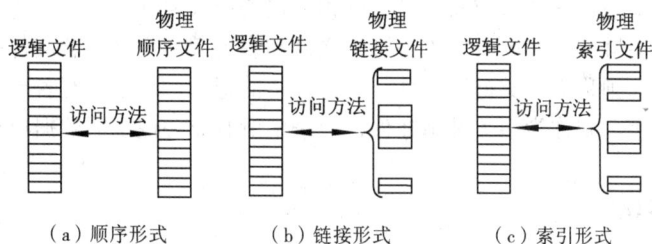

（a）顺序形式　　　　　（b）链接形式　　　　　（c）索引形式

图 11-3　文件管理系统文件结构

11.2.1　文件及其类别

在文件系统中，数据按其组成分为 3 个级别：数据项、记录和文件。

1．数据项

数据项是最基本的不可分的数据单位，用于描述事物的某种属性，如姓名、年龄等，这些数据可以是字母、数字等。这个概念已在第 1 章中详细讲述过，这里不再赘述。

2．记录

记录是关于一个事物的数据总和。它是由若干数据项组成的。例如，关于一个职工的姓名、性别、职务、工资等。记录中总有某个或某几个数据项（或全部数据项，这种情况很少）的值唯一地标识一个记录，这个（或这些）数据项称为关键字。

3．文件

文件是由大量性质相同的记录组成的集合。按存储依托不同可将文件分成两类：操作系统中存储的文件和数据库中描述的文件。

操作系统中的文件是一个按照预定文件格式存储的字符序列或二进制序列。依据文件的用途，文件中的信息也可以被划分成若干部分，每一个部分拥有自己的逻辑意义，并且可以对其进行编号标识，方便对其存取和处理。

数据库中的文件是具有严格结构的记录的集合，每条记录是由一个或多个具有实际意义的数据项组成的集合，记录是索引、操作数据库文件的基本单位，而数据项是存储数据最基本的不可分的最小单位。例如，表 11-1 所示为一个公司员工数据库文件，每一个员工的情况是一个记录，它由 7 个数据项组成。

表 11-1　公司员工信息文件

职工号	姓　名	性　别	职　务	婚姻状况	进公司年月	工　资
01	王伟	男	程序员	已婚	1998. 04	3000
02	徐佳	女	分析员	已婚	1997. 08	5000
03	许涛	男	程序员	未婚	1999. 03	3500
04	郑丽	女	测试员	未婚	2000. 07	2500
⋮	⋮	⋮	⋮	⋮	⋮	⋮

文件按记录长度是否相同分类，根据文件记录的特性，可将文件分为定长记录文件和不定长记录文件。若文件中每一个记录含有的信息长度相同且固定，则称这类文件为定长记录文件；若文件中含有信息长度动态变化的非定长记录，则称不定长记录文件。

另外，文件可按关键字的多少分成单关键字文件和多关键字文件。若文件中的记录只有唯一标识记录的主关键字，则称为单关键字文件；若文件中的记录，除了含有若干个主关键字之外，还含有若干个次关键字，则称为多关键字文件，记录中所有非关键字的数据项称为记录的属性。

11.2.2　文件的操作

文件的操作主要有：检索（查询）、插入、删除、更新和排序。

1. 检索

文件的检索有下列 3 种方式：

① 顺序检索：检索当前记录的下一个逻辑记录。

② 直接检索：检索第 i 个逻辑记录。

顺序检索和直接检索都是根据记录序号（即记录存入文件时的顺序编号）或记录的相对位置进行检索的。

③ 按关键字进行检索：给定一个值，查询一个或一批关键字与给定文件关键字相关的记录。这种检索方式主要针对数据库文件，可以有如下 4 种检索（查询）方式：

● 简单检索：检索关键字等于给定值的记录。

例如，在表 11-1 所示的文件中，给定一个职工号或职工的姓名，查询其相关记录。

● 区域查询：查询关键字属于某个区域内的记录。

例如，在表 11-1 所示的文件中查询该公司职工工资在某个数值范围内的记录，则给定工资的某个数值范围。

● 函数查询：给定关键字的某个函数。

例如，查询工资在该公司职工工资平均值以上的记录。

● 组合条件查询：就是将以上 3 种查询用布尔运算结合起来的查询。

例如，查询工资在 3 000 元以上并且进公司年月在 1999 年以后，或者工资在平均工资以下而进公司年月在 1999 年之前的全部记录。

```
(工资>3000) and (进公司年月>1999) or (工资<average("工资")) and (进公司年月<1999)
```

2. 插入

记录的插入，是指在文件的指定位置插入一条新的记录。文件位置的指定实际上是文件检索的功能，记录的插入实际上是在记录检索功能的基础上增加插入一条新记录的功能。

3. 删除

记录的删除，是指把文件指定位置上的记录删除。删除通常有两种情况：

① 删除文件上的第 i 条记录，实际上就是在检索第 i 记录的基础上增加删除该记录的功能。例如，在表 11-1 所示的文件中删除第二条记录。

② 删除文件中符合给定条件的记录，即在按关键字检索的基础上增加删除对应记录的功能。例如，在表 11-1 所示的文件中删除性别为男的所有记录。

4. 更新

记录的更新，是指将文件中指定位置上的记录更新。更新也有两种情况：

① 更新文件中第 i 条记录的某些数据项值，也就是在检索文件中第 i 条记录功能的基础上增加更新该条记录某些数据项值的功能。例如，在表 11-1 所示的文件中，将第二条记录的数据项"工资"的值更新为 4 500 元。

② 更新文件中符合给定条件的记录的某些数据项值，即在按关键字检索功能的基础上增加更新对应记录某些数据项值的功能。例如，在表 11-1 所示的文件中，将数据项"职务"为"程序员"的工资更新为 4 000 元。

5. 排序

文件的排序，是指根据给定的关键字，按文件各记录中该关键字的值递减或递增顺序对文件的记录进行重新组织排序。例如，在表 11-1 所示的文件中，假如给定关键字为工资，按关键字工资的递增顺序对文件排序。排序后的顺序如表 11-2 所示。

表 11-2 按工资排序后的公司员工信息文件

职 工 号	姓 名	性 别	职 务	婚 姻 状 况	进公司年月	工 资
04	郑丽	女	测试员	未婚	2000. 07	2500
01	王伟	男	程序员	已婚	1998. 04	3000
03	许涛	男	程序员	未婚	1999. 03	3500
02	徐佳	女	分析员	已婚	1997. 08	5000
⋮	⋮	⋮	⋮	⋮	⋮	⋮

文件的操作可以有实时处理和批量处理两种不同的方式。通常实时处理对应答时间要求严格，应在接收查询指令之后几秒内完成检索和维护；而批量处理则不然，它对时间的要求不严格。不同的系统在对文件进行处理时对于处理响应时间的要求也不同。例如，铁路局自动售票系统，其检索和维护都应实时处理；而银行的账户系统需实时检索，但可进行批量修改，即可以将一天的存款和提款记录在一个事务文件上，在一天的营业之后再进行批量处理。

11.3 文件的组织

记录的逻辑结构是指用户或程序员在对记录进行抽象和归纳之后使得记录表现出的记录结构，是对记录符合数据实际意义的展现方式。

表 11-3 所示的学习成绩表呈现的结构即逻辑结构。

表 11-3 学生成绩表

姓　　名	准考证号	政　　治	数　　学	外　　语	语　　文
刘阳	S01401	78	90	95	95
张为	S01402	98	74	85	73
李建	S01403	64	80	80	86
郑和	S01404	90	90	76	81

记录的物理结构是指记录中的信息（数据）在实际物理存储器上存储的方式。一条物理记录指的是计算机用一条 I/O 命令进行读/写的基本数据单位。文件在存储介质（磁盘或磁带）上的组织方式称为文件的物理结构。文件组织的目的是为文件在物理存储设备上的存储提供有效方法，以便能支持各种数据处理的要求。根据文件中记录使用的方式和频繁程度、存取要求、存储器的性质和容量等，文件的组织方式是多种多样的，这里介绍 3 种组织方式：顺序文件、索引顺序文件（包括 ISAM 和 VSAM）、散列文件。

11.3.1 顺序文件

顺序文件是指按照文件中记录的逻辑顺序依次将记录信息存入存储介质，即物理记录的顺序和逻辑记录的顺序是一致的。顺序文件中的记录如果按关键字递增或递减有序，则称为顺序有序文件，否则称为顺序无序文件。

1. 顺序文件的实现结构

顺序文件在存储介质中有两种不同的实现结构：

① 连续结构：若次序相继的两个物理记录在存储介质上的存储位置是相邻的，称连续顺序文件；存放在磁带上的文件一般采用连续结构。

② 链结构：若文件中的每一个物理记录之间的次序由指针相链接表示，则称为链接顺序文件。对于这种文件只能采用顺序查找，其查找方法与链表的查找操作一样。

顺序文件根据物理结构中记录的顺序和逻辑顺序的映射方式又分为连续顺序文件和链接顺序文件。顺序文件是根据记录的序号或记录的相对位置来进行存取的文件组织方式。

2. 顺序文件的特点

① 存取第 i 个记录，必须先顺次访问在它之前的 $i-1$ 个记录。

② 只允许在文件末尾增加新记录。

③ 必须以复制的方式更新文件中的某个具体记录。

顺序文件的基本优点是在连续存取时速度较快。例如，如果文件中的第 i 个记录刚被存取过，而下一个要存取的记录就是第 $i+1$ 个记录，则依次存取将会很快完成。磁带是比较适用于这种应用的外存设备。

　　磁带是一种典型的顺序存取设备，磁带的物理特性决定了存储在磁带上的文件只能是顺序文件。磁带文件适合于存储数据量较大且改动操作较少的文件。

　　在磁带顺序文件中插入记录，只能加在文件的末尾，不能插在两个原有记录中间。在对顺序文件做修改时，不能像线性表那样进行插入、删除和修改，因为文件中的记录不能像向量空间中的数据那样"移动"，一般需要另外一条复制带将原来磁带上不变的记录复制一遍，同时在复制的过程中插入新的记录和用更改后的新记录代替原记录写入。为了修改方便，要求待复制的顺序文件按关键字或逻辑记录号有序。另外，为了减少更新操作的代价，通常采用批处理的方式来实现对顺序文件的更新。

　　磁盘与磁带稍有一些不同，磁盘属于直接存取存储器，存放于磁盘上的文件可以是顺序文件，也可以是索引结构或其他结构类型的文件。在磁盘上的文件可以用顺序查找方式存取，也可以用分块查找或折半查找方式进行存取。

　　采用分块查找方式查找时不必逐个扫描整个文件。例如，按关键字的升序 10 个记录为一块，各块最后一个记录的关键字为 K_{10}、K_{20}、K_{30}、…。在查找时，将待查记录的关键字 K 依次与和各块的最后一个关键字相比较，当 $K_{10 \times i} < K < K_{10 \times (i+1)}$ 时，则在第 i 个块中进行查找。

　　折半查找只能对较小的文件或一个文件的索引进行查找，当文件很大时，它占有磁盘上的多个柱面，折半查找将引起磁头来回移动，增加查找时间。

　　顺序文件具有连续存取的特点，其优点是连续存取的速度快。当文件中第 i 个记录刚被存取过，而下一个要存取的是第 $i+1$ 个记录，则这种存取将会很快完成。所以，主要用于只进行顺序存取、批量修改的情况。若对应答时间要求不严格，亦可进行直接存取。顺序文件存放在多路存储设备（如磁盘）上时，在多道程序的情况下，由于其他用户可能驱使磁头移向其他柱面，会降低连续存取的速度。顺序文件多用于磁带。

　　但当需要实时检索和实时修改时，顺序文件就显出了它的缺点，对于一个实时系统，应具有快速查找和快速修改记录的能力，这时就应采用索引技术或散列技术。

11.3.2　索引文件

　　为了提高文件的检索效率，除了文件本身（称做数据区）之外，另建立一张指示逻辑记录和物理记录之间一一对应关系的索引表。包括文件记录和索引表两大部分的文件称做索引文件。所以，索引文件主要可分为索引区和记录区。

　　索引表中的每一项称做索引项。一般索引项都是由关键字和该关键字所在记录的物理地址组成的。不论主文件是否按关键字有序，索引表中的索引项总是按关键字（或逻辑记录号）顺序排列。若主文件（数据区）中的记录也按关键字顺序排列，则称索引顺序文件。反之，若数据区中的记录不按关键字顺序排列，则称索引非顺序文件。主文件如表 11-4 所示。

表 11-4　学生的个人情况表

物理记录号	姓　名	年　龄	体重（关键字）
1001	李真	20 岁	69 kg
1002	王非	23 岁	76 kg
1003	赵名	24 岁	74 kg
1004	张华生	22 岁	70 kg
1005	陈风	24 岁	55 kg

有了表 11-5 所示的按体重索引的索引表后，按体重查找学生可先在索引表中查找（因索引表按体重有序，所以可用效率高的查找算法），得到对应的物理记录号后，到数据区取出对应物理记录。

表 11-5　按关键字体重排序后的索引表

体重（关键字）	物理记录号	体重（关键字）	物理记录号
55 kg	1005	74 kg	1003
69 kg	1001	76 kg	1002
70 kg	1004		

索引文件可以大大提高表查找的速度。因为索引表容量小，且索引表按关键字有序。对于索引非顺序文件，由于主文件中的记录无序，必须为每个记录建立一个索引项，这样建立的索引表称做稠密索引。

对于索引顺序文件，由于主文件中的记录按关键字有序，则可以对一组记录建立一个索引文件。例如，对于没有排序的文件，将其分成若干块，每一块的记录可以不必排序，但是块与块之间有序，即前一块中所有记录的关键字都小于后一块中记录的关键字，对于这样的文件，让文件中的每页块对应一个索引项，这种索引表称为稀疏索引。

索引文件不像顺序文件那样存放在顺序存取的磁带中，它只能存放在具有直接存取性能的磁盘中。这时需要磁盘把存储空间分为索引区和数据区两部分，索引区存放索引表，数据区存放主文件。

索引文件的建立过程是用户输入建立索引文件的命令，系统根据用户命令自动生成索引文件，也就是说，索引表是由系统自动生成的。在输入记录建立数据区的同时建立一个索引表，表中的索引项按记录输入的先后次序排列，待全部记录输入完毕后再对索引表进行排序。产生的文件就是索引顺序文件。

最常用的索引顺序文件是 ISAM 文件和 VSAM 文件。

1. ISAM 文件

索引顺序存取方法（Indexed Sequential Access Method，ISAM）是一个专为磁盘存取设计的文件组织方式，采用的是静态索引结构。ISAM 对磁盘上的数据文件建立主索引、柱面和磁道 3 级索引，分别对应于磁盘中盘组、柱面和磁道 3 级地址，以方便对文件的存取。

文件的记录在同一盘组上存放时，应先集中放在一个柱面上，然后顺序存放在相邻的柱面上，对同一柱面，则应按盘面的次序顺序存放。假如存放在一个磁盘组上的索引顺序文件，每个柱面建立一个磁道索引。每一个磁道索引项由两部分组成：基本索引项和溢出索引项，如图 11-4 所示。每一部分都包括关键字和指针两项。

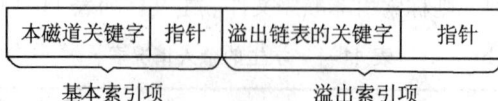

图 11-4　磁道基本和溢出索引项结构

关键字表示的是该磁道中最末一个记录的关键字，指针部分指示该磁道中第一个记录的位置。同样，柱面索引的每一个索引项也由关键字和指针两项组成。前者表示该柱面中最末一个记录的关键字，后者指示该柱面上的磁道索引位置。柱面索引存放在某个柱面上。若柱面索引较大，占用多个磁道时，则建立柱面索引的索引称为主索引。

在索引顺序文件上检索记录时，先从主索引出发找到相应的柱面索引，再从柱面索引中找到记录所在柱面的磁道索引，最后从磁道索引出发找到记录所在磁道的第一个记录的位置，由此出发在该磁道上顺序查找直至找到为止。反之，若找遍磁道也查找不到此记录，则表明该文件中没有这个记录。图 11-5 所示为 ISAM 文件结构示例。

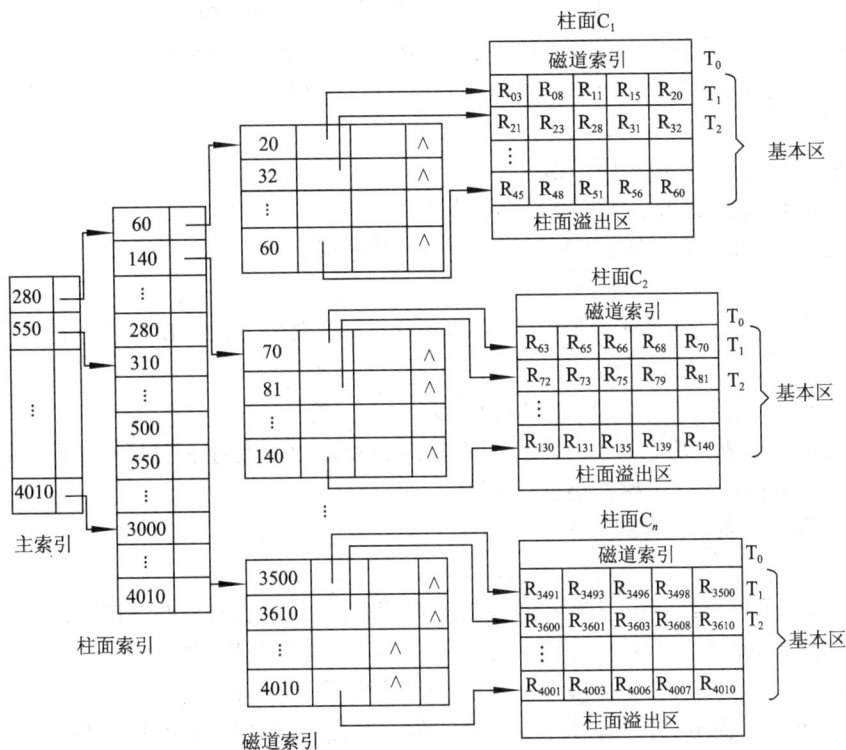

图 11-5   ISAM 文件结构示例

另外，每个柱面上应有一个溢出区，这是为插入记录所设置的。因为 ISAM 文件中的记录是按关键字顺序存放的，在插入记录时需移动记录并将同一磁道上最后一个记录移到溢出区中，同时修改磁道索引项。溢出区有 3 种设置方法：

① 集中存放：整个文件设一个大的单一的溢出区。

② 分散存放：每个柱面设一个溢出区。

③ 集中与分散相结合：溢出记录先移到每个柱面各自的溢出区中，待满之后再使用公共溢出区。

每一个柱面的基本区是顺序存储结构，而溢出区是链表结构。同一磁道溢出的记录由指针相链接，该磁道索引的溢出项中的关键字指示该磁道记录的最大关键字，而指针则指示在溢出区中的第一个记录。

ISAM 文件中删除记录的操作比插入操作简单，只需要定位这个待删除记录，并置删除标记即可，而不需要移动记录或改变指针。若经常进行删除操作，会浪费文件空间，会产生记录进入溢出区的情况，文件结构也会变得松散。针对这种情况，需要定期对 ISAM 文件进行重新整理，将有效记录按其原文件中的顺序重新复制到新文件中。

2. VSAM 文件

虚拟存储存取方法（Visual Storage Access Method，VSAM）是采用虚拟存储器对文件进行存取的方法。VSAM 文件的存储单位是控制区间和控制区域，这是一些逻辑存储单位，与柱面、磁道等实际存储单位并没有直接关系。用户在使用 VSAM 文件记录时，无须关注记录的具体存储位置（内存/外存），亦不必调用具体的读/写命令。可见，这种文件使用起来比 ISAM 文件更方便。

（1）B+树的动态索引结构

从文件的组织方式来说，VSAM 文件和 ISAM 文件的相同点是都为索引顺序文件组织方式，其不同点是 ISAM 文件采用静态索引结构，而 VSAM 采用 B+树的动态索引结构。

B+树是应文件系统所需而出现的一种 B-树的变形。一棵 m 阶的 B+树和 m 阶的 B-树的共同点是：

① 树中每个结点至多有 m 棵子树。

② 若根结点不是叶结点，则根结点至少有两棵子树。

③ 除根结点以外的所有非终端结点至少有[$m/2$]棵子树。

不同点是：

① B+树中 n（[$m/2$]$\leq n \leq m$）棵子树的结点中含有 n 个关键字；而 B-树中 n 棵子树的结点中含有 $n-1$ 个关键字。B+树的非终端结点中包含下列数据信息：

$$(n, A_0, K_1, A_1, K_2, A_2, \cdots, K_n, A_n)$$

其中，n 为关键字个数，K_i（$i=1,2,\cdots,n$）为对应子树中的最大关键字，且这些关键字递增有序；A_i（$i=1,2,\cdots,n$）为指向对应子树根结点的指针。

B-树的非终端结点中包含的数据信息为：

$$(n, A_0, K_1, A_1, K_2, A_2, \cdots, K_{n-1}, A_{n-1})$$

② B+树所有的叶子结点中包含了全部关键字的信息及指向含有这些关键字记录的指针，并且叶子结点本身依关键字大小顺序连接；而 B-的叶子结点不含任何信息。

③ B+树的叶子结点可以看做有序主文件的稠密索引，所有的非终端结点可看做该稠密索引的动态索引部分；而 B-树没有叶结点，所有的非终端结点可以看做动态索引的索引部分。

下面举一个 3 阶的 B+树的例子（见图 11-6），B+树上有两个指针：一个指向根结点，一个指向关键字最小的叶子结点。所以，可以对 B+树进行两种方式的检索：一种是从最小关键字起按有序表顺序检索，一种是从根结点起按索引文件检索。

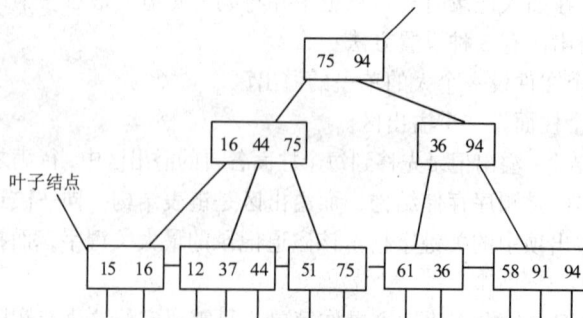

图 11-6　一棵 3 阶的 B+树

VSAM 由 3 部分组成：索引集、顺序集和数据集。文件的记录均放在数据集中，数据集的一个结点称为控制区间，它是 I/O 操作的基本单位，每一个控制区间含有一个或多个数据记录。数据集和索引集一起构成一棵 B+树，作为文件的索引部分。顺序集中存放每一个控制区间的索引项。由两部分信息组成，即该控制区间中的最大关键字和指向控制区间的指针。若干相邻的控制区间的索引项形成顺序集中的一个结点，结点之间用指针相链接，而每个结点又在其上一层的结点中建立索引，且逐层向上建立索引，所有的索引项都由最大关键字和指针两部分信息组成，这些高层的索引项形成 B+ 树的非终端结点。

（2）VSAM 文件的存取方式

① VSAM 文件既可以在顺序集中进行顺序存取，又可以从最高层的索引项开始，进行按关键字的存取。顺序集中一个结点和其对应的所有控制区间形成一个整体，称为控制区域，相当于 ISAM 文件中的一个逻辑柱面，而控制区间相当于一个逻辑磁道。

② 在 VSAM 文件中，记录可以是不定长的，因而在控制区间中，除了存放记录本身之外，还有每个记录的控制信息和整个区间的控制信息。控制区间的结构如图 11-7 所示。

| 记录 1 | 记录 2 | … | 记录 n | 记录的控制信息 | 控制区间的控制信息 |

图 11-7　控制区间的结构

③ VSAM 文件没有溢出区，在对文件进行插入操作时，若文件已经写满，则会出现错误，所以需要提前留出预留空间。这些预留空间一般包括两部分：一是在最末一个记录和控制信息之间留有空隙，二是将每一个控制区域中完全空闲的控制区间在顺序集的索引中指明。

④ 当插入新记录时，需要保持区间内所有记录按照关键字有序排列，因此当新记录插入到相应控制区间时需要保持记录的有序排列，需要将排在新记录之后的记录向控制信息的方向移动。

⑤ 若控制区已满，还需继续插入新记录，则需将控制区间进行分裂处理，即把文件中的大约 1/2 的记录移到同一控制区的全部空闲控制区间中，并修改顺序集中相应的索引。如果在控制区中找不到全部空闲的控制区间，则要对整个控制区域进行分裂处理。此外，顺序集中的结点也要一分为二，然后修改索引集中的结点信息。通常情况下控制区域较大，基本不需要进行分裂处理。

⑥ 在 VSAM 文件中删除记录时，仍需要保持文件记录的有序排列，将排列在删除记录后的记录向前移动。若整个区间变空，则要删除顺序集中相应的索引项，然后将其置为空闲区间。

（3）VSAM 文件的结构

VSAM 文件的结构示意图如图 11-8 所示。

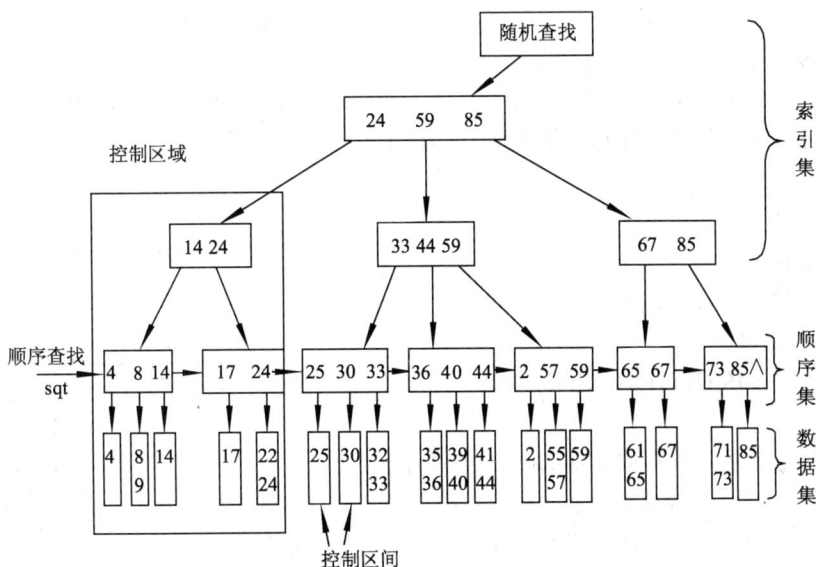

图 11-8　VSAM 文件的结构示意图

（4）基于 B+树的 VSAM 文件的优点

与 ISAM 文件相比，基于 B+树的 VSAM 文件具有如下优点：

① 可以保持较高的查找效率，查找一个后插入的记录和查找一个原有记录具有相同的速度。

② 可以动态地分配和释放存储空间，并保持比较高的存储利用率。

③ 不必对文件进行重新组织。

基于 B+树的 VSAM 文件通常被作为大型索引顺序文件的标准组织。

11.3.3 散列文件

散列文件又称为直接存取文件，它根据文件中关键字的特点设计一种哈希函数和处理冲突的方法将记录散列到外存储设备上。由于散列文件中逻辑顺序的记录在物理地址上不相邻，所以散列文件不宜使用磁带存储，只适宜用磁盘存储。

散列文件的组织方法与哈希表的组织方法不同，因为外存的存取时间比内存要长，磁盘上的散列文件的记录常常是成组存放的。若干个记录组成一个存储单位叫做桶，每个桶有一个桶号，称为桶地址。一个桶可以是一个磁道，也可以是一个柱面。如果一个桶能存放 m 个记录，这就是说，m 个同义词（哈希函数）的记录可以在同一地址的桶中，而当第 $m+1$ 个同义词出现时才发生"溢出"。

设桶的大小为 s，即一个桶可以放 s 个记录，共有 a 个桶用来存放文件的记录，桶地址为 $0,1,2,3,\cdots,a-1$。选定的哈希函数为 H(k)，对于任何一个关键字 k，有 $0 \leqslant H(k) \leqslant a-1$。若用开式定址法来确定记录的地址（桶地址），用线性探测法来解决冲突，则插入一个新记录的步骤如下：

① 计算 H(k)=i，使关键字为 k 的这个记录被散列到第 i 个桶。

② 顺序检测第 i 个桶的每一个存储位置，若未满，则将此记录顺序存入这个桶中。

③ 若第 i 个桶已满，则依次检测第 $i+1,i+2,\cdots,b-1,0,1,2,\cdots,i-1$ 个桶，直至找到一个未满的桶为止，然后将此记录顺序存入这个桶中。

如果总的存储量 $s \times a$ 是足够大的，则不会发生溢出；如果文件的记录数大于 $s \times a$，则还需增设溢出区。当 a 个桶都已满时，插入的新记录将放到溢出区中。

例如，设一个文件有 14 个记录，其关键字分别为：

$$31, 84, 15, 27, 73, 10, 44, 52, 21, 98, 33, 67, 86, 59$$

关键字值互不相同。设有 5 个桶，桶地址为：0，1，2，3，4，桶的大小为 3。选定一个哈希函数 H(k)。

其散列地址为：

H(31)=H(44)=0

H(84)=H(73)= H(21)= H(98)=1

H(10)=H(33)=3

H(15)=H(27)= H(52)= H(67)=H(86)=4

H(59)=5

由此组织起来的直接存取文件如图 11-9 所示。

处理溢出可以采用哈希表处理冲突的各种方法，但对散列文件，主要采用链地址法。上面使用的是开式定址法，下面介绍用链地址法来组织散列文件。采用链地址法时，需要设定一个"溢

桶号	记录	记录	记录
0	31	44	
1	84	73	21
2	98		
3	10	33	
4	15	27	52
5	67	86	59

图 11-9　散列文件示意图

出桶"，当插入发生"溢出"时，将第 $m+1$ 个同义词存放到这个桶中，而将存放前 m 个同义词的桶称为"基桶"。每一个桶设立一个指针域。注意，溢出桶和基桶大小是相等的，相互之间用指针相链接。

在检索一条记录时，如果待查记录没有存在于基桶中，就用指向溢出桶的指针到溢出桶里进行查找。因此，同一散列地址的溢出桶和基桶在磁盘上应该尽可能在同一个柱面上。上面的示例也可以表示成图 11-10 所示的散列文件。

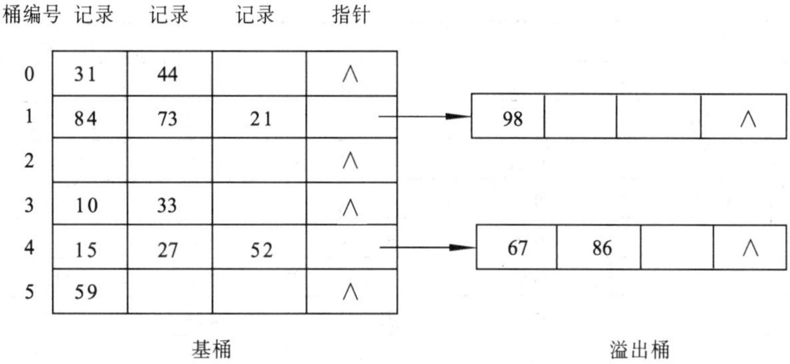

图 11-10　散列文件示例

在散列文件中进行查找时，首先根据给定值利用哈希函数求得哈希地址（基桶号），然后将基桶的记录读入到内存进行顺序查找关键字与给定值匹配的记录，若找到则查找成功；如果没有找到匹配记录，且基桶未满，则表示文件内不存在匹配记录，查找失败。若基桶满，则将溢出桶的记录读入内存，继续进行顺序查找。

在散列文件中，与哈希表一样，删除一条记录时，首先找到这个记录的存储位置，然后对被删记录作标记即可。

散列文件可以随机地以无序的方式存储文件，具有操作方便、存取效率高、无须建立索引区、节省空间等优点，缺点是不能进行顺序存取，只能按关键字随机存取，并且修改频繁的情况会造成文件结构不合理，解决办法是重排文件。文件还有其他组织方式，这里不再叙述。

11.3.4　多关键字文件

前面介绍的都是含一个关键字的文件。若需对主关键字以外的其他关键字进行查询，则只能顺序存取主文件中的每一个记录进行比较，从而效率很低。为此，除了按以上各节讨论的方法组织文件以外，还需要对被查询的次关键字也建立相应的索引，这种包含有多个次关键字索引的文件称为多关键字文件。次关键字索引本身可以是顺序表，也可以是树。下面介绍两种多关键字文件的组织方法。

1．多重表文件

多重表文件是将索引方法和链接方法相结合的一种组织方式，它对每个需要查询的次关键字建立一个索引，同时将具有相同次关键字的记录链接成一个链表，并将此链表的头指针、链表长度和次关键字作为索引表的一个数据项。通常多重表文件的主文件是一个顺序文件。

表 11-6 所示为一个多重表文件的示例。主关键字是学号，次关键字是学生的年级和年龄。它有两个链接字段，分别将具有相同年级和年龄的记录链接在一起，由此形成的学生年级索引和年龄索引如表 11-7 和表 11-8 所示。有了这些索引，便易于处理各种有关次关键字的查询。

例如，要查询所有一年级学生的记录，只需先在年级索引中找到次关键字为"一年级"的索引项，然后从它的头指针出发，列出该链表上所有的记录即可。如要查询所有年龄为16岁的一年级学生，则可从年级索引的"一年级"的头指针出发，也可从年龄索引的"16岁"的头指针出发，读出链表上的每一个记录，判断它是否满足查询条件。在这种情况下，可先比较两个链表的长度，然后在较短的链表上查找。

表 11-6　多重表文件

物理地址	学　号	姓　名	年　级	年　龄	年 级 链	年 龄 链
1001	04	李维	二年级	14 岁	1006	1007
1002	06	方华	一年级	13 岁	1008	∧
1003	02	郑强	三年级	15 岁	1007	∧
1004	05	许非	二年级	12 岁	∧	1006
1005	07	赵健	一年级	16 岁	∧	1008
1006	03	张海	二年级	12 岁	1004	∧
1007	01	林骄	三年级	14 岁	∧	∧
1008	08	刘平	一年级	16 岁	1005	∧

表 11-8　年龄索引

次 关 键 字	头 指 针	链 　 长
12 岁	1004	2
16 岁	1005	2
13 岁	1002	1
14 岁	1001	2
15 岁	1003	1

表 11-7　年级索引

次 关 键 字	头 指 针	链 　 长
一年级	1002	3
二年级	1001	3
三年级	1003	2

在上例中，各个有相同关键字的链表按主关键字大小链接。如果不要求保持链表的某种次序，则插入一个新记录较容易，此时可将记录插在链表的头指针之后。但是，要删除一个记录却很烦琐，需要在每个次关键字的链表中删去该记录。

2. 倒排序文件

另一种多关键字文件是倒排序文件。倒排序文件与多重表文件的区别在于：次关键字索引的结构不同，倒排序文件中的次关键字索引称做倒排序表。具有相同次关键字的记录之间不进行连接，而是在倒排序中开列具有该次关键字记录的物理地址。例如，对表 11-6 所示的多重表文件去掉两个连接字段后，所建立的年级倒排序表和年龄倒排序表如表 11-9 和表 11-10 所示，倒排序表和文件一起就构成了倒排序文件。

表 11-10　年龄倒排表

次 关 键 字	物 理 地 址
12 岁	1004，1006
16 岁	1005，1008
13 岁	1002
14 岁	1001，1007
15 岁	1003

表 11-9　年级倒排表

次 关 键 字	物 理 地 址
一年级	1002，1008，1005
二年级	1001，1006，1004
三年级	1003，1007

在表 11-9 和表 11-10 倒排序表中，各索引项的物理地址是有序的，也可以将这些物理地址按主关键字有序排列。例如，"一年级"对应的物理地址可排列成：1002，1008，1005。

倒排序表的主要优点是：在处理复杂的多关键字查询时，可在倒排序表中先完成查询的交、并等逻辑运算，得到结果后再对记录进行存取。这样不必对每个记录随机存取，把对记录的查询转换成地址集合的运算，从而提高查找速度。例如，要找出所有年龄小于 14 岁的二年级学生，则只需将次关键字小于 14 岁的物理地址集合先做"并"运算，然后与二年级的物理地址集合做"交"运算。

在一般的文件组织中，是先找记录，然后找到该记录所含的各次关键字；而在倒排文件中，是先给定次关键字，然后查找含有该次关键字的各个记录，这种文件的查找次序正好与一般文件的查找次序相反，因此称为倒排。由此看来，多重表也是倒排文件，只不过索引的方法不同。

小　结

存放在外存储器中的数据库文件是事务处理中必备的一种数据结构。如何有效地组织数据，怎样才能快速方便地利用数据信息，这对于数据处理来说是非常重要的。本章介绍了文件的基本概念，阐述了各种常用的文件组织方法：顺序文件、索引文件、散列文件等，讨论了在这类文件上如何实现查询和更新等操作。

习　题

1. 填空题：
（1）文件是_____。
（2）文件的检索有_____、_____、_____ 3 种方式。
（3）文件的修改有_____、_____、_____ 3 种操作。
（4）顺序文件的检索可采用_____检索方式。
（5）索引文件的检索可采用_____或_____检索方式。
2. 试叙述各种文件组织的特点，比较顺序文件、索引顺序文件、散列文件各自的优点和缺点。
3. 记录的插入、删除操作和记录的检索操作有什么联系？
4. 索引文件、散列文件和多关键字文件适合存放在磁带上吗？为什么？
5. B+树和 B-树的主要差异是什么？
6. 试比较 ISAM 文件和 VSAM 文件的特点。
7. 文件管理系统文件和数据库文件有什么相同点和不同点？
8. 记录的插入、删除操作和记录的检索操作有什么联系？
9. 散列文件为什么要按桶散列？桶的大小是如何确定的？
10. 为什么组织文件索引一般采用多分树而不采用二叉树？
11. B+树索引是动态索引结构还是静态索引结构？为什么？
12. 设有一个职工文件，其记录格式为：

职工号	姓名	性别	职务	工资

其中"职工号"为关键字，并设该文件由 5 个记录组成，如表 11-11 所示。

表 11-11 职工表

物 理 地 址	职 工 号	姓　　名	性　　别	职　　务	工　　资
101	30	王健	男	程序员	3000
102	53	孙含	男	分析员	4000
103	12	张金	女	程序员	3500
104	76	丁一	男	测试员	2500
105	24	赵华	女	分析员	5000

（1）若该文件为顺序文件，写出文件的存储结构。

（2）若该文件为索引顺序文件，写出索引表。

（3）若该文件为倒排序文件，写出关于性别的倒排序表和关于职务的倒排序表。

拓展实验：索引文件

实验目的：熟悉索引顺序文件（ISAM 文件和 VSAM 文件）的基本思想，掌握索引顺序文件的实现方法。

实验内容：构造 ISAM 文件和 VSAM 文件程序模拟系统，并比较它们的检索效率。

实验要求：

1. 设计算法与数据结构；

2. 用 C 语言程序实现；

3. 讨论程序的执行结果。

参 考 文 献

[1] 中国计算机科学与技术学科教程 2002 研究组. 中国计算机科学与技术学科教程[M]. 北京：清华大学出版社，2002.

[2] 严蔚敏，吴伟民. 数据结构：C 语言版[M]. 北京：清华大学出版社，1997.

[3] 傅清祥，王晓东，算法与数据结构[M]. 北京：电子工业出版社，2000.

[4] 许卓群，张乃孝，杨冬青，等. 数据结构[M]. 北京：高等教育出版社，1987.

[5] 王晓东. 计算机算法设计与分析[M]. 北京：电子工业出版社，2004.

[6] 黄保和. 数据结构：C 语言版[M]. 北京：中国水利水电出版社，2000.

[7] 朱站立，刘天时. 数据结构：使用 C 语言版[M]. 2 版. 西安：西安交通大学出版社，2000.

[8] 袁蒲佳，龙玉国，薇薇. 数据结构[M]. 武汉：华中理工大学出版社，1991.

[9] 张乃孝. 算法与数据结构[M]. 北京：高等教育出版社，2002.

[10] 徐孝凯. 数据结构教程：Java 语言描述[M]. 北京：清华大学出版社，2010.

[11] 徐孝凯. 数据结构实用教程：C/C++描述[M]. 北京：清华大学出版社，1999.

[12] 陈明. 实用数据结构基础[M]. 北京：清华大学出版社，2001.

[13] WEISS M A. 数据结构与问题求解[M]. 陈明，译. 北京：电子工业出版社，2003.

[14] 陈明. 数据结构：C++语言版[M]. 北京：清华大学出版社，2004.

[15] 杨正宏. 数据结构[M]. 北京：中国铁道出版社，2001.

[16] KNUTH D E. The Art of Computer Programming[M]. Vol 3：Sorting and Searching.2d ed.. Addison-Wesley, Reading, MA., 1998.

[17] WEISS M A. Data Structures and Algorithms Analysis in Java[M]. Addison-Wesley, Reading, MA., 1999.

[18] ALBERTSON M O，HUTCHINSON J P. Discrete Mathematics with Algorithms[M]. New York：John Wiley & Sons，1998.